LES

QUADRUPÈDES

OVIPARES

PAR LACÉPÈDE

PRÉCÉDÉS D'UNE NOTICE

BAR-LE-DUC

CONTANT-LAGUERRE, ÉDITEUR

1877

BIBLIOTHÈQUE

DES

CHEFS-D'ŒUVRE

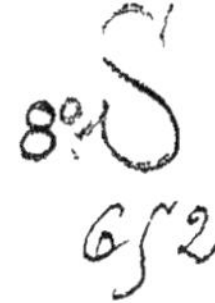

IMPRIMERIE
CONTANT-LAGUERRE
LVX VITAM

LES QUADRUPÈDES OVIPARES

PAR LACÉPÈDE

PRÉCÉDÉS D'UNE NOTICE

BAR-LE-DUC

CONTANT-LAGUERRE, ÉDITEUR

1877

PRÉFACE GÉNÉRALE

DE

LA BIBLIOTHÈQUE DES CHEFS-D'OEUVRE.

Notre siècle a ses partisans et ses détracteurs. Les uns l'exaltent outre mesure, les autres le dépriment avec excès. La vérité ne se trouvant jamais dans l'exagération, il ne convient de se laisser entraîner par aucun de ces deux partis. Ce dix-neuvième siècle, si intéressant et si tourmenté, montre des gloires et des hontes, des grandeurs et des faiblesses, de la vitalité et des plaies. Cela peut se dire, il est vrai, de toutes les époques dont l'histoire nous entretient. Aussi avouons-nous que ce mélange d'éléments opposés se présente aujourd'hui avec un caractère particulier qui distingue notre temps et qui justifie les préoccupations passionnées dont il est l'objet. Décadence ou transition, voilà le mot de cette énigme, l'explication de ce chaos.

Mais décadence ou transition n'autorisent ni un pessimisme oisif ni un aveugle optimisme : *Les nations sont guérissables;*

si l'homme ne peut arrêter brusquement le cours d'un torrent, il lui est possible de créer des canaux de dérivation qui en amortissent la fougue et le transforment en courant paisible et bienfaisant. Quand les murs craquent de toutes parts, quand les pierres sont disjointes, le ciment tombé, les fondements ébranlés, c'est une insigne folie de vouloir empêcher la ruine imminente; ce serait sagesse de prévenir cette dislocation, tandis qu'il en est temps, et d'opposer un travail opportun d'entretien et de réparation aux ravages de la vétusté. Alors l'édifice, en se revêtant des signes augustes de la durée, garderait la beauté et la solidité de sa jeunesse.

Supposé que le mot de l'énigme contemporaine soit décadence, il n'en faut pas conclure que nous sommes en présence d'une fatalité inexorable et que, sous sa main de fer, le seul parti à prendre soit de courber silencieusement la tête.

Supposez, au contraire, que le monde est emporté dans une voie de transition qui va le conduire à de nouvelles et brillantes destinées, ce n'est pas une raison d'assister dans l'inertie à ce mouvement universel. N'y a-t-il pas là des ardeurs et des élans pour lesquels une direction est nécessaire, trop susceptibles par eux-mêmes de s'égarer dans une fausse route et de se porter au mal et à l'abîme?

Voilà les pensées qui ont inspiré le dessein de la *Bibliothèque des Chefs-d'œuvre* et qui présideront à sa composition.

Notre siècle aime l'instruction et la lecture : c'est une de ses gloires; il se laisse servir l'élément intellectuel par une littérature avilie et sceptique, c'est-à-dire, en d'autres termes, qu'il livre son intelligence et son cœur au plus funeste des poisons : c'est son malheur et sa honte.

A cette société malade, mais aussi, nous persistons à le croire, pourvue des ressources d'une abondante vitalité, nous osons apporter notre modeste contingent d'efforts, pour substituer la nourriture saine, vigoureuse, aux substances vénéneuses ou frelatées.

Pendant les trois derniers siècles et au commencement de celui-ci, la France a produit d'innombrables chefs-d'œuvre, dignes de captiver les générations présentes, de leur offrir un idéal, de les éclairer dans le chemin de la vérité et du bonheur. Il faut y ajouter ces grandes œuvres enfantées chez d'autres peuples, mais regardées à bon droit comme le patrimoine de toutes les époques et de tous les pays, parce qu'elles honorent et représentent l'esprit humain dans ce qu'il a de meilleur. Telle est la source où nous puiserons.

Un jour on découvrit à Herculanum, dans cette ville ensevelie par une éruption du Vésuve en l'an 79 de l'ère chrétienne, des espèces de rouleaux noirs rangés avec symétrie. C'était une bibliothèque antique, composée de dix-huit cents volumes. Le P. Antonio Pioggi imagina une machine pour dérouler et fixer sur des membranes transparentes ces rouleaux calcinés et friables que le moindre contact réduisait en poudre. Admirable invention, malheureusement suivie d'une déception amère ! On s'attendait à retrouver quelques monuments perdus des illustres génies de Rome et de la Grèce; on ne déchiffra que des œuvres médiocres, productions d'auteurs justement oubliés. La bibliothèque d'Herculanum avait été composée à la triste image de la société romaine du moment : c'était une bibliothèque de la décadence. On peut en dire autant de beaucoup de bibliothèques de nos jours, où vous chercheriez inutilement les noms de Bossuet, de Fénelon, de Corneille, de Racine, de La Bruyère, de Buffon, de Châteaubriand. Les livres alignés sur leurs rayons doivent un retentissement de quelques semaines aux caprices d'un goût affaibli qu'ils ont contribué à corrompre et que leurs successeurs achèveront de gâter.

Notre *Bibliothèque* sera tout à fait le contraire de celles-là : le remède en face du mal.

Nous attribuerons le premier rang aux écrivains qui se sont faits, pendant toute leur carrière, les serviteurs de la foi religieuse, de la vertu et du patriotisme. Des autres nous prendrons seulement les pages où resplendissent ces grandes choses et qui peuvent réparer, dans une certaine mesure, la déplorable influence d'autres écrits.

Il est des œuvres qui, sous un air léger et badin, entretiennent le ressort délié de l'esprit français, et perpétuent ses bonnes traditions, heureux mélange de sel gaulois, d'urbanité et d'atticisme. Nous ne les exclurons pas.

Religion, philosophie, morale, histoire, éloquence, poésie, gaieté saine et charmante, ces richesses variées se trouvent dans le trésor de notre littérature. A quoi notre siècle s'est-il avisé de donner la préférence?

Tout ce qui pourrait troubler le cœur ou blesser la délicatesse des âmes sera impitoyablement effacé. On doit cette marque de respect à tous les lecteurs, mais surtout à la jeunesse.

L'intégrité des principes, la fermeté des convictions, la rectitude des idées sont aussi des biens également nécessaires et délicats. Nous avons la résolution de ne pas laisser passer une ligne qui puisse y porter atteinte. Plus on affecte aujourd'hui d'en faire bon marché, plus nous voulons montrer combien il importe de les sauvegarder.

Cette œuvre, pour atteindre son but, réclame le concours de ceux qui lisent et de ceux qui dirigent les autres dans leurs études ou leurs lectures.

Nous espérons que notre appel sera entendu des pères et mères de famille; des supérieurs de communautés, de colléges, de pensionnats; des instituteurs, des directeurs de bibliothèques paroissiales ou communales, de cercles, d'associations.

Notre programme, relativement au choix des ouvrages, se résume dans ce mot spirituel et sensé : *Ne lisez pas de bons livres, n'en lisez que..... d'excellents.* Mais cela ne suffit point. Aujourd'hui on veut de beaux livres. Nous nous efforcerons de donner satisfaction à ce noble goût : le plus grand soin présidera à l'exécution typographique de nos volumes, et nous voulons qu'ils méritent, par leur élégance, d'être donnés en cadeaux dans les familles et distribués en prix dans toutes les écoles.

NOTICE.

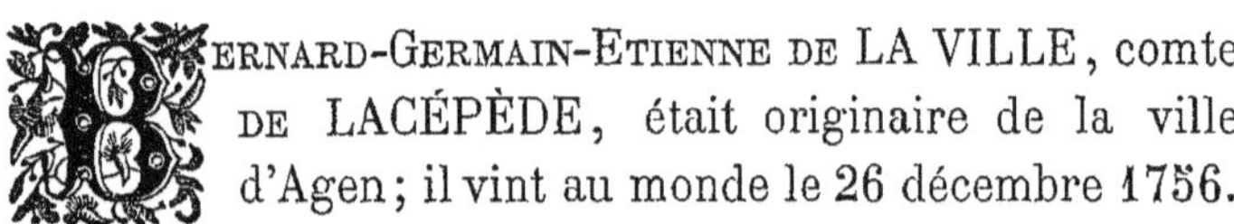

Bernard-Germain-Etienne de LA VILLE, comte de LACÉPÈDE, était originaire de la ville d'Agen; il vint au monde le 26 décembre 1756.

Il s'appliqua de bonne heure à l'étude, et la gloire de Buffon ayant stimulé son ardeur, dès l'âge de dix-huit ans, il se fit connaître de l'illustre naturaliste par d'intéressants mémoires. Cependant, à son arrivée à Paris, en 1776, il se tourna d'abord vers la musique, et composa même quelques opéras qui ne furent jamais exécutés.

Buffon sut enfin le ramener à sa véritable vocation, et non content de lui assurer une position, en le faisant nommer sous-démonstrateur au Jardin du Roi, il le choisit pour associé de ses travaux, héritier de ses richesses scientifiques et continuateur de son œuvre. Lacépède paraîtra digne de cet honneur, si l'on considère le soin qu'il mit dans ses recherches, l'exactitude de ses descriptions, l'élégance, les agréments, parfois même la pompe de son style. A l'exemple de son maître, il inspire une admiration profonde pour le Créateur, en décrivant les beautés et les harmonies trop souvent inaperçues de ses ouvrages.

Néanmoins Lacépède ne semble pas avoir ressenti, au milieu de ses études, cette émotion religieuse. Son talent, moins vigoureux que le génie de Buffon, n'a pas su s'élever au-dessus du vague naturalisme de son siècle. Pour lui l'idée de Dieu est remplacée par celle de la Nature.

On s'étonnera moins de cette faiblesse, après avoir vu le peu de caractère que Lacépède montra dans les diverses phases de sa vie politique. Nous le trouvons partisan de la Révolution à l'Assemblée constituante, où il parut comme député extraordinaire d'Agen, et à l'Assemblée législative, où il représenta la capitale. La Révolution le récompensa en lui donnant une des premières places à l'Institut, et en lui confiant la chaire d'erpétologie au Muséum, en 1793. Plus tard, membre du conseil des Cinq-Cents, il s'empressa de saluer l'astre nouveau qui remplissait l'horizon de ses clartés. Aussi Napoléon fit pleuvoir les honneurs sur sa tête. Sénateur après le 18 brumaire, grand chancelier de la Légion d'honneur en 1803, ministre d'État, président du Sénat à plusieurs reprises, il fut pendant l'époque des gloires impériales l'un de ces types d'adulation dont le souvenir contraste avec celui de la grandeur militaire. Le même homme, sans hésitation, voyant revenir Louis XVIII, se rallia au frère, à l'héritier de son ancien roi. Il obtint la pairie. Les Cent-Jours arrivèrent : Lacépède reprit du même cœur ses fonctions de grand chancelier. Ces honteuses palinodies justifient trop l'acte qui, après Waterloo, l'exclut de la Chambre des pairs; il y rentra néanmoins en 1819.

Le culte de la Nature se prête mieux, sans doute, aux utiles variations de conduite que les convictions du chrétien.

Lacépède mourut à Epinay, le 6 octobre 1825.

Outre l'ouvrage dont nous publions une nouvelle édition, il est auteur de l'*Histoire naturelle des Serpents* qui s'y trouvait jointe (1788-89); — *des Reptiles* (1789); — *des Poissons* (1789-1803); — *des Cétacées* (1804). C'est, comme on voit, la suite de Buffon. Ses autres écrits ont moins d'importance et de célébrité.

DISCOURS

SUR

LA NATURE DES QUADRUPÈDES OVIPARES.

Lorsqu'on jette les yeux sur le nombre immense des êtres organisés et vivants qui peuplent et animent le globe, les premiers objets qui attirent les regards sont les diverses espèces des quadrupèdes vivipares et des oiseaux dont les formes, les qualités et les mœurs ont été représentées par le génie dans un ouvrage immortel[1]. Parmi les seconds objets qui arrêtent l'attention, se trouvent les quadrupèdes ovipares, qui approchent de très-près des plus nobles et des premiers des animaux par leur organisation, le nombre de leurs sens, la chaleur qui les pénètre, et les habitudes auxquelles ils sont soumis. Leur nom seul, en indiquant que leurs petits viennent d'un œuf, désigne la propriété remarquable qui les distingue des vivipares; ils diffèrent d'ailleurs de ces derniers en ce qu'ils n'ont pas de mamelles, en ce qu'au lieu d'être couverts de poils, ils sont

[1] L'*Histoire naturelle*, de *Buffon*.

revêtus d'une croûte osseuse, de plaques dures, d'écailles aiguës, de tubercules plus ou moins saillants, ou d'une peau nue et enduite d'une liqueur visqueuse. Au lieu d'étendre leurs pattes comme les vivipares, ils les plient et les écartent de manière à être très-peu élevés au-dessus de la terre, sur laquelle ils paraissent devoir plutôt *ramper* que *marcher*. C'est ce qui les a fait comprendre sous la dénomination générale de *reptiles*, que nous ne leur donnerons cependant pas, et qui ne doit appartenir qu'aux serpents et aux animaux qui, presque entièrement dépourvus de pieds, ne changent de place qu'en appliquant leur corps même à la terre.

Leurs espèces ne sont pas à beaucoup près en aussi grand nombre que celle des autres quadrupèdes. Nous en connaissons à la vérité cent treize; mais MM. le comte de Buffon et Daubenton ont donné l'histoire et la description de plus de trois cents quadrupèdes vivipares[1]. Il est cependant difficile de les compter toutes, et plus difficile encore de ne compter que celles qui existent réellement. Il n'est peut-être en effet aucune classe d'animaux à laquelle les voyageurs aient fait moins d'attention qu'à celle des quadrupèdes ovipares; c'est ordinairement d'après des rapports vagues ou un coup d'œil rapide qu'ils se sont permis de leur imposer des noms mal conçus; n'ayant presque jamais eu recours à des informations sûres, ils ont le plus souvent donné le même nom à divers objets, et divers noms aux mêmes animaux : et combien de fables absurdes n'ont pas été accréditées touchant ces quadrupèdes, parce qu'on les a vus presque toujours de loin, parce qu'on ne les a communément recherchés que pour des propriétés chimériques ou exagérées, parce qu'ils présentent des qualités peu ordinaires, et parce que tous les objets rares ou éloignés passent aisément sous l'empire de l'imagination, qui les embellit ou les dénature[2]! Les voyageurs ont-ils toujours

[1] Voir dans la *Bibliothèque des Chefs-d'œuvre* plusieurs volumes de Buffon sur les quadrupèdes vivipares.

[2] On trouvera particulièrement dans Conrad Gesner, *De quadrup. ovip.*, l'énumération de toutes les propriétés vraies ou absurdes, attribuées à ces animaux.

reconnu d'ailleurs les caractères particuliers et les traits principaux de chaque espèce, et n'ont-ils pas le plus souvent négligé de réunir à une description exacte de la forme l'énumération des qualités et l'histoire des habitudes?

Lors donc que nous avons voulu répandre quelque jour sur l'histoire naturelle des quadrupèdes ovipares, il ne nous a pas suffi d'examiner avec attention et de décrire avec soin un grand nombre d'espèces de ces quadrupèdes qui font partie de la collection du Cabinet du Roi, ou que l'on a bien voulu nous procurer, et dont plusieurs sont encore inconnues aux naturalistes; ce n'a pas été assez de recueillir ensuite presque toutes les observations qui ont été publiées sur ces animaux jusqu'à nos jours, et d'y joindre les observations particulières que l'on nous a communiquées, ou que nous avons été à portée de faire nous-même sur des individus vivants : nous avons dû encore examiner les rapports de ces observations avec la conformation de ces divers quadrupèdes, avec leurs propriétés bien reconnues, avec l'influence du climat, et surtout avec les grandes lois physiques que la Nature ne révoque jamais. Ce n'est que d'après cette comparaison que nous avons pu décider de la vérité de plusieurs de ces faits, et déterminer s'il fallait les regarder comme des résultats constants de l'organisation d'une espèce entière, ou comme des produits passagers d'un instinct individuel, perfectionné ou affaibli par des causes accidentelles.

Mais, avant de nous occuper en détail des faits particuliers aux diverses espèces, considérons sous les mêmes points de vue tous les quadrupèdes ovipares; représentons-nous ces climats favorisés du soleil, où les plus grands de ces animaux sont animés par toute la chaleur de l'atmosphère qui leur est nécessaire. Jetons les yeux sur l'antique Egypte, périodiquement arrosée par les eaux d'un fleuve immense, dont les rivages, couverts au loin d'un limon humide, présentent un séjour si analogue aux habitudes et à la nature de ces quadrupèdes : ses arbres, ses forêts, ses monuments, tout, jusqu'à ses orgueilleuses pyramides, nous en montreront quelques espèces. Parcourons les côtes brûlantes de l'Afrique, les bords ardents du Sénégal, de la Gambie, les rivages noyés du Nouveau-Monde, ces solitudes profondes où les quadrupèdes ovipares jouissent de la chaleur, de l'humidité et de la paix; voyons ces belles contrées de l'Orient que la Nature paraît avoir enrichies de toutes ses productions; n'oublions aucune des îles baignées par les eaux chaudes des mers voisines de la zone torride; appelons par la pensée tous les quadrupèdes ovipares qui en peuplent les diverses plages, et réunissons-les autour de nous pour les mieux connaître en les comparant.

Observons d'abord les diverses espèces de tortues, comme plus semblables aux vivipares par leur organisation interne; considérons celles qui habitent les bords des mers, celles qui préfèrent les eaux douces, et celles qui demeurent au milieu des bois sur les terres élevées; voyons ensuite les énormes crocodiles qui peuplent les eaux des grands fleuves, et qui paraissent comme des géants démesurés à la tête des diverses légions de lézards; jetons les yeux sur les différentes espèces de ces animaux, qui réunissent tant de nuances dans leurs couleurs à tant de diversité dans leurs organes, et qui présentent tous les degrés de la grandeur, depuis une longueur de quelques pouces jusqu'à celle de vingt-cinq ou trente pieds; portons enfin nos regards sur des espèces plus petites; considérons les quadrupèdes ovipares que la Nature paraît avoir confinés dans la fange des marais, afin d'imprimer partout l'image du mouvement et de la vie : malgré la diversité de leur conformation, tous ces quadrupèdes se ressemblent entre eux, et diffèrent de tous les autres animaux par des caractères et des qualités remarquables; examinons ces caractères distinctifs, et voyons d'abord quel degré de vie et d'activité a été départi à ces quadrupèdes.

Les animaux diffèrent des végétaux, et surtout de la matière brute, en proportion du nombre et de l'activité des sens dont ils ont été pourvus, et qui, en les rendant plus ou moins sensibles aux impressions des objets extérieurs, les font communiquer avec ces mêmes objets d'une manière plus ou moins intime. Pour déterminer la place qu'occupent les quadrupèdes ovipares dans la chaîne immense des êtres, connaissons donc le nombre et la force de leurs sens. Ils ont tous reçu celui de la vue ; le plus grand nombre de ces animaux ont même des yeux assez saillants et assez gros relativement au volume de leur corps. Habitant la plupart les rivages des mers et les bords des fleuves de la zone torride, où le soleil n'est presque jamais voilé par les nuages, et où les rayons lumineux sont réfléchis par les lames d'eau et le sable des rives, il faut que leurs yeux soient assez forts pour n'être pas altérés et bientôt détruits par les flots de la lumière qui les inondent. L'organe de la vue doit donc être assez actif dans les quadrupèdes ovipares. On observe en effet qu'ils aperçoivent les objets de très-loin. D'ailleurs nous remarquerons dans les yeux de plusieurs de ces animaux une conformation particulière qui annonce un organe délicat et sensible; ils ont presque tous les yeux garnis d'une membrane clignotante, comme ceux des oiseaux, et la plupart de ces animaux, tels que les crocodiles et les autres lézards, jouissent, ainsi que les chats, de la faculté de contracter et de dilater leur prunelle de manière à recevoir la quantité de lumière qui leur est nécessaire, ou à empêcher celle qui leur serait nuisible d'entrer dans leurs yeux : par là, ils distinguent les objets au milieu de l'obscurité des nuits, et lorsque le soleil le plus brillant répand ses rayons; leur organe est très-exercé, et d'autant plus délicat qu'il n'est jamais ébloui par une clarté trop vive.

Si nous trouvions dans chacun des sens des quadrupèdes ovipares la même force que dans celui de la vue, nous pourrions attribuer à ces animaux une grande sensibilité; mais celui de l'ouïe doit être plus faible dans ces quadrupèdes que dans les vivipares et dans les oiseaux. En effet, leur oreille intérieure n'est pas composée de toutes les parties qui servent à la perception des sons dans les animaux les mieux organisés, et l'on ne peut pas dire que la simplicité de cet organe est compensée par sa sensibilité, puisqu'il est en général peu étendu et peu développé. D'ailleurs cette délicatesse pourrait-elle suppléer au défaut des conques extérieures qui ramassent les rayons sonores comme les miroirs ardents réunissent les rayons lumineux, et qui augmentent par là le nombre de ceux qui parviennent jusqu'au véritable siége de l'ouïe? Les quadrupèdes ovipares n'ont reçu à la place de ces conques que de petites ouvertures, qui ne peuvent donner entrée qu'à un très-petit nombre de rayons sonores. On peut donc imaginer que l'organe de l'ouïe est moins actif dans ces quadrupèdes que dans les vivipares. D'ailleurs la plupart de ces animaux sont presque toujours muets, ou ne font entendre que des sons rauques, désagréables et confus. Il est donc à présumer qu'ils ne reçoivent pas d'impressions bien nettes des divers corps sonores ; car l'habitude d'entendre distinctement donne bientôt celle de s'exprimer de même [1].

On ne doit pas non plus regarder leur odorat comme très-fin. Les animaux dans lesquels il est le plus fort ont en général le plus de peine à supporter les odeurs très-vives ; et lorsqu'ils demeurent trop longtemps exposés aux impressions de ces odeurs exaltées, leur organe s'endurcit, pour ainsi dire, et perd de sa sensibilité. Or, le plus grand nombre des quadrupèdes ovipares vivent au milieu de l'odeur infecte des rivages vaseux et des marais remplis de corps organisés en putréfaction ; quelques-uns de ces quadrupèdes répandent même une odeur qui devient très-forte lorsqu'ils sont rassemblés en troupes. Le siége de l'odorat est aussi très-peu apparent dans ces animaux, excepté dans le crocodile ; leurs narines sont très-peu ouvertes ; cependant, comme elles sont les parties extérieures les plus sensibles de ces animaux, et comme les nerfs qui y aboutissent sont d'une grandeur extraordinaire dans plusieurs de ces quadrupèdes, nous regardons l'odorat comme le second de leurs sens. Celui du goût doit en effet être bien plus faible dans ces animaux ; il est en raison de la sensibilité de l'organe qui en est le siége, et nous verrons dans les détails relatifs aux divers quadrupèdes ovipares, qu'en général leur langue est petite ou

[1] On objectera peut-être que, dans le plus grand nombre de ces animaux, l'organe de la voix n'est point composé des parties qui paraissent les plus nécessaires pour former des sons, et qu'il se refuse entièrement à des tons distincts et à une sorte de langage nettement prononcé : mais c'est une preuve de plus de la faiblesse de leur ouïe ; quelque nuisible qu'elle pût être par elle-même, elle se ressent aussi de l'imperfection de l'organe de eur voix.

enduite d'une humeur visqueuse, et conformée de manière à ne transmettre que difficilement les impressions des corps savoureux.

A l'égard du toucher, on doit le regarder comme bien obtus dans ces animaux. Presque tous recouverts d'écailles dures, enveloppés dans une couverture osseuse, ou cachés sous des boucliers solides, ils doivent recevoir bien peu d'impressions distinctes par le toucher : plusieurs ont les doigts réunis de manière à ne pouvoir être appliqués qu'avec peine à la surface des corps ; et si quelques lézards ont des doigts très-longs et très-séparés les uns des autres, le dessous même de ces doigts est le plus souvent garni d'écailles assez épaisses pour ôter presque toute sensibilité à cette partie.

Les quadrupèdes ovipares présentent donc, à la vérité, un aussi grand nombre de sens que les animaux les mieux conformés : mais, à l'exception de celui de la vue, tous leurs sens sont si faibles, en comparaison de ceux des vivipares, qu'ils doivent recevoir un bien plus petit nombre de sensations, communiquer moins souvent et moins parfaitement avec les objets extérieurs, être intérieurement émus avec moins de force et de fréquence ; et c'est ce qui produit cette froideur d'affections, cette espèce d'apathie, cet instinct confus, ces intentions peu décidées, que l'on remarque dans plusieurs de ces animaux.

La faiblesse de leurs sens suffit peut-être pour modifier leur organisation intérieure, pour y modérer la rapidité des mouvements, pour y ralentir le cours des humeurs, pour y diminuer la force des frottements, et par conséquent pour faire décroître cette chaleur interne qui, née du mouvement et de la vie, les entretient à son tour ; peut-être au contraire, cette faiblesse de leurs sens est-elle un effet du peu de chaleur qui anime ces animaux. Quoi qu'il en soit, leur sang est moins chaud que celui des vivipares. On n'a pas encore fait, à la vérité, d'observations exactes sur la chaleur naturelle des crocodiles, des grandes tortues, et des autres quadrupèdes ovipares des pays éloignés ; le degré de cette chaleur doit d'ailleurs varier suivant les espèces, puisqu'elles subsistent à différentes latitudes : mais on est bien assuré qu'elle est, dans tous les quadrupèdes ovipares, inférieure de beaucoup à celle des autres quadrupèdes, et surtout à celle des oiseaux; sans cela, ils ne tomberaient point dans un état de torpeur à un degré de froid qui n'engourdit ni les oiseaux ni les vivipares. Leur sang est d'ailleurs bien moins abondant; il peut circuler longtemps sans passer par les poumons, puisqu'on a vu une tortue vivre pendant quatre jours, quoique ses poumons fussent ouverts et coupés en plusieurs endroits, et qu'on eût lié l'artère qui va du cœur à cet organe. Ces poumons paraissent d'ailleurs ne recevoir jamais d'autre sang que celui qui est nécessaire à leur nourriture : aussi celui des quadrupèdes ovipares étant moins souvent animé, renouvelé, revivifié, pour ainsi dire, par l'air atmosphérique qui pénètre dans les poumons, il est plus épais; il ne reçoit et ne communique que des mouvements plus lents, et souvent presque insensibles, et il y a longtemps qu'on a reconnu que le sang ne coule pas aussi vite dans certains quadrupèdes ovipares, et, par exemple, dans les grenouilles, que dans les autres quadrupèdes et dans les oiseaux. Les causes internes se réunissent donc aux causes externes pour diminuer l'activité intérieure des quadrupèdes ovipares.

Si l'on considère d'ailleurs leur charpente osseuse, on verra qu'elle est plus simple que celle des vivipares; plusieurs familles de ces animaux, telles que la plupart des salamandres, les grenouilles, les crapauds et les raines, sont dépourvues de côtes : les tortues ont, à la vérité, huit vertèbres du cou; mais, excepté les crocodiles qui en ont sept, presque tous les lézards n'en ont jamais au-dessus de quatre, et tous les quadrupèdes ovipares sans queue en sont privés, tandis que, parmi les oiseaux, on en compte toujours au moins onze, et que l'on en trouve sept dans toutes les espèces des quadrupèdes vivipares[1]. Leur conduit intestinal est bien moins long, bien plus uniforme dans sa grosseur, bien moins

[1] Les observations que j'ai faites à ce sujet sur les squelettes des quadrupèdes ovipares du Cabinet du Roi s'accordent avec celles que M. Camper a bien voulu me communiquer par une lettre que ce célèbre anatomiste m'a écrite le 29 août 1786.

replié sur lui-même; leurs excréments, tant liquides que solides, aboutissent à une espèce de cloaque commun[1]; et il est assez remarquable de trouver dans ces quadrupèdes ce nouveau rapport, non-seulement avec les castors, qui passent une très-grande partie de leur vie dans l'eau, mais encore avec les oiseaux qui s'élancent dans les airs et s'élèvent jusqu'au-dessus des nuées.

Le cœur est petit dans tous les quadrupèdes ovipares, et n'a qu'un seul ventricule, tandis que, dans l'homme, dans les quadrupèdes vivipares, dans les cétacées et dans les oiseaux, il est formé de deux. Leur cerveau est très-peu étendu, en comparaison de celui des vivipares. Leurs mouvements d'inspiration et d'expiration, bien loin d'être fréquents et réguliers, sont souvent suspendus pendant très-longtemps, et par des intervalles très-inégaux. Si l'on observe donc les divers principes de leur mouvement vital, on trouvera une plus grande simplicité, tant dans ces premiers moteurs que dans les effets qu'ils font naître; on verra les différents ressorts moins multipliés; on remarquera même, à certains égards, moins de dépendance entre les différentes parties; aussi l'action des unes sur les autres est-elle moindre, les communications sont-elles moins parfaites, les mouvements plus lents, les frottements moins forts. Et voilà un bien grand nombre de causes pour rendre ces machines plus uniformes et moins sujettes à se déranger, c'est-à-dire, pour qu'il soit plus difficile d'arrêter dans ces animaux le mouvement vital, dont le principe, répandu en quelque sorte dans un espace plus étendu, ne peut être détruit que lorsqu'il est attaqué dans plusieurs points à la fois.

Cette organisation particulière des quadrupèdes ovipares doit encore être comptée parmi les causes de leur peu de sensibilité; et cette espèce de froideur de tempérament n'est-elle pas augmentée par le rapport de leur substance avec l'eau? Non-seulement en effet ils recherchent la lumière active du soleil par défaut de chaleur intérieure, mais encore ils se

[1] Les lézards, les grenouilles, les crapauds et les raines, n'ont point de vessie proprement dite.

plaisent au milieu des terrains fangeux et d'une humidité chaude par analogie de nature. Bien loin de leur être contraire, cette humidité, aidée de la chaleur, sert à leur développement; elle ajoute à leur volume en s'introduisant dans leur organisation et en devenant portion de leur substance : et ce qui prouve que cette humeur aqueuse dont ils sont pénétrés n'est pas une vaine bouffissure, un gonflement nuisible, et une cause de dépérissement plutôt que d'un accroissement véritable, c'est que bien loin de perdre quelqu'une de leurs propriétés lorsque leur substance est, pour ainsi dire, imbibée de l'humidité abondante dans laquelle ils sont plongés, la faculté de se reproduire paraît s'accroître dans ces animaux à mesure qu'ils sont remplis de cette humidité chaude si analogue à la nature de leur corps.

Cette convenance de leur nature avec l'humidité montre combien leur mouvement vital tient, pour ainsi dire, à plusieurs ressorts assez indépendants les uns des autres. En effet, cette surabondance d'eau est avantageuse aux êtres dans lesquels les mouvements intérieurs peuvent être ralentis sans être arrêtés, dans lesquels la mollesse des substances peut diminuer sans inconvénient la communication des forces, et dont les divers membres ont plus besoin de parties grossières et de molécules qui occupent une place, que de principes actifs et de portions délicatement organisées : elle cause au contraire le dépérissement des êtres pleinement doués de vie, qui existent par une grande rapidité des mouvements intérieurs, par une grande élasticité des diverses parties, par une communication prompte de toutes les impressions, et qui ont moins besoin en quelque sorte d'être nourris que mis en mouvement, d'être remplis que d'être animés. Voilà pourquoi les espèces des animaux les plus nobles dégénèrent bientôt sur ces rivages nouveaux, où d'immenses forêts arrêtent et condensent les vapeurs de l'air, où des amas énormes de plantes basses et rampantes retiennent sur une vase bourbeuse une humidité que les vents ne peuvent dissiper, et où le soleil n'élève par sa chaleur une partie de ces vapeurs humides que pour en imprégner davantage l'atmosphère, la répandre au loin, et en multiplier les pernicieux effets. Les insectes, au contraire, craignent si peu l'humidité, que c'est précisément sur les bords fangeux, à peine abandonnés par la mer, et toujours plongés dans des flots de vapeurs et de brouillards épais, qu'ils acquièrent le plus grand volume, et sont parés des couleurs les plus vives.

Mais, quoique les quadrupèdes ovipares paraissent être peu favorisés à certains égards, ils sont cependant bien supérieurs à de grands ordres d'animaux; et nous devons les considérer avec d'autant plus d'attention, que leur nature, pour ainsi dire, mi-partie entre celle des plus hautes et des plus basses classes des êtres vivants et organisés, montre les relations d'un grand nombre de faits importants qui ne paraissaient pas analogues, et dont on pourra entrevoir la cause par cela seul qu'on rapprochera ces faits, et qu'on découvrira les rapports qui les lient.

Le séjour de tous ces quadrupèdes n'est pas fixé au milieu des eaux; plusieurs de ces animaux préfèrent les terrains secs et élevés; d'autres habitent dans des creux de rocher; ceux-ci vivent au milieu des bois, et grimpent avec vitesse jusqu'à l'extrémité des branches les plus hautes : mais presque tous nagent et plongent avec facilité, et c'est en partie ce qui les a fait comprendre par plusieurs naturalistes sous la dénomination générale d'*amphibies*. Il n'est cependant aucun de ces quadrupèdes qui n'ait besoin de venir de temps en temps à la surface de l'eau, dans laquelle il aime à se tenir plongé. Tous les animaux qui ont du sang doivent respirer l'air de l'atmosphère; et si les poissons peuvent demeurer très-longtemps au fond des mers et des rivières, c'est qu'ils ont un organe particulier qui sépare de l'eau tout l'air qu'elle peut contenir, et le fait parvenir jusqu'à leurs vaisseaux sanguins. Les quadrupèdes ovipares sont donc forcés de respirer de temps en temps : l'air pénètre ainsi jusque dans leurs poumons; il parvient jusqu'à leur sang; il le revivifie, quoique moins fréquemment que celui des quadrupèdes vivipares, ainsi que nous l'avons dit; il diminue la trop grande épaisseur de ce fluide et entretient sa circulation. Les quadrupèdes ovipares périssent donc faute d'air, lorsqu'ils demeurent trop de temps sous l'eau; ce n'est que dans leur état de torpeur qu'ils paraissent pouvoir se passer pendant très-longtemps de respirer, une grande fluidité n'étant pas nécessaire pour le faible mouvement que leur sang doit conserver pendant leur engourdissement.

Les quadrupèdes ovipares, moins sensibles que les autres, moins animés par des passions vives, moins agités au dedans, moins agissants à l'extérieur, sont en général beaucoup plus à l'abri des dangers : ils s'y exposent moins, parce qu'ils ont moins d'appétits violents ; et d'ailleurs les accidents sont pour eux moins à craindre. Ils peuvent être privés de parties assez considérables, telles que leur queue et leurs pattes, sans cependant perdre la vie[1] : quelques-uns d'eux les recouvrent, surtout lorsque la chaleur de l'atmosphère en favorise la reproduction; et ce qui paraîtra plus surprenant à ceux qui ne jugent que d'après ce qu'ils ont communément sous les yeux, il est des quadrupèdes ovipares qui peuvent se mouvoir longtemps après qu'on leur a enlevé la partie de leur corps qui paraît la plus nécessaire à la vie. Les tortues vivent plusieurs jours après qu'on leur a coupé la tête ; les grenouilles ne meurent pas tout de suite, quoiqu'on leur ait arraché le cœur; et, dès le temps d'Aristote, on savait que, quelques moments après qu'on avait disséqué un caméléon, son cœur palpitait encore. Ce grand phénomène ne suffirait-il pas pour démontrer combien les différentes parties des quadrupèdes ovipares dépendent peu les unes des autres? Il prouve non-seulement que leur système nerveux n'est pas aussi lié que celui des autres quadrupèdes, puisqu'on peut séparer les nerfs de la tête de ceux qui prennent racine dans la moëlle épinière, sans

[1] Voyez l'article des *Salamandres à queue plate.*

L'on conserve au Cabinet du Roi un grand lézard, de l'espèce appelée *dragonne*, auquel il manque une patte . il paraît qu'il l'avait perdue par quelque accident, lorsqu'il était déjà assez gros; car la cicatrice qui s'est formée est considérable. C'est M. de la Borde, médecin du Roi à Cayenne, et correspondant du Cabinet du Roi, qui l'a envoyé. Il a rencontré dans l'Amérique méridionale un lézard d'une autre espèce, et n'ayant également que trois pattes. Il en fait mention dans un recueil d'observations nouvelles et très-intéressantes, qu'il se propose de publier sur l'histoire naturelle de l'Amérique méridionale.

que l'animal meure tout de suite, ni même paraisse beaucoup souffrir dans les premiers moments; mais ne démontre-t-il pas encore que leurs vaisseaux sanguins ne communiquent pas entre eux autant que ceux des autres quadrupèdes, puisque sans cela tout le sang s'échapperait par les endroits où les artères auraient été coupées, et l'animal resterait sans mouvement et sans vie? Ceci s'accorde très-bien avec la lenteur et la froideur du sang des quadrupèdes ovipares ; et il ne faut pas être étonné que non-seulement ils ne perdent pas la vie au moment que leur tête est séparée de leur corps, mais encore qu'ils vivent plusieurs jours sans l'organe qui leur est nécessaire pour prendre leurs aliments. Ils peuvent se passer de manger pendant un temps très-long : on a vu même des tortues et des crocodiles demeurer plus d'un an privés de toute nourriture[1]. La plupart de ces animaux sont revêtus d'écailles ou d'enveloppes osseuses, qui ne laissent passer la transpiration que dans un petit nombre de points : ayant d'ailleurs le sang plus froid, ils perdent moins de leur substance, et par conséquent ils doivent moins la réparer. Animés par une moindre chaleur, ils n'éprouvent pas cette grande dessiccation, qui devient une soif ardente dans certains animaux; ils n'ont pas besoin de rafraîchir, par une boisson très-abondante, des vaisseaux intérieurs qui ne sont jamais trop échauffés. Pline et les anciens avaient reconnu que les animaux qui ne suent point, et qui ne possèdent pas une grande chaleur intérieure, mangent très-peu. En effet, la perte des forces n'est-elle pas toujours proportionnée aux résistances? les résistances ne le sont-elles pas aux frottements, les frottements à la rapidité des mouvements? et cette rapidité ne l'est-elle pas toujours à la chaleur intérieure?

Mais si les quadrupèdes ovipares résistent avec facilité à des coups qui ne portent que sur certains points de leur corps, à des chocs locaux, à des lésions particulières, ils succombent bientôt aux efforts des causes extérieures, énergiques et constantes, qui les attaquent dans tout leur ensemble; ils ne peuvent point leur opposer des forces intérieures assez ac-

[1] Voir les articles particuliers de leur histoire.

tives ; et comme la cause la plus contraire à une faible chaleur interne est un froid extérieur plus ou moins rigoureux, il n'est pas surprenant que les quadrupèdes ovipares ne puissent résister aux effets d'une atmosphère plutôt froide que tempérée. Voilà pourquoi on ne rencontre la plupart des tortues de mer, les crocodiles, et les autres grandes espèces de quadrupèdes ovipares, que près des zones torrides, ou du moins à des latitudes peu élevées, tant dans l'ancien que dans le nouveau continent; et non-seulement ces grandes espèces sont confinées aux environs de la zone torride, mais encore, à mesure que les individus et les variétés d'une même espèce habitent un pays plus éloigné de l'équateur, plus élevé ou plus humide, et par conséquent plus froid, leurs dimensions sont beaucoup plus petites. Les crocodiles des contrées les plus chaudes l'emportent sur les autres par leur grandeur et par leur nombre; et si ceux qui vivent très-près de la ligne sont quelquefois moins grands que ceux que l'on trouve à des latitudes plus élevées, comme on le remarque en Amérique, c'est qu'ils sont dans des pays plus peuplés, où on leur fait une guerre plus cruelle, et où ils ne trouvent ni la paix ni la nourriture, sans lesquelles ils ne peuvent parvenir à leur entier accroissement.

La chaleur de l'atmosphère est même si nécessaire aux quadrupèdes ovipares, que lorsque le retour des saisons réduit les pays voisins des zones torrides à la froide température des contrées beaucoup plus élevées en latitude, les quadrupèdes ovipares perdent leur activité, leurs sens s'émoussent, la chaleur de leur sang diminue, leurs forces s'affaiblissent; ils s'empressent de gagner des retraites obscures, des antres dans les rochers, des trous dans la vase, ou des abris dans les joncs et les autres végétaux qui bordent les grands fleuves. Ils cherchent à y jouir d'une température moins froide, et à y conserver, pendant quelques moments, un reste de chaleur prêt à leur échapper. Mais le froid croissant toujours, et gagnant de proche en proche, se fait bientôt sentir dans leurs retraites, qu'ils paraissent choisir au milieu de bois écartés, ou sur des bords inaccessibles, pour se dérober aux recherches et à la voracité de leurs ennemis pendant le temps de leur sopeur, où ils ne leur offriraient qu'une masse sans défense et un appât sans danger. Ils s'endorment d'un sommeil profond ; ils tombent dans un état de mort apparente ; et cette torpeur est si grande, qu'ils ne peuvent être réveillés par aucun bruit, par aucune secousse, ni même par des blessures : ils passent inertement la saison de l'hiver dans cette espèce d'insensibilité absolue, où ils ne conservent de l'animal que la forme, et seulement assez de mouvement intérieur pour éviter la décomposition à laquelle sont soumises toutes les substances organisées réduites à un repos absolu. Ils ne donnent que quelques faibles marques du mouvement qui reste encore à leur sang, mais qui est d'autant plus lent que souvent il n'est animé par aucune expiration ni inspiration. Ce qui le prouve, c'est qu'on trouve presque toujours les quadrupèdes ovipares engourdis dans la vase, et cachés dans des creux le long des rivages, où les eaux les gagnent et les surmontent souvent, où ils sont par conséquent beaucoup de temps sans pouvoir respirer, et où ils reviennent cependant à la vie dès que la chaleur du printemps se fait de nouveau ressentir.

Les quadrupèdes ovipares ne sont pas les seuls animaux qui s'engourdissent pendant l'hiver aux latitudes un peu élevées : les serpents, les crustacées, sont également sujets à s'engourdir ; des animaux bien plus parfaits tombent aussi dans une torpeur annuelle, tels que les marmottes, les loirs, les chauve-souris, les hérissons, etc. Mais ces derniers animaux ne doivent pas éprouver une sopeur aussi profonde. Plus sensibles que les quadrupèdes ovipares, que les serpents et les crustacées, ils doivent conserver plus de vie intérieure : quelque engourdis qu'ils soient, ils ne cessent de respirer ; et cette action, quoique affaiblie, n'augmente-t-elle pas toujours leurs mouvements intérieurs ?

Si pendant l'hiver il survient un peu de chaleur, les quadrupèdes ovipares sont plus ou moins tirés de leur état de sopeur ; et voilà pourquoi des voyageurs qui, pendant des journées douces de l'hiver, ont rencontré dans certains pays des crocodiles et d'autres quadrupèdes ovipares doués de presque toute leur activité ordinaire, ont assuré, quoique à tort, qu'ils ne s'y engourdissaient point. Ils peuvent aussi être préservés quelquefois de cet engourdissement annuel par la nature de leurs aliments. Une nourriture plus échauffante et plus substantielle augmente la force de leurs solides, la quantité de leur sang, l'activité de leurs humeurs, et leur donne ainsi assez de chaleur interne pour compenser le défaut de chaleur extérieure. Il arrive souvent que les quadrupèdes ovipares sont dans cet état de mort apparente pendant près de six mois, et même davantage : ce long temps n'empêche pas que leurs facultés suspendues ne reprennent leur activité. Nous verrons dans l'histoire des salamandres aquatiques, qu'on a quelquefois trouvé de ces animaux engourdis dans des morceaux de glace tirés des glacières pendant l'été, et dans lesquels ils étaient enfermés depuis plusieurs mois. Lorsque la glace était fondue, et que les salamandres étaient pénétrées d'une douce chaleur, elles revenaient à la vie.

Mais, comme tout a un terme dans la nature, si le froid devenait trop rigoureux ou durait trop longtemps, les quadrupèdes ovipares engourdis périraient. La machine animale ne peut en effet conserver qu'un certain temps les mouvements intérieurs qui lui ont été communiqués. Non-seulement une nouvelle nourriture doit réparer la perte de la substance qui se dissipe, mais ne faut-il pas encore que le mouvement intérieur soit renouvelé, pour ainsi dire, par des secousses extérieures, et que des sensations nouvelles remontent tous les ressorts.

La masse totale du corps des quadrupèdes ovipares ne perd aucune partie très-sensible de substance pendant leur longue torpeur; mais les portions les plus extérieures, plus soumises à l'action desséchante du froid, et plus éloignées du centre du faible mouvement interne qui reste alors aux quadrupèdes ovipares, subissent une sorte d'altération dans la plupart de ces animaux. Lorsque cette couverture, la plus extérieure de ces quadrupèdes, n'est pas une partie osseuse et très-solide, comme dans les tortues et dans les crocodiles, elle se dessèche, perd son organisation, ne peut plus être unie avec le reste du corps organisé, et ne participe plus ni à ses mouvements internes ni à sa nourriture. Lors donc que le printemps redonne le mouvement aux quadrupèdes ovipares, la première peau, soit nue, soit garnie d'écailles, ne fait plus partie en quelque sorte du corps animé; elle n'est plus pour ce corps qu'une substance étrangère, elle est repoussée, pour ainsi dire, par des mouvements intérieurs qu'elle ne partage plus. La nourriture qui en entretenait la substance se porte cependant comme à l'ordinaire, vers la surface du corps; mais au lieu de réparer une peau qui n'a presque plus de communication avec l'intérieur, elle en forme une nouvelle qui ne cesse de s'accroître au-dessous de l'ancienne. Tous ces efforts détachent peu à peu cette vieille peau du corps de l'animal, achèvent d'ôter toute liaison entre les parties intérieures et cette peau altérée, qui, de plus en plus privée de toute réparation, devient plus soumise aux causes étrangères qui tendent à la décomposer. Attaquée ainsi des deux côtés, elle cède, se fend, et l'animal, revêtu d'une peau nouvelle, sort de cette espèce de fourreau, qui n'était plus pour lui qu'un corps embarrassant.

C'est ainsi que le dépouillement annuel des quadrupèdes ovipares nous paraît devoir s'opérer; mais il n'est pas seulement produit par l'engourdissement. Ils quittent également leur première peau dans les pays où une température plus chaude les garantit du sommeil de l'hiver. Quelques-uns la quittent aussi plusieurs fois pendant l'été des contrées tempérées. Le même effet est produit par des causes opposées : la chaleur de l'atmosphère équivaut au froid et au défaut de mouvement; elle dessèche également la peau, en dérange le tissu et en détruit l'organisation.

Des animaux d'ordres très-différents des quadrupèdes ovipares éprouvent aussi, chaque année, et même à plusieurs époques, une espèce de dépouillement, ils perdent quelques-unes de leurs parties extérieures. On peut particulièrement le remarquer dans les serpents, dans certains animaux à poils et dans les oiseaux. Les insectes et les végétaux ne sont-ils pas sujets aussi à une sorte de mue? Dans quelques êtres qu'on remarque ces grands changements, on doit les rapporter à la même cause générale. Il faut toujours les attribuer au défaut d'équilibre entre les mouvements intérieurs et les causes externes : lorsque ces dernières sont supérieures, elles altèrent et dépouillent ; et lorsque le principe vital l'emporte, il répare et renouvelle. Mais cet équilibre peut être rompu de mille et mille manières, et les effets qui en résultent sont diversifiés suivant la nature des êtres organisés qui les éprouvent.

Il en est donc de cette propriété de se dépouiller, ainsi que de toutes les autres propriétés et de toutes les formes que la nature distribue aux différentes espèces, et combine de toutes les manières, comme si elle voulait en tout épuiser toutes les modifications. C'est souvent parce que nos connaissances sont bornées, que l'imagination la plus bizarre nous paraît allier des qualités et des formes qui ne doivent pas se trouver ensemble. En étudiant avec soin la Nature, non-seulement dans ses grandes productions, mais encore dans cette foule immense de petits êtres, où il semble que la diversité des figures extérieures ou internes, et par conséquent celle des habitudes, ont pu être plus facilement imprimées à des masses moins considérables, l'on trouverait des êtres naturels dont les produits de l'imagination ne seraient souvent que des copies. Il y aura cependant toujours une grande différence entre les originaux et ces copies plus ou moins fidèles : l'imagination, en assemblant des formes et des qualités disparates, ne prépare pas à cette réunion extraordinaire ; elle n'emploie pas cette dégradation successive de nuances diversifiées à l'infini qui peuvent rapprocher les objets les plus éloignés, et qui, en décelant la vraie puissance créatrice, sont le sceau dont la Nature marque ses ouvrages durables, et les distingue des productions passagères de la vaine imagination.

Lorsque les quadrupèdes ovipares quittent leur vieille couverture, leur nouvelle peau est souvent encore assez molle pour les rendre plus sensibles au choc des objets extérieurs : aussi sont-ils plus timides, plus réservés pour ainsi dire, dans leur démarche, et se tiennent-ils cachés autant qu'ils le peuvent, jusqu'à ce que cette nouvelle peau ait été fortifiée par de nouveaux sucs nourriciers et endurcie par les impressions de l'atmosphère.

Les habitudes des quadrupèdes ovipares sont en général assez douces : leur caractère est sans férocité. Si quelques-uns d'eux, comme les crocodiles, détruisent beaucoup, c'est parce qu'ils ont une grande masse à entretenir[1] : mais ce n'est que dans les articles particuliers de cette Histoire que nous pourrons montrer comment ces mœurs générales et communes à tous les quadrupèdes ovipares sont plus ou moins diversifiées dans chaque espèce par leur organisation particulière et par les circonstances de leur vie. Nous verrons, par exemple, les uns se nourrir de poissons, les autres donner la chasse de préférence aux animaux qui rampent sur la terre, aux petits quadrupèdes, aux oiseaux même qu'ils peuvent atteindre sur les branches des arbres : ceux-ci se nourrir uniquement des insectes qui bourdonnent dans l'atmosphère; ceux-là ne vivre que d'herbe, et ne choisir que les plantes parfumées : tant la nature sait varier les moyens de subsistance dans toutes les classes, et tant elle les a toutes liées par un grand nombre de rapports! La chaîne presque infinie des êtres au lieu de se prolonger d'un seul côté, et de ne suivre, pour ainsi dire, qu'une ligne droite, revient donc sans cesse sur elle-même, s'étend dans tous les sens, s'élève, s'abaisse, se replie; et par les différents contours qu'elle décrit, les diverses sinuosités qu'elle forme, les divers endroits où elle se réunit, ne représente-t-elle pas une sorte de masse solide, dont toutes les parties s'élancent et se lient étroitement, où rien ne pourrait être divisé sans détruire l'ensemble, où l'on ne reconnaît ni premier ni dernier chaînon, et où même l'on n'entrevoit pas comment la Nature a pu former ce tissu aussi immense que merveilleux?

Les quadrupèdes ovipares sont souvent réunis en grandes troupes; l'on ne doit cependant pas dire qu'ils forment une vraie société. Qu'est-ce en effet qui résulte de leur attroupement? aucun ouvrage, aucune chasse, aucune guerre, qui paraissent concertés. Ils ne construisent jamais d'asiles; et lorsqu'ils en choisissent sur des rivages, dans des rochers, dans le creux des arbres, etc., ce n'est point une habitation commode qu'ils préparent pour un certain nombre d'individus réunis, et qu'ils tâchent d'approprier à leurs différents

[1] Voyez particulièrement l'histoire des Crocodiles.

besoins ; mais c'est une retraite purement individuelle, où ils ne veulent que se cacher, à laquelle ils ne changent rien, et qu'ils adoptent également, soit qu'elle ne suffise que pour un seul animal, ou soit qu'elle ait assez d'étendue pour recéler plusieurs de ces quadrupèdes.

Si quelques-uns chassent ou pêchent ensemble, c'est qu'ils sont également attirés par le même appât ; s'ils attaquent à la fois, c'est parce qu'ils ont la même proie à leur portée ; s'ils se défendent en commun, c'est parce qu'ils sont attaqués en même temps, et si quelqu'un d'eux a jamais pu sauver la troupe entière en l'avertissant par ses cris de quelque embûche, ce n'est point, comme on l'a dit des singes et de quelques autres quadrupèdes, parce qu'ils avaient été pour ainsi dire chargés du soin de veiller à la sûreté commune, mais seulement par un effet de la crainte que l'on retrouve dans presque tous les animaux, et qui les rend sans cesse attentifs à leur conservation individuelle[1].

Les quadrupèdes ovipares ne ressentent pas la tendresse paternelle ; ils abandonnent leurs œufs après les avoir pondus : la plupart, à la vérité, choisissent la place où ils les déposent ; quelques-uns, plus attentifs, la préparent et l'arrangent ; ils creusent même des trous où ils les renferment et où ils les couvrent de sable et de feuillages. Mais que sont tous ces soins en comparaison de l'attention vigilante dont les petits qui doivent éclore sont l'objet dans plusieurs espèces d'oiseaux ? Et l'on ne peut pas dire que la conformation de la plupart de ces animaux ne leur permet pas de transporter et de mettre en œuvre les matériaux nécessaires pour construire une espèce de nid plus parfait que les trous qu'ils creusent, etc. Les cinq doigts longs et séparés qu'ont la plupart des quadrupèdes ovipares, leurs quatre pieds, leur gueule et leur queue, ne leur donneraient-ils pas en effet plus de moyens pour y parvenir que deux pattes et un bec n'en donnent aux oiseaux ?

[1] Nous trouvons ici les idées de Buffon sur l'absence de sociabilité naturelle chez les animaux. Cette idée est contraire aux faits ; l'union de certains animaux entre eux est le résultat de l'instinct. (N. E.)

La grosseur de leurs œufs varie, suivant les espèces, beaucoup plus que dans ces derniers animaux; ceux des très-petits quadrupèdes ovipares ont à peine une demi-ligne de diamètre, tandis que les œufs des plus grands ont de deux à trois pouces de longueur. Les embryons qu'ils contiennent se réunissent quelquefois avant d'y être renfermés, de manière à produire des monstruosités, ainsi que dans les oiseaux. On trouve dans Seba la figure d'une petite tortue à deux têtes, et l'on conserve au Cabinet du Roi un très-petit lézard vert qui a deux têtes et deux cous bien distincts [1].

L'enveloppe des œufs des quadrupèdes ovipares n'est pas la même dans toutes les espèces : dans presque toutes, et particulièrement dans plusieurs tortues, elle est souple, molle, et semblable à du parchemin mouillé; mais, dans les crocodiles et dans quelques grands lézards, elle est d'une substance dure et crétacée comme les œufs des oiseaux, plus mince cependant, et par conséquent plus fragile.

Les œufs des quadrupèdes ovipares ne sont donc pas couvés par la femelle. L'ardeur du soleil et de l'atmosphère les fait éclore, et l'on doit remarquer que, tandis que ces quadrupèdes ont besoin pour subsister d'une plus grande chaleur que les oiseaux, leurs œufs cependant éclosent à une température plus froide que ceux de ces derniers animaux. Il semble que les machines animales les plus composées, et par exemple celle des oiseaux, ne peuvent être mises en mouvement que par une chaleur extérieure très-active, mais que, lorsqu'elles jouent, les frottements de leurs diverses parties produisent une chaleur interne qui rend celle de l'atmosphère moins nécessaire pour la conservation de leur mouvement.

Les petits des quadrupèdes ovipares ne connaissent donc jamais leur mère; ils n'en reçoivent jamais ni nourriture, ni soins, ni secours, ni éducation; ils ne voient ni n'entendent rien qu'ils puissent imiter; le besoin ne leur arrache pas longtemps des cris, qui n'étant point entendus de leur mère, se perdraient dans les airs, et ne leur procureraient ni assis-

[1] Il a été envoyé par M. le duc de la Rochefoucauld, qui ne cesse de donner des preuves de ses lumières et de son zèle pour l'avancement des sciences.

tance ni nourriture ; jamais la tendresse ne répond à ces cris, et jamais il ne s'établit, parmi les quadrupèdes ovipares, ce commencement d'une sorte de langage si bien senti dans plusieurs autres animaux : ils sont donc privés du plus grand moyen de s'avertir de leurs différentes sensations, et d'exercer une sensibilité qui aurait pu s'accroître par une plus grande communication de leurs affections mutuelles.

Mais si leur sensibilité ne peut être augmentée, leur naturel est souvent modifié. On est parvenu à apprivoiser les crocodiles, qui cependant sont les plus grands, les plus forts et les plus dangereux de ces animaux; et à l'égard des petits quadrupèdes ovipares, la plupart cherchent une retraite autour de nos habitations ; certains de ces animaux partagent même nos demeures, où ils trouvent en plus grande abondance les insectes dont ils font leur proie, et tandis que nous recherchons les uns, tels que les petites espèces de tortues, tandis que nous les apportons dans nos jardins, où ils sont soignés, protégés et nourris, d'autres, tels que les lézards gris, présentent quelquefois une sorte de domesticité, moins parfaite, mais plus libre, puisqu'elle est entièrement de leur choix; plus utile, parce qu'ils détruisent plus d'insectes nuisibles, et, pour ainsi dire, plus noble, puisqu'ils ne reçoivent de l'homme ni nourriture préparée ni retraite particulière.

Presque tous les quadrupèdes ovipares répandent une odeur forte, qui ne diffère pas beaucoup de celle du musc, mais qui est moins agréable, et qui par conséquent ressemble un peu à celle qu'exhalent des animaux d'ordres bien différents, tels que les serpents, les fouines, les belettes, les putois, les moufettes d'Amérique; plusieurs oiseaux, tels que la huppe, etc. Cette odeur plus ou moins vive est le produit des sécrétions particulières, dont l'organe est très-apparent dans quelques quadrupèdes ovipares, et particulièrement dans le crocodile, ainsi que nous le verrons dans les détails de cette Histoire.

Les quadrupèdes ovipares vivent en général très-longtemps. On ne peut guère douter, par exemple, que les grandes tortues de mer ne parviennent, ainsi que celles d'eau douce et de terre, à un âge très-avancé ; et une très-longue vie ne doit pas étonner dans ces animaux, dont le sang est peu échauffé, qui transpirent à peine, qui peuvent se passer de nourriture pendant plusieurs mois, qui ont si peu d'accidents à craindre, et qui réparent si aisément les pertes qu'ils éprouvent. D'ailleurs ils vivent pendant un bien plus grand nombre d'années que les quadrupèdes vivipares, si l'on ne calcule l'existence que par la durée. Mais si l'on veut compter les vrais moments de leur vie, les seuls que l'on doive estimer, ceux où ils usent de leur force et font usage de leurs facultés, on verra que, lorsqu'ils habitent un pays éloigné de la ligne, leur vie est bien courte, quoiqu'elle paraisse enfermer un grand espace de temps. Engourdis pendant près de six mois, il faut d'abord retrancher la moitié de leurs nombreuses années; et pendant le reste de ces ans qui paraissent leur avoir été prodigués, combien ne faut-il pas ôter de jours pour ce temps de maladie où, dépouillés de leur première peau, ils sont obligés d'attendre dans une retraite qu'une nouvelle couverture les mette à l'abri des dangers! combien ne faut-il pas ôter d'instants pour ce sommeil journalier auquel ils sont plus sujets que plusieurs autres animaux, parce qu'ils reçoivent moins de sensations qui les réveillent, et surtout parce qu'ils sont moins pressés par l'aiguillon de la faim! Il ne restera donc qu'un très-petit nombre d'années où les quadrupèdes ovipares soient réellement sensibles et actifs, où ils emploient leurs forces, où ils usent leur machine, où ils tendent avec rapidité vers leur dépérissement. Pendant tout le temps de leur sopeur, inaccessibles à toute impression, froids, immobiles et presque inanimés, ils sont en quelque sorte réduits à l'état des matières brutes, dont la durée est très-longue, parce que le temps n'est pour ces substances qu'une succession d'états passifs et de positions inertes sans effets productifs, et par conséquent sans causes intérieures de destruction, bien loin de pouvoir être compté par de vives jouissances et par les effets féconds qui déploient, mais usent tous les ressorts des êtres animés.

Plusieurs voyageurs ont écrit que quelques lézards et quelques quadrupèdes ovipares sans queue renferment un poison plus ou moins actif. Nous verrons dans les articles particuliers de cette Histoire, que l'on ne peut regarder comme venimeux qu'un très-petit nombre de ces quadrupèdes. D'un autre côté, l'on sait qu'aucun quadrupède vivipare et qu'aucun oiseau ne sont infectés de venin ; ce n'est que parmi les serpents, les poissons, les vers, les insectes et les végétaux, que l'on rencontre plusieurs espèces plus ou moins venimeuses. Il semblerait donc que l'abondance des sucs mortels est d'autant plus grande dans les êtres vivants, que leurs humeurs sont moins échauffées et que leur organisation intérieure est plus simple.

Maintenant nous allons examiner de plus près les divers quadrupèdes ovipares dont nous avons remarqué les qualités communes, et observé les attributs généraux. Nous commencerons par les diverses espèces de tortues de mer, d'eau douce et de terre ; nous considérerons ensuite les crocodiles et les différents lézards, dont les espèces les plus petites, et particulièrement celles des salamandres, ont tant de rapports avec les grenouilles et les autres familles de quadrupèdes ovipares qui n'ont pas de queue, et par l'histoire desquels nous terminerons celle de tous ces animaux. Nous ne nous arrêterons cependant beaucoup qu'à ceux qui, par la singularité de leur conformation, l'étendue de leur volume, la grandeur de leur puissance, la prééminence de leurs qualités, mériteront un plus grand intérêt et une attention plus marquée. Pour parvenir à peindre la Nature, tâchons de l'imiter ; et de même que les espèces distinguées paraissent avoir été les objets de sa prédilection, qu'elles soient ceux de notre attention particulière, comme réfléchissant vers nous plus de lumière, et comme en répandant davantage sur tout ce qui les environne ; et lorsqu'il s'agira de tracer les limites qui séparent les espèces les unes des autres, lorsque nous serons indécis sur la valeur des caractères qui se présenteront, nous aimerons mieux ne compter qu'une espèce que d'en admettre deux, bien assurés que les individus ne coûtent rien à la nature, mais que, malgré son immense fécondité, elle n'a point prodigué inutilement les espèces. Ses effets sont sans nombre, mais non pas les causes qu'elle fait agir. Nous croirions donc mal représenter l'auguste simplicité de son plan, et mal parler de sa force, en lui rapportant sans raison une vaine multiplication d'espèces ; nous pensons au contraire mieux révéler sa puissance en disant que toutes ces différences qui font la magnificence de l'univers; que toutes ces variétés qui l'embellissent, elle les a souvent produites en modifiant de diverses manières les espèces réellement distinctes. Bien loin d'enrichir la science, ne l'appauvrissons pas; ne la rabaissons pas en la surchargeant d'un poids inutile d'espèces arbitraires, et n'oublions jamais que, du haut du trône sublime où siége la Nature[1], dominant sur le temps et sur l'espace, elle n'emploie qu'un petit nombre de puissances pour animer la matière, développer tous les êtres et mouvoir tous les corps de ce vaste univers.

[1] En pareil cas, Buffon, intelligence supérieure à Lacépède, prononce le nom adorable de Dieu, et se garde bien de vouloir le remplacer par ce vain fantôme de la Nature. (N. E.)

TABLE MÉTHODIQUE

DES QUADRUPÈDES OVIPARES.

PREMIÈRE CLASSE.

Quadrupèdes ovipares qui ont une queue.

PREMIER GENRE. — TORTUES.

Le corps couvert d'une carapace.

PREMIÈRE DIVISION.

Les doigts très-inégaux, et allongés en forme de nageoires.

TORTUE FRANCHE : Un seul ongle aigu aux pieds de derrière.

ECAILLE-VERTE : Des écailles vertes sur la carapace.

CAOUANE : Deux ongles aigus aux pieds de derrière.

TORTUE NASICORNE : Un tubercule élevé sur le museau.

CARET : Les écailles du disque placées au-dessus les unes des autres, comme les ardoises sur les toits.

LUTH : La carapace de consistance de cuir et relevée par cinq arêtes longitudinales.

SECONDE DIVISION.

Les doigts très-courts et presque égaux.

TORTUE BOURBEUSE : La carapace noire; les écailles striées dans leur contour, et pointillées dans le centre.

TORTUE RONDE : La carapace aplatie et ronde.

TERRAPÈNE : La carapace aplatie et ovale.

TORTUE SERPENTINE : La queue aussi longue que la carapace, qui paraît découpée par derrière en cinq pointes aiguës.

TORTUE ROUGEATRE : Du jaune rougeâtre sur la tête et sur le plastron.

Tortue scorpion : La carapace relevée par trois arêtes longitudinales, les cinq écailles du milieu du disque très-allongées, le plastron ovale.

Tortue jaune : La carapace verte, semée de taches jaunes.

Tortue molle : La carapace souple et sans écailles proprement dites.

Tortue grecque : La carapace très-bombée, les bords très-larges, les doigts recouverts par une membrane.

Tortue géométrique : Des rayons jaunes qui se réunissent sur chaque écaille, à un centre de la même couleur.

Tortue raboteuse : Les écailles de la carapace blanchâtres, et présentant de très-petites bandes noirâtres, celles du milieu du disque relevées en arête, le plastron festonné par devant.

Tortue dentelée : La carapace un peu en forme de cœur, les bords de cette couverture très-dentelés.

Tortue bombée : La carapace très-convexe; les écailles verdâtres, rayées de jaune; le plastron ovale.

Tortue vermillon : Les écailles de la carapace variées de noir, de blanc, de pourpre, de verdâtre et de jaune.

Tortue courte-queue : La carapace échancrée par devant; les écailles de cette couverture bordées de stries et pointillées dans le milieu.

Tortue chagrinée : Le disque osseux et chagriné.

Tortue roussatre : La couleur roussâtre, la carapace aplatie, les écailles minces.

Tortue noiratre : La couleur brun-noirâtre, les écailles épaisses et très-douces au toucher.

Second genre. — LÉZARDS.

Le corps sans carapace.

PREMIÈRE DIVISION.

La queue aplatie, cinq doigts aux pieds de devant.

Crocodile : Quatre doigts palmés aux pieds de derrière, la couleur d'un vert jaunâtre.

Crocodile noir : Quatre doigts palmés aux pieds de derrière, la couleur noire.

Gavial : Quatre doigts palmés aux pieds de derrière, les mâchoires très-étroites et très-allongées.

Fouette-queue : Cinq doigts palmés aux pieds de derrière.

Draconne : Cinq doigts séparés aux pieds de derrière, des écailles relevées en forme de crête sur la queue.

Tupinambis : Des doigts séparés à chaque pied; les écailles ovales, entourées de très-petits grains tuberculeux, et non relevées en forme de crête.

Lézard sourcilleux : Une arête saillante au-dessus des yeux; des écailles relevées en forme de crête, depuis la tête jusqu'au bout de la queue.

Tête-fourchue : Deux éminences au-dessus de la tête.

Large-doigt : Une membrane sous le cou, l'avant-dernière articulation de chaque doigt plus large que les autres.

Lézard bimaculé : Deux grandes taches noirâtres sur les épaules.

Lézard sillonné : Deux stries sur le dos, les côtés du corps plissés et relevés en arête, le dessus de la queue relevé par une double saillie.

DEUXIÈME DIVISION.

La queue ronde, cinq doigts à chaque pied, et des écailles élevées sur le dos en forme de crête.

Iguane : Une poche sous le cou, des écailles relevées en forme de crête sous la gorge, et depuis la tête jusqu'au bout de la queue.

Basilic : Une poche sur la tête.

Lézard porte-crête : Une membrane très-relevée, et une sorte de crête écailleuse au-dessus de la queue.

Galéot : Des écailles relevées au-dessous des ouvertures des oreilles, et depuis la tête jusqu'au milieu du dos; le dessus des ongles noir.

Agame : Des écailles relevées en forme de crête au-dessus de la partie antérieure du dos; celles qui garnissent le derrière de la tête, tournées vers le museau.

TROISIÈME DIVISION.

La queue ronde, cinq doigts aux pieds de devant, des bandes écailleuses sous le ventre.

Lézard gris : La couleur grise, de grandes plaques sous le cou.

Lézard vert : La couleur verte, de grandes plaques sous le cou.

Cordyle : La queue garnie de très-longues écailles terminées en épines allongées, et qui forment des anneaux larges et festonnés.

Lézard hexagone[1] : La queue présentant six arêtes très-vives.

Améiva : La couleur grise ou verte sans grandes écailles sous le cou.

Lézard lion : Trois raies blanches et trois raies noires de chaque côté du dos.

Lézard galonné : Depuis sept jusqu'à onze bandes blanchâtres sur le dos; les cuisses mouchetées de blanc.

QUATRIÈME DIVISION.

La queue noire, cinq doigts aux pieds de devant, sans bandes écailleuses sous le ventre.

Caméléon : Les doigts réunis trois à trois, et deux à deux, par une membrane.

1. Nous n'avons pas vu l'hexagone, nous présumons qu'il a des bandes écailleuses sur le ventre. S'il n'en avait point, il faudrait le placer dans la quatrième division, après le téguixin.

Queue-bleue : Cinq raies jaunâtres sur le dos, la queue bleue.

Lézard azuré : Des écailles pointues, le dos bleu.

Grison : La couleur grise, marquée de points roussâtres, des verrues sur le corps.

Umbre[1] : Une callosité sur l'occiput, un pli sous la gueule.

Lézard plissé : Deux plis sous la gueule, deux verrues garnies de pointes derrière les ouvertures des oreilles.

Algire : Quatre raies jaunes sur le dos.

Stellion : Tout le corps garni de tubercules aigus, la queue couverte d'anneaux dentelés.

Scinque : Tout le corps garni d'écailles qui se recouvrent comme les ardoises des toits, la mâchoire supérieure plus avancée que l'inférieure.

Mabouya : Tout le corps garni d'écailles qui se recouvrent comme les ardoises des toits, la mâchoire inférieure aussi avancée que la supérieure, la queue plus courte que le corps.

Lézard doré : Tout le corps garni d'écailles qui se recouvrent comme les ardoises des toits, une raie blanchâtre de chaque côté du dos, la queue plus longue que le corps.

Tapaye : Le corps arrondi et garni de pointes aiguës.

Strié : Six raies jaunes sur la tête et cinq raies jaunes sur le corps.

Lézard marbre : Des écailles relevées en forme de petites dents sous la gorge, le dessus des ongles noir, la queue relevée par neuf arêtes longitudinales.

Roquet : La couleur de feuille morte, marquée de taches jaunes et noirâtres; une petite membrane de chaque côté de l'extrémité des doigts.

Rouge-gorge : La couleur verte, une vésicule rouge sous la gorge.

Lézard goîtreux : La couleur grise mêlée de brun, une poche couverte de petits grains rougeâtres sous la gorge.

Téguixin : Plusieurs plis le long des côtés du corps.

Lézard triangulaire : L'extrémité de la queue en forme de pyramide à trois faces.

Double-raie : Deux raies d'un jaune sale, et six rangées de points noirâtres sur le dos.

Sputateur : De petites plaques écailleuses au bout des doigts.

CINQUIÈME DIVISION.

Les doigts garnis par-dessous de grandes écailles, qui se recouvrent comme les ardoises des toits.

Gecko : Des tubercules sous les cuisses, de très-petites écailles disposées sur la queue en bandes circulaires.

1. Comme nous n'avons pas vu la queue-bleue, l'azuré, le grison, l'umbre ni le plissé, nous pouvons seulement présumer, d'après les descriptions des auteurs, que ces cinq lézards n'ont point de bandes écailleuses sur le ventre. S'ils en avaient, il faudrait les placer dans la troisième division, à la suite du galonné.

GECKOTTE : Le dessous des cuisses sans tubercules.

TÊTE-PLATE : Le dessous du corps et de la tête très-aplati ; la queue garnie, des deux côtés, d'une membrane.

SIXIÈME DIVISION.

Trois doigts aux pieds de devant et aux pieds de derrière.

SEPS : Les écailles placées les unes au-dessus des autres.

CHALCIDE : Les écailles disposées en carreaux.

SEPTIÈME DIVISION.

Des membranes en forme d'ailes.

DRAGON : Trois poches allongées et pointues sous la gorge.

HUITIÈME DIVISION.

Trois ou quatre doigts aux pieds de devant, quatre ou cinq aux pieds de derrière.

SALAMANDRE TERRESTRE : La queue ronde ; des taches jaunes, marquées de points noirs.

SALAMANDRE A QUEUE PLATE : La queue garnie par-dessus et par-dessous d'une membrane verticale.

SALAMANDRE PONCTUÉE : Deux rangs de points blancs sur le dos.

QUATRE-RAIES : Quatre raies jaunes sur le dos.

SARROURÉ : De grandes écailles et des ongles recourbés au-dessous des doigts.

TROIS-DOIGTS : Trois doigts aux pieds de devant, quatre doigts aux pieds de derrière.

SECONDE CLASSE.

Quadrupèdes ovipares qui n'ont point de queue.

PREMIER GENRE. — GRENOUILLES.

La tête et le corps allongés, l'un ou l'autre anguleux.

GRENOUILLE COMMUNE : La couleur verte, trois raies jaunes le long du dos, les deux extérieures saillantes.

GRENOUILLE ROUSSE : La couleur rousse : une tache noire de chaque côté, entre les yeux et les pattes de devant.

GRENOUILLE PLUVIALE : Des verrues sur le corps, le dessous de la partie postérieure parsemé de points.

GRENOUILLE SONNANTE : La couleur noire, le dessus du corps hérissé de points saillants, un pli transversal sous le cou.

GRENOUILLE BORDÉE : Une bordure de chaque côté du corps.

GRENOUILLE RÉTICULAIRE : Le dessus du corps veiné, les doigts séparés.

PATTE-D'OIE : Les doigts de chaque pied réunis par une membrane.

EPAULE-ARMÉE : Un bouclier sur chaque épaule, quatre gros boutons à la partie postérieure du corps.

GRENOUILLE MUGISSANTE : Des tubercules sous toutes les phalanges des doigts.

GRENOUILLE PERLÉE : La tête triangulaire, de petits grains rougeâtres sur le corps.

JACKIE : La couleur verdâtre mouchetée, les cuisses striées obliquement par derrière.

GRENOUILLE GALONNÉE : Quatre ou cinq lignes longitudinales et relevées sur le dos.

DEUXIÈME GENRE. — RAINES.

Le corps allongé, des pelotes visqueuses sous les doigts.

RAINE VERTE, OU COMMUNE : Le dos vert; deux raies jaunes, bordées de violet, et qui s'étendent depuis le museau jusqu'aux pieds de derrière.

RAINE BOSSUE : Une bosse sur le dos.

RAINE BRUNE : La couleur brune, des tubercules sous les pieds.

RAINE COULEUR DE LAIT : La couleur blanche ou bleuâtre pâle, des bandes cendrées sur le bas-ventre.

RAINE FLUTEUSE : Des taches rouges sur le dos.

RAINE ORANGÉE : La couleur jaune; le plus souvent une file de points roux de chaque côté du dos, qui est quelquefois panaché de rouge.

RAINE ROUGE : La couleur rouge, quelquefois deux raies jaunes le long du dos.

TROISIÈME GENRE. — CRAPAUDS.

Le corps ramassé et arrondi.

CRAPAUD COMMUN : Un tubercule en forme de rein, au-dessus de chaque oreille.

CRAPAUD VERT : Des taches vertes, bordées de noir, et réunies plusieurs ensemble.

RAYON VERT : Des lignes vertes en forme de rayons.

CRAPAUD BRUN : La peau lisse, de grandes taches brunes, un faux ongle sous la plante des pieds de derrière.

CALAMITE : Trois raies jaunes ou rougeâtres le long du dos, deux faux ongles sous chaque pied de devant.

Crapaud couleur de feu : Le dos d'une couleur olivâtre très-foncée, et tachetée de noir.

Crapaud pustuleux : Des tubercules en forme d'épines sur les doigts, des pustules sur le dos.

Crapaud goîtreux : Un gonflement sous la gorge, les deux doigts extérieurs des pieds de devant réunis.

Crapaud bossu : Une bande longitudinale pâle et dentelée sur le dos, qui est convexe, en forme de bosse.

Pipa : La tête très-large et très-plate, les yeux très-petits et très-distants l'un de l'autre.

Crapaud cornu : Les paupières supérieures très-relevées en forme de cône aigu.

Agua : Le dos gris, semé de taches roussâtres et presque couleur de feu.

Crapaud marbré : Le dos marqué de rouge et de jaune cendré, le ventre jaune moucheté de noir.

Crapaud criard : Le dos moucheté de brun, les épaules relevées et très-poreuses, cinq doigts à chaque pied.

REPTILES BIPÈDES.

PREMIÈRE DIVISION.

Deux pieds de devant.

Bipède cannelé : Des demi-anneaux sur le corps et sur le ventre; des anneaux entiers sur la queue, qui est très-courte.

SECONDE DIVISION.

Deux pieds de derrière.

Sheltopusik : Un sillon longitudinal de chaque côté du corps, les trous auditifs assez grands, la queue au moins aussi longue que le corps.

PREMIÈRE CLASSE.

QUADRUPÈDES OVIPARES

QUI ONT UNE QUEUE.

LES TORTUES.

La Nature a traité presque tous les animaux avec plus ou moins de faveur; les uns ont reçu la beauté d'autres la force, ceux-ci la grandeur ou des armes, meurtrières, ceux-là des attributs d'indépendance, la faculté de nager, ou celle de s'élever dans les airs : mais, exposés en naissant aux intempéries de l'atmosphère, les uns sont obligés de se creuser avec peine des retraites souterraines et profondes; les autres n'ont pour asiles que les antres ténébreux des hautes montagnes ou des vastes forêts; ceux-ci, plus petits, sont réduits à se tapir dans les creux des arbres et des rochers, ou à aller se réfugier jusque dans la demeure de leurs plus cruels ennemis, aux yeux desquels ni leur petitesse ni leur ruse ne peuvent les dérober longtemps; ceux-là, plus malheureux, moins bien conformés ou moins pourvus d'instinct, sont forcés de passer tristement leur vie sur la terre nue, et n'ont pour tout abri contre les froids rigoureux et les tempêtes les plus violentes que quelques branches d'arbre et quelques roches avancées; ceux dont la demeure est la plus commode et la plus sûre ne jouissent de la douce paix qu'elle leur procure qu'à force de travaux et de soins; les tortues seules ont reçu en naissant une sorte de domicile durable. Cet asile, capable de résister à de très-grands efforts, n'est pas même fixé à un certain espace. Lorsque la nourriture leur manque dans les endroits qu'elles préfèrent, elles ne sont pas contraintes d'abandonner un toit construit avec peine, de perdre tout le fruit de longs travaux, pour aller, peut-être avec plus de peine encore, arranger une habitation nouvelle sur des bords étrangers; elles portent partout avec elles l'abri que la nature leur a donné; et c'est avec toute vérité qu'on a dit qu'elles traînent leur maison, sous laquelle elles sont d'autant plus à couvert, qu'elle ne peut pas être détruite par les efforts de leurs ennemis.

La plupart des tortues retirent quand elles veulent leur tête, leurs pattes et leur queue sous l'enveloppe dure et osseuse qui les revêt par-dessus et par-dessous, et dont les ouvertures sont assez étroites pour que les serres des oiseaux voraces ou les dents des quadrupèdes carnassiers n'y pénètrent que difficilement. Demeurant immobiles dans cette position de défense, elles peuvent quelquefois recevoir sans crainte comme sans danger les attaques des animaux qui cherchent à en faire leur proie. Ce ne sont plus des êtres sensibles qui opposent la force à la force, qui souffrent toujours par la résistance et qui sont plus ou moins blessés par leur victoire même : mais, ne présentant que leur épaisse enveloppe, c'est en quelque sorte contre une couverture insensible que sont dirigées les armes de leurs ennemis; les coups qui les menacent ne tombent, pour ainsi dire, que sur la pierre, et elles sont alors aussi à l'abri sous leur bouclier naturel qu'elles pourraient l'être dans le creux profond et inaccessible d'une roche dure. Ce bouclier impénétrable qui les garantit est composé de deux espèces de tables osseuses, plus ou moins arrondies et plus ou moins convexes. L'une est placée au-dessus et l'autre au-dessous du corps. Les côtes et l'épine du dos font partie de la supérieure, que l'on appelle *carapace;* et l'inférieure, que l'on nomme *plastron,* est réunie avec les os qui composent le *sternum.* Ces deux couvertures ne se touchent et ne sont attachées ensemble que par les côtés; elles laissent deux ouvertures, l'une devant, et l'autre derrière : la première donne passage à la tête et aux deux pattes de devant; la seconde aux deux pattes de derrière, à la queue et à la partie du corps où est situé l'anus. Lorsque les tortues veulent ou marcher ou nager, elles sont obligées d'étendre leur tête, leur cou et leurs pattes, qui paraissent alors à l'extérieur; et ces divers membres ainsi que la queue, le devant et le derrière du corps, sont couverts d'une peau qui s'attache au-dessous des bords de la carapace et du plastron, qui forme plusieurs plis lorsque les pattes et la tête sont retirées, qui est assez lâche pour se prêter à leurs divers mouvements d'extension, et qui est garnie de petites écailles comme celle des lézards, des serpents et des poissons, avec lesquels elle donne aux tortues un trait de ressemblance. La tête, dans presque toutes les espèces de ces animaux, est un peu arrondie vers le museau, à l'extrémité duquel sont situées les narines. La bouche est placée en dessous; son ouverture s'étend jusqu'au-delà des oreilles. La mâchoire supérieure recouvre la mâchoire inférieure. Elles ne sont point communément garnies de dents; mais les os qui les composent sont festonnés et assez durs pour que les tortues puissent briser aisément des substances très-compactes. Cette position et cette conformation de leur bouche leur donnent beaucoup de facilité pour brouter les algues et les autres plantes dont elles se nourrissent. Dans presque toutes les tortues, la place des oreilles n'est sensible que par les plaques ou écailles particulières qui les recouvrent. Leurs yeux sont gros et saillants.

Le plastron est presque toujours plus court que la carapace, qui le déborde et le recouvre par devant, et surtout par derrière; il est aussi moins dur, et souvent presque plat. Ces deux boucliers sont composés de plusieurs pièces osseuses, dont les bords sont comme dentelés, et qui s'engrènent les unes dans les autres d'une manière plus ou moins sensible; dans certaines espèces, celles du plastron peuvent se prêter à quelques mouvements. La couverture supérieure, ainsi que l'inférieure, sont garnies de lames ou écailles qui varient par leur grandeur, par leur forme et par leur nombre, non-seulement suivant les espèces, mais même suivant les individus; quelquefois le nombre et la figure de ces écailles correspondent à ceux des pièces osseuses qu'elles cachent.

On distingue les écailles qui revêtent la circonférence de la carapace d'avec celles qui en recouvrent le milieu. Ce milieu est appelé *disque;* il est le plus souvent couvert de treize ou quinze lames, placées en long sur trois rangs : celui du milieu est de cinq lames, et les deux côtés sont de quatre. La bordure est communément garnie de vingt-deux ou vingt-cinq lames; le nombre de celles du plastron varie de douze à quatorze dans certaines espèces, et de vingt-deux à vingt-quatre dans d'autres. Ces écailles tombent quelquefois par l'effet d'une grande dessiccation ou de quelque autre accident; elles sont à demi-transparentes, pliantes, élastiques : elles présentent dans certaines espèces, telles que le caret, etc., des couleurs assez belles pour être recherchées et servir à des objets de luxe; et ce qui les rend d'autant plus propres à être employées dans les arts, c'est qu'elles se ramollisent et se fondent à un feu assez doux, de manière à être réunies, moulées, et à prendre toutes sortes de figures.

Les tortues sont encore distinguées des autres quadrupèdes ovipares par plusieurs caractères intérieurs assez remarquables, et particulièrement par la grandeur très-considérable de la vessie, qui manque aux lézards, ainsi qu'aux quadrupèdes ovipares sans queue. Elles en diffèrent encore par le nombre des vertèbres du cou; nous en avons compté huit dans la tortue de mer appelée *la tortue franche*, dans *la grecque*, et dans la tortue d'eau douce que nous avons nommée *la jaune*, tandis que les crocodiles n'en ont que sept, que la plupart des autres lézards n'en ont jamais au-dessus de quatre, et que les quadrupèdes ovipares sans queue en sont entièrement privés.

Tels sont les principaux traits de la conformation générale des tortues. Nous connaissons vingt-quatre espèces de ces animaux; elles diffèrent toutes les unes des autres par leur grandeur, et par d'autres caractères faciles à distinguer. La carapace des grandes tortues a depuis quatre jusqu'à cinq pieds de long, sur trois ou quatre pieds de largeur : le corps entier a quelquefois plus de quatre pieds d'épaisseur verticale à l'endroit du dos le plus élevé. La tête a environ sept ou huit pouces de long et six ou sept pouces de large : le cou est à peu près de la même longueur, ainsi que la queue. Le poids total de ces grandes tortues excède ordinairement huit cents livres, et les deux couvertures en pèsent à peu près quatre cents. Dans les plus petites espèces, au contraire, on ne compte que quelques pouces depuis l'extrémité du museau jusqu'au bout de la queue, même lorsque toutes les parties de la tortue sont étendues, et tout l'animal ne pèse pas quelquefois une livre.

Les vingt-quatre espèces de tortues diffèrent aussi beaucoup les unes des autres par leurs habitudes : les unes vivent presque toujours dans la mer; les autres, au contraire, préfèrent le séjour des eaux douces ou des terrains secs et élevés. Nous avons cru d'après cela devoir former deux divisions dans le genre des tortues. Nous plaçons dans la première six espèces de ces animaux, les plus grandes de toutes, et qui habitent la mer de préférence. Il est aisé de les distinguer d'avec les autres, en ce que leurs pieds très-allongés, et leurs doigts très-inégaux en longueur et réunis par une membrane, représentent des nageoires dont la longueur est souvent de deux pieds, et égale par conséquent plus du tiers de celle de la carapace. Leurs deux boucliers se touchent d'ailleurs de chaque côté dans une plus grande portion de leur circonférence; l'ouverture de devant et celle de derrière sont par là moins étendues, et ne laissent qu'un passage plus étroit à la griffe des oiseaux de proie, et aux dents des caïmans, des tigres, des couguars, et des autres ennemis des tortues : mais la plupart des tortues marines ne cachent qu'à demi leur tête et leurs pattes sous leur carapace, et ne peuvent pas les y retirer en entier, comme les tortues d'eau douce ou terrestres. Les écailles qui revêtent leur plastron, au lieu d'être disposées sur deux rangs, comme celles du plastron des tortues terrestres ou d'eau douce, forment quatre rangées, et leur nombre est beaucoup plus grand.

Les tortues marines représentent parmi les quadrupèdes ovipares la nombreuse tribu des quadrupèdes vivipares composée des morses, des lions marins, des lamantins et des phoques, dont les doigts sont également réunis, et qui tous ont plutôt des nageoires que des pieds : comme cette tribu, elles appartiennent bien plus à l'élément de l'eau qu'à celui de la terre, et elles lient également l'ordre dont elles font partie avec celui des poissons, auxquels elles ressemblent par une partie de leurs habitudes et de leur conformation.

Nous composons la seconde division de toutes les autres tortues qui habitent tant au milieu des eaux douces que dans les bois et sur des terrains secs; nous y comprenons par conséquent la tortue de terre nommée *la grecque*, qui se trouve dans presque tous les pays chauds, et la tortue d'eau douce appelée la *bourbeuse*, qui est assez commune dans la France méridionale et dans les autres contrées tempérées de l'Europe. Toutes les tortues de cette seconde division ont les pieds très-ramassés, les doigts très-courts et presque égaux en longueur : ces doigts, garnis d'ongles forts et crochus, ne ressemblent point à des nageoires. La carapace et le plastron ne sont réunis l'un à l'autre que dans une petite portion de leur contour; ils laissent aux différentes parties des tortues plus de facilité pour leur divers mouvements; et cette plus grande liberté leur est d'autant plus utile qu'elles marchent bien plus souvent qu'elles ne nagent. Leur couverture supérieure est d'ailleurs communément bien plus bombée : aussi, lorsqu'elles sont renversées sur le dos, peuvent-elles la plupart se retourner et se mettre sur leurs pattes, tandis que presque toutes les tortues marines dont la carapace est beaucoup plus plate s'épuisent en efforts inutiles lorsqu'elles ont été retournées, et ne peuvent point reprendre leur première position.

PREMIÈRE DIVISION.

TORTUES DE MER.

La Tortue franche[1].

Un des plus beaux présents que la Nature ait faits aux habitants des contrées équatoriales, une des productions les plus utiles qu'elle ait déposées sur les confins de la terre et des eaux, est la grande tortue de mer, à laquelle on a donné le nom de *tortue franche*. L'homme emploierait avec bien moins

[1] En latin, *testudo marina*, et *mus marinus;* en anglais, *the green turtle; jurucua,* au Brésil; *tartaruga,* par les Portugais.

d'avantage le grand art de la navigation, si, vers les rives éloignées où ses désirs l'appellent, il ne trouvait dans une nourriture aussi agréable qu'abondante un remède assuré contre les suites funestes d'un long séjour dans un espace resserré, et au milieu de substances à demi-putréfiées, que la chaleur et l'humidité ne cessent d'altérer[1]. Cet aliment précieux lui est fourni par les tortues franches, et elles lui sont d'autant plus utiles qu'elles habitent surtout ces contrées ardentes où une chaleur plus vive accélère le développement de tous les germes de corruption. On les rencontre en effet en très-grand nombre sur les côtes des îles et des continents situés sous la zone torride, tant dans l'ancien que dans le nouveau monde. Les bas-fonds qui bordent ces îles et ces continents sont revêtus d'une grande quantité d'algues et d'autres plantes que la mer couvre de ses ondes, mais qui sont assez près de la surface des eaux pour qu'on puisse les distinguer facilement lorsque le temps est calme. C'est sur ces espèces de prairies que l'on voit les tortues franches se promener paisiblement. Elles se nourrissent de l'herbe de ces pâturages. Elles ont quelquefois six ou sept pieds de longueur, à compter depuis le bout du museau jusqu'à l'extrémité de la queue, sur trois ou quatre de largeur, et quatre pieds ou environ d'épaisseur dans l'endroit le plus gros du corps : elles pèsent alors près de huit cents livres. Elles sont en si grand nombre qu'on serait tenté de les regarder comme une espèce de troupeau rassemblé à dessein pour la nourriture et le soulagement des navigateurs qui abordent auprès de ces bas-fonds; et les troupeaux marins qu'elles forment le cèdent d'autant moins à ceux qui paissent l'herbe de la surface du globe, qu'ils joignent à un goût exquis et à une chair succulente et substantielle une vertu des plus actives et des plus salutaires.

La tortue franche se distingue facilement des autres par la forme de sa carapace. Cette couverture supérieure, qui a

[1] On fait des bouillons de tortue franche, que l'on regarde comme excellents pour les pulmoniques, les cachectiques, les scorbutiques, etc. La chair de cet animal renferme un suc adoucissant, nourrissant, incisif et diaphorétique, dont j'ai éprouvé de très-bons effets. (*Note communiquée par M. de la Borde, médecin du Roi à Cayenne.*)

quelquefois quatre ou cinq pieds de long sur trois ou quatre de largeur, est ovale et entourée d'un bord composé de lames, dont les plus grandes sont les plus éloignées de la tête, et qui, terminées à l'extérieur par des lignes courbes, font paraître ce même bord comme ondé : le disque ou le milieu de cette couverture supérieure est recouvert ordinairement de quinze lames ou écailles, d'un roux plus ou moins sombre, qui tombent souvent, ainsi que celles de la bordure, par l'effet d'une grande dessiccation ou de quelque autre accident, et dont la forme et le nombre varient d'ailleurs suivant l'âge et peut-être suivant le sexe; nous nous en sommes assuré en examinant des tortues de différentes tailles. Lorsque l'animal est dans l'eau, la carapace paraît d'un brun clair tacheté de jaune. Le plastron est moins dur et plus court que la carapace : il est garni communément de vingt-trois ou vingt-quatre lames, disposées sur quatre rangs[1]; et c'est à cause des deux boucliers dont la tortue franche est armée, qu'on lui a donné le nom de *soldat* dans certaines contrées.

Les pieds de la tortue franche sont très-allongés; les doigts en sont réunis par une membrane : ils ressemblent beaucoup à de vraies nageoires; aussi lui servent-ils à nager bien plus souvent qu'à marcher, et lui donnent-ils une nouvelle conformité avec les poissons et avec les phoques, qui habitent comme

[1] Nous croyons devoir rapporter ici les dimensions d'une jeune tortue franche qui n'avait pas encore atteint tout son développement, et qui est conservée au Cabinet du Roi.

Dans cette tortue, ainsi que dans celles dont il sera question dans cet ouvrage, nous avons mesuré la longueur totale de l'animal, ainsi que la longueur et la largeur de la carapace, en suivant la convexité de cette couverture supérieure.

	Pieds.	Pouces.	Lignes.
Longueur depuis le bout du museau jusqu'à l'extrémité postérieure de la carapace	3	»	»
Longueur de la tête	»	7	8
Largeur de la tête	»	3	9
Longueur de la carapace	2	12	6
Largeur de la carapace	1	10	7
Longueur des pattes de devant	1	2	8
Longueur des pattes de derrière	»	12	»

Nous avons compté neuf côtes de chaque côté dans cette jeune tortue.

elle au milieu des eaux. Sans cette conformation, elle abandonnerait un élément où elle aurait trop de peine à frapper l'eau avec des pieds qui, présentant une trop petite surface, n'opposeraient à ce fluide presque aucune résistance : elle habiterait sur la terre sèche, où elle marcherait avec facilité comme les tortues de terre, que l'on trouve au milieu des bois.

Dans les pieds de derrière, le premier doigt, qui est le plus court, est le seul qui soit garni d'un ongle aigu et bien apparent; le second doigt l'est d'un ongle moins grand et plus arrondi, et les trois autres n'en présentent que de membraneux et peu sensibles, tandis qu'aux pieds de devant les deux doigts intérieurs sont terminés par des ongles aigus, et les trois autres par des ongles membraneux. Au reste, il se peut que la forme, le nombre et la position des ongles varient dans la tortue franche : mais il n'y en a jamais qu'un d'aigu aux pieds de derrière, et c'est un caractère distinctif de cette espèce.

La tête, les pattes et la queue sont recouvertes de petites écailles, comme le corps des lézards, des serpents et des poissons; et, de même que dans ces animaux, ces écailles sont un peu plus grandes sur le sommet de la tête que sur le cou et sur la queue. L'on a prétendu que, malgré la grandeur des tortues franches, leur cerveau n'était pas plus gros qu'une *fève;* ce qui confirmerait ce que nous avons dit de la petitesse du cerveau dans les quadrupèdes ovipares. La bouche, située au-dessous de la partie antérieure de la tête, s'ouvre jusqu'au delà des oreilles. Les mâchoires ne sont point armées de dents, mais elles sont très-dures et très-fortes, et les os qui les composent sont garnis de pointes ou d'aspérités. C'est avec ces mâchoires puissantes que les tortues coupent l'herbe sur les tapis verts qui revêtent les bas-fonds de certaines côtes, et qu'elles peuvent briser des pierres, et écraser les coquillages dont elles se nourrissent quelquefois.

Lorsque les tortues ont brouté l'algue au fond de la mer, elles vont à l'embouchure des grands fleuves chercher l'eau douce, dans laquelle elles paraissent se plaire, et où elles s tiennent paisiblement la tête hors de l'eau, pour espirer un air dont la fraîcheur semble leur être de temps en temps nécessaire. Mais n'habitant que des côtes dangereuses pour elles, à cause du grand nombre d'ennemis qui les y attendent et de chasseurs qui les y poursuivent, ce n'est qu'avec précaution qu'elles goûtent le plaisir de humer l'air frais et de se baigner au milieu d'une eau douce et courante. A peine aperçoivent-elles l'ombre de quelque objet à craindre, qu'elles plongent et vont chercher au fond de la mer une retraite plus sûre.

La tortue de terre a, de tous les temps, passé pour le symbole de la lenteur : les tortues de mer devraient être regardées comme l'emblème de la prudence. Cette qualité qui, dans les animaux, est le fruit des dangers qu'ils ont courus, ne doit pas étonner dans ces tortues, que l'on recherche d'autant plus qu'il est peu dangereux de les chasser et très-utile de les prendre. Mais si quelques traits de leur histoire paraissent prouver qu'elles ont une sorte de supériorité d'instinct, le plus grand nombre de ces mêmes traits ne montreront, dans ces grandes tortues de mer, que des propriétés passives, plutôt que des qualités actives. Rencontrant une nourriture abondante sur les côtes qu'elles fréquentent, se nourrissant de peu et se contentant de brouter l'herbe, elles ne disputent point aux animaux de leur espèce un aliment qu'elles trouvent toujours en assez grande quantité. Pouvant d'ailleurs, ainsi que les autres tortues et tous les quadrupèdes ovipares, passer plusieurs mois, et même plus d'un an, sans prendre aucune nourriture, elles forment un troupeau tranquille. Elles ne se recherchent point; mais elles se trouvent ensemble sans peine, et y demeurent sans contrainte. Elles ne se réunissent pas en troupe guerrière par un instinct carnassier pour s'emparer plus aisément d'une proie difficile à vaincre mais, conduites aux mêmes endroits par les mêmes goûts et par les mêmes habitudes, elles conservent une union paisible. Défendues par une carapace osseuse, très-forte, et si dure que des poids très-lourds ne peuvent l'écraser, garanties par cette sorte de bouclier, mais n'ayant rien pour nuire, elles ne redoutent point la société de leurs semblables, qu'elles ne peuvent à leur tour troubler par aucune offense.

La douceur et la force pour résister sont donc ce qui distingue la tortue franche : et c'est peut-être à ces qualités que les Grecs firent allusion lorsqu'ils la donnèrent pour compagne à la beauté, lorsque Phidias la plaça comme un symbole aux pieds de sa Vénus.

Rien de brillant dans ses mœurs, non plus que dans les couleurs dont elle est variée; mais ses habitudes sont aussi constantes que son enveloppe a de solidité : plus patiente qu'agissante, elle n'éprouve presque jamais de désirs véhéments : plus prudente que courageuse, elle se défend rarement; mais elle cherche à se mettre à l'abri, et elle emploie toute sa force à se cramponner, lorsque, ne pouvant briser sa carapace, on cherche à l'enlever avec cette couverture.

C'est vers le commencement d'avril que les femelles commencent à pondre leurs œufs sur le rivage. Elles préfèrent les graviers, les sables dépourvus de vase et de corps marins, où la chaleur du soleil peut plus aisément faire éclore des œufs, qu'elles abandonnent après les avoir pondus[1].

Il semble cependant que ce n'est pas par indifférence pour les petits qui lui devront le jour que la mère tortue laisse ses œufs sur le sable : elle y creuse avec ses nageoires, et au-dessus de l'endroit où parviennent les plus hautes vagues, un ou plusieurs trous d'environ un pied de largeur et deux pieds de profondeur; elle y dépose ses œufs au nombre de plus de cent : ces œufs sont ronds, de deux ou trois pouces de diamètre, et la membrane qui les couvre ressemble en quelque sorte à du parchemin mouillé. Ils renferment du blanc qui ne se durcit point, dit-on, à quelque degré de feu qu'on l'expose, et du jaune qui se durcit comme celui des œufs de poule. Rien ne peut distraire les tortues de leurs soins maternels : uniquement occupées de leurs œufs, elles ne peuvent être troublées par aucune crainte; et comme si elles voulaient les dérober aux yeux de ceux qui les recherchent, elles les couvrent d'un

[1] Ce fait est contraire à l'opinion d'Aristote et à celle de Pline; mais il a été mis hors de doute par tous les voyageurs et les observateurs modernes. Il paraît que Pline et Aristote ont eu peu de renseignements exacts relativement aux quadrupèdes ovipares, dont ils ne connaissaient qu'un très-petit nombre.

peu de sable, mais cependant assez légèrement pour que la chaleur du soleil puisse les échauffer et les faire éclore. Elles font plusieurs pontes, éloignées l'une de l'autre de quatorze jours ou environ, et de trois semaines dans certaines contrées : ordinairement elles en font trois. L'expérience des dangers qu'elles courent lorsque le jour éclaire les poursuites de leurs ennemis, et peut-être la crainte qu'elles ont de la chaleur ardente du soleil dans les contrées torrides, font qu'elles choisissent presque toujours le temps de la nuit pour aller déposer leurs œufs; et c'est apparemment d'après leurs petits voyages nocturnes que les anciens ont pensé qu'elles couvaient pendant les ténèbres.

Pour tous leurs petits soins, il leur faut un sable mobile. Elles ont une sorte d'affection marquée pour certains parages plus commodes, moins fréquentés, et par conséquent moins dangereux; elles traversent même des espaces de mer très-étendus pour y parvenir. Celles qui pondent dans les îles de Cayman, voisines de la côte méridionale de Cuba, où elles trouvent l'espèce de rivage qu'elles préfèrent, y arrivent de plus de cent lieues de distance; celles qui passent une grande partie de l'année sur les bords des îles *Gallapagos*, situées sous la ligne et dans la mer du Sud, se rendent pour leurs pontes sur les côtes occidentales de l'Amérique méridionale, qui en sont éloignées de plus de deux cents lieues; et les tortues qui vont déposer leurs œufs sur les bords de l'île de l'Ascension font encore plus de chemin, puisque les terres les plus voisines de cette île sont à trois cents lieues de distance.

La chaleur du soleil suffit pour faire éclore les œufs des tortues dans les contrées qu'elles habitent. Vingt ou vingt-cinq jours après qu'ils ont été déposés, on voit sortir du sable les petites tortues, qui présentent tout au plus deux ou trois pouces de longueur sur un peu moins de largeur, ainsi que nous nous en sommes assuré par les mesures que nous avons prises sur des tortues franches enlevées au moment où elles venaient d'éclore : elles sont donc bien éloignées de la grandeur à laquelle elles peuvent parvenir. Au reste, le temps nécessaire pour que les petites tortues puissent éclore doit varier suivant la température. Froger assure qu'à Saint-Vincent, île du cap Vert, il ne faut que dix-sept jours pour qu'elles sortent de leurs œufs; mais elles ont besoin de neuf jours de plus pour devenir capables de gagner la mer. L'instinct dont elles sont déjà pourvues, ou, pour mieux dire, la conformité de leur organisation avec celle de leurs père et mère, les conduisent vers les eaux voisines, où elles doivent trouver la sûreté et l'aliment de leur vie. Elles s'y traînent avec lenteur; mais, trop faibles encore pour résister au choc des vagues, elles sont rejetées par les flots sur le sable du rivage, où les grands oiseaux de mer, les crocodiles, les tigres ou les couguards se rassemblent pour les dévorer; aussi n'en échappe-t-il que très-peu. L'homme en détruit d'ailleurs un grand nombre avant qu'elles ne soient développées; on recherche même, dans les îles où elles abondent, les œufs qu'elles laissent sur le sable, et qui donnent une nourriture aussi agréable que saine.

C'est depuis le mois d'avril jusqu'au mois de septembre que dure la ponte des tortues franches sur les côtes des îles de l'Amérique voisines du golfe du Mexique, mais le temps de leurs diverses pontes varie suivant les pays. Sur la côte d'*Issini* en Afrique, les tortues viennent déposer leurs œufs depuis le mois de septembre jusqu'au mois de janvier. Pendant toute la saison des pontes, l'on va non-seulement à la recherche des œufs, mais encore à celle des petites tortues, que l'on peut saisir avec facilité. Lorsqu'on les a prises, on les renferme dans des espaces plus ou moins grands, entourés de pieux, et où la haute mer peut parvenir; et c'est dans ces espèces de parcs qu'on les laisse croître pour en avoir au besoin, sans courir les hasards d'une pêche incertaine, et sans éprouver les inconvénients qui y sont quelquefois attachés. Les pêcheurs choisissent aussi cette saison pour prendre les grandes tortues femelles, qui leur échappent sur les rivages plus difficilement qu'à la mer, et dont la chair est plus estimée que celle des mâles, surtout dans le temps de la ponte.

Malgré les ténèbres dont les tortues franches cherchent, pour ainsi dire, à s'envelopper lorsqu'elles vont déposer leurs œufs, elles ne peuvent se dérober à la poursuite de leurs ennemis. A l'entrée de la nuit, surtout lorsqu'il fait clair de lune, les pêcheurs, se tenant en silence sur la rive, attendent le moment où les tortues sortent de l'eau ou reviennent à la mer après avoir pondu; ils les assomment à coups de massue, ou ils les retournent rapidement sans leur donner le temps de se défendre, et de les aveugler par le sable qu'elles font quelquefois rejaillir avec leurs nageoires. Lorsqu'elles sont très-grandes, il faut que plusieurs hommes se réunissent et quelquefois même se servent de pieux comme d'autant de leviers pour les renverser sur le dos. La tortue franche a la carapace trop plate pour se remettre sur ses pattes lorsqu'elle a été ainsi *chavirée*, suivant l'expression des pêcheurs. On a voulu rendre touchant le récit de cette manière de prendre les tortues, et on a dit que lorsqu'elles étaient retournées hors d'état de se défendre, et qu'elles ne pouvaient plus que s'épuiser en vains efforts, elles jetaient des cris plaintifs et versaient un torrent de larmes. Plusieurs tortues, tant marines que terrestres, font entendre souvent un sifflement plus ou moins fort, et même un gémissement très-distinct. Il peut donc se faire que la tortue franche jette des cris lorsqu'elle s'efforce en vain de reprendre sa position naturelle, et que la frayeur commence à la saisir; mais on a exagéré sans doute les signes de sa douleur.

Pour peu que les matelots soient en nombre, ils peuvent, dans moins de trois heures, retourner quarante ou cinquante tortues qui renferment une grande quantité d'œufs.

Ils passent le jour à mettre en pièces celles qu'ils ont prises pendant la nuit; ils en salent la chair, et même les œufs et les intestins. Ils retirent quelquefois de la graisse des grandes tortues jusqu'à trente-trois pintes d'une huile jaune ou verdâtre, qui sert à brûler, que l'on emploie même dans les aliments lorsqu'elle est fraîche, et dont tous les os de ces animaux sont pénétrés, ainsi que ceux des cétacées; ou bien ils les traînent, renversées sur leur carapace, jusque dans les parcs où ils veulent les conserver.

Les pêcheurs des Antilles et des îles de Bahama, qui vont sur les côtes de Cuba, sur celles des îles voisines, et principalement des îles de Cayman, ont achevé de charger leurs navires ordinairement au bout de six semaines, ou deux mois. Ils rapportent dans leurs îles les produits de leur pêche; et cette chair de tortue salée, qui sert à la nourriture du peuple et des esclaves, n'est pas moins employée dans les colonies d'Amérique que la morue dans les divers pays d'Europe.

On peut aussi prendre les tortues franches au milieu des eaux. On se sert d'une varre ou d'une sorte de harpon pour cette pêche, ainsi que pour celle de la baleine; on choisit une nuit calme, où la lune éclaire une mer tranquille. Deux pêcheurs montent sur un petit canot que l'un d'eux conduit; ils reconnaissent qu'ils sont près de quelque grande tortue à l'écume qu'elle produit lorsqu'elle monte vers la surface de l'eau; ils s'en approchent avec assez de vitesse pour que la tortue n'ait pas le temps de s'échapper; un des deux pêcheurs lui lance aussitôt son harpon avec tant de force, qu'il perce la couverture supérieure et pénètre jusqu'à la chair. La tortue blessée se précipite au fond de l'eau : mais on lui lâche une corde à laquelle tient le harpon; et lorsqu'elle a perdu beaucoup de sang, il est aisé de la tirer dans le bateau ou sur le rivage.

On a employé dans la mer du Sud une autre manière de pêcher les tortues. Un plongeur hardi se jette dans la mer, à quelque distance de l'endroit où, pendant la grande chaleur du jour, il voit les tortues endormies nager à la surface de l'eau; il se relève très-près de la tortue, et saisit sa carapace vers la queue. En enfonçant ainsi le derrière de l'animal, il le réveille, l'oblige à se débattre, et ce mouvement suffit pour soutenir sur l'eau la tortue et le plongeur qui l'empêche de s'éloigner jusqu'à ce qu'on vienne les pêcher.

Sur les côtes de la Guiane, on prend les tortues avec une sorte de filet nommé *la folle;* il est large de quinze à vingt pieds; sur quarante ou cinquante de long. Les mailles ont un pied d'ouverture en carré, et le fil a une ligne et demie de grosseur. On attache de deux en deux mailles deux *flots* d'un demi-pied de longueur faits d'une tige épineuse, que les Indiens appellent *moucou-moucou*, et qui tient lieu de liége. On attache aussi au bas du filet quatre ou cinq grosses pierres, du poids de quarante ou cinquante livres, pour le tenir bien tendu. Aux deux bouts qui sont à fleur d'eau, on met des *bouées*, c'est-à-dire de gros morceaux de *moucou-moucou*, qui servent à marquer l'endroit où est le filet. On place ordinairement les *folles* fort près des flots, parce que les tortues vont brouter des espèces de *fucus* qui croissent sur les rochers dont ces petites îles sont bordées.

Les pêcheurs visitent de temps en temps les filets. Lorsque la *folle* commence à *caler*, suivant leur langage, c'est-à-dire lorsqu'elle s'enfonce d'un côté plus que de l'autre, on se hâte de la retirer. Les tortues ne peuvent se dégager aisément de cette sorte de rets, parce que les lames d'eau, qui sont assez fortes auprès des îlots, donnent aux deux bouts du filet un mouvement continuel qui les étourdit ou les embarrasse. Si l'on diffère de visiter les filets, on trouve quelquefois les tortues noyées. Lorsque les requins et les espadons rencontrent des tortues prises dans la *folle*, et hors d'état de fuir et de se défendre, ils les dévorent et brisent le filet. Le temps de *foller* la tortue franche est depuis janvier jusqu'en mai.

L'on se contente quelquefois d'approcher doucement, dans un esquif, des tortues franches qui dorment et flottent à la surface de la mer ; on les retourne, on les saisit, avant qu'elles aient eu le temps de se réveiller et de s'enfuir ; on les pousse ensuite devant soi jusqu'à la rive, et c'est à peu près de cette manière que les anciens les pêchaient dans les mers de l'Inde. Pline a écrit qu'on les entend ronfler d'assez loin lorsqu'elles dorment en flottant à la surface de l'eau. Le ronflement que ce naturaliste leur attribue pourrait venir du peu d'ouverture de leur glotte, qui est étroite, ainsi que celle des tortues de terre, ce qui doit ajouter à la facilité qu'ont ces animaux de ne point avaler l'eau dans laquelle ils sont plongés.

Si les tortues demeurent quelque temps sur l'eau, exposées pendant le jour à toute l'ardeur des contrées équatoriales, lorsque la mer est presque calme et que les petits flots, ne pouvant point atteindre jusqu'au-dessus de leur carapace, cessent de la baigner, le soleil dessèche cette couverture, la rend plus légère, et empêche les tortues de plonger aisément : tant leur légèreté spécifique est voisine de celle de l'eau, et tant elles ont de peine à augmenter leur poids. Les tortues peuvent en effet se rendre plus ou moins pesantes, en recevant plus ou moins d'air dans leurs poumons, et en augmentant ou diminuant par là le volume de leur corps, de même que les poissons introduisent de l'air dans leur vessie aérienne lorsqu'ils veulent s'élever à la surface de l'eau; mais il faut que le poids que les tortues peuvent se donner en chassant l'air de leurs poumons ne soit pas très-considérable, puisqu'il ne peut balancer celui que leur fait perdre la dessication de leur carapace, et qui n'égale jamais le seizième du poids total de l'animal, ainsi que nous nous en sommes assuré par l'expérience rapportée dans la note suivante[1].

La dessication de la carapace des tortues, en les empêchant de plonger, donne aux pêcheurs plus de facilité pour les prendre. Lorsqu'elles sont très-près du rivage où l'on veut les entraîner, elles se cramponnent avec tant de force, que quatre hommes ont quelquefois bien de la peine à les arracher du terrain qu'elles saisissent; et comme tous leurs doigts ne sont pas pourvus d'ongles, et que, n'étant point séparés les uns des autres, ils ne peuvent pas embrasser les corps, on doit supposer dans les tortues une force très-grande, qui d'ailleurs est prouvée par la vigueur de leurs mâchoires, et par la facilité avec laquelle elles portent sur leur dos autant d'hommes qu'il peut y en tenir. On a même prétendu que, dans l'Océan Indien, il y avait des tortues assez fortes et assez grandes pour transporter quatorze hommes. Quelque exagéré que puisse être ce nombre, l'on doit admettre dans

[1] Nous avons pesé avec soin la carapace d'une petite tortue franche : nous l'avons ensuite mise dans un vase rempli d'eau, où nous l'avons laissée un mois et demi; nous l'avons pesée de nouveau en la tirant de l'eau, et avant qu'elle eût perdu celle dont elle était pénétrée. Son poids a été augmenté par l'imbibition de 45/278 : la dessiccation que la chaleur du soleil produit dans la couverture supérieure d'une tortue franche qui flotte à la surface de la mer, ne peut donc la rendre plus légère que de 45/278 ; la carapace des plus grandes tortues ne pesant guère que deux cent soixante-dix-huit livres ou environ, l'ardeur du soleil ne doit la rendre plus légère que de quarante-cinq livres, qui sont au-dessous du seizième de huit cents livres, poids total des très-grandes tortues.

la tortue franche une puissance d'autant plus remarquable que, malgré sa force, ses habitudes sont paisibles.

Lorsqu'au lieu de faire saler les tortues franches, on veut les manger fraîches et ne rien perdre du bon goût de leur chair ni de leurs propriétés bienfaisantes, on leur enlève le plastron, la tête, les pattes et la queue, et on fait ensuite cuire leur chair dans la carapace, qui sert de plat. La portion la plus estimée est celle qui touche de plus près cette couverture supérieure ou le plastron. Cette chair, ainsi que les œufs de la tortue franche, sont principalement très-salutaires dans les maladies auxquelles les gens de mer sont le plus sujets; on prétend même que leurs sucs ont une assez grande activité, au moins dans les pays les plus chauds, pour être des remèdes très-puissants dans toutes les maladies qui demandent que le sang soit épuré.

Il paraît que c'est la tortue franche que quelques peuples américains regardent comme un objet sacré, et comme un présent particulier de la Divinité. Ils la nomment *poisson de Dieu*, à cause de l'effet merveilleux que sa chair produit, disent-ils, lorsqu'on a avalé quelque breuvage empoisonné.

La chair des tortues franches est quelquefois d'un vert plus ou moins foncé, et c'est ce qui les a fait appeler par quelques voyageurs *tortues vertes*, mais ce nom a été aussi donné à une seconde espèce de tortue marine : et d'ailleurs nous avons cru devoir d'autant moins l'adopter que cette couleur verdâtre de la chair n'est qu'accidentelle; elle dépend de la différence des plages fréquentées par les tortues; elle peut provenir aussi de la diversité de la nourriture de ces animaux, et elle n'appartient pas dans les mêmes endroits à tous les individus. On trouve en effet sur les rivages des petites îles voisines du continent de la Nouvelle-Espagne, et situées au midi de Cuba, des tortues franches, dont les unes ont la chair verte, d'autres noire, et d'autres jaune.

Seba avait dans sa collection plusieurs concrétions semblables à des bézoards, d'un gris plus ou moins mêlé de jaune, et dont la surface était hérissée de petits tubercules. Il en avait reçu une partie des Grandes-Indes, et l'autre d'Amérique; on les lui avait envoyées comme des concrétions très-précieuses, trouvées dans le corps de grandes tortues de mer. Les Indiens y attachaient encore plus de vertu qu'aux bézoards orientaux, à cause de leur rareté, et ils les employaient particulièrement contre la petite vérole, peut-être parce que les tubercules que leur surface présentait ressemblaient aux boutons de la petite vérole. La vertu de ces concrétions était certainement aussi imaginaire que celle des bézoards tant orientaux qu'occidentaux ; mais elles auraient pu être formées dans le corps de grandes tortues marines, d'autres concrétions de même nature ayant été incontestablement produites dans des quadrupèdes ovipares, ainsi que nous le verrons dans la suite de cette Histoire. Mais si les bézoards des tortues marines ne doivent être que des productions inutiles, il n'en est pas de même de tout ce que ces animaux peuvent fournir : non-seulement on recherche leur chair et leurs œufs, mais encore leur carapace a été employée par les Indiens pour couvrir leurs maisons ; et Diodore de Sicile, ainsi que Pline, ont écrit que des peuples voisins de l'Ethiopie et de la mer Rouge s'en servaient comme de nacelle pour naviguer près du continent.

Dans les temps anciens, lors de l'enfance des sociétés, ces grandes carapaces d'une substance très-compacte et d'un diamètre de plusieurs pieds, étaient les boucliers des peuples qui n'avaient pas encore découvert l'art funeste d'armer leurs flèches d'un acier trempé plus dur que ces enveloppes osseuses; et les hordes à demi-sauvages qui habitent de nos jours certaines contrées équatoriales tant de l'Ancien que du Nouveau-Monde, n'ont pas imaginé de défense plus solide.

Les diverses grandeurs des tortues franches sont renfermées dans des limites assez éloignées, puisque, de la longueur de deux ou trois pouces, elles parviennent quelquefois à celle de six ou sept pieds; et comme cet accroissement assez grand a lieu dans une couverture très-osseuse, très-compacte, très-dure, et où par conséquent la matière doit être, pour ainsi dire, resserrée, pressée, et le développement plus lent, il n'est pas surprenant que ce ne soit qu'après plusieurs années que les tortues acquièrent tout leur volume.

Elles n'atteignent à peu près à leur entier développement qu'au bout de vingt ans ou environ, et l'on a pu en juger d'une manière certaine par des tortues élevées dans les espèces de parcs dont nous avons parlé. Si l'on devait estimer la durée de la vie dans les tortues franches de la même manière que dans les quadrupèdes vivipares, on trouverait bientôt, d'après ces vingt ans employés à leur accroissement total, le nombre des années que la Nature leur a destinées; mais la même proportion ne peut pas être ici employée. Les tortues demeurent souvent au milieu d'un fluide dont la température est plus égale que celle de l'air. Elles habitent presque toujours le même élément que les poissons; elles doivent participer à leurs propriétés, et jouir de même d'une vie fort longue. Cependant, comme tous les animaux périssent lorsque leurs os sont devenus entièrement solides, et comme ceux des tortues sont bien plus durs que ceux des poissons, et par conséquent beaucoup plus près de l'état d'ossification extrême, nous ne devons pas penser que la vie des tortues soit, en proportion, aussi longue que celle des poissons : mais elles ont avec ses animaux un assez grand nombre de rapports pour que, d'après les vingt ans que leur entier développement exige, on pense qu'elles vivent un très-grand nombre d'années, même plus d'un siècle; et dès lors on ne doit point être étonné que l'on manque d'observations sur un espace de temps qui surpasse beaucoup celui de la vie des observateurs.

Mais si l'on ne connaît pas de faits précis relativement à la longueur de la vie des tortues franches, on en a recueilli qui prouvent que la tortue d'eau douce, appelée *la bourbeuse*, peut vivre au moins quatre-vingts ans, et qui confirment par conséquent notre opinion touchant l'âge auquel les tortues de mer peuvent parvenir. Cette longue durée de la vie des tortues les a fait regarder par les Japonais comme un emblème du bonheur; et c'est apparemment par une suite de cette idée qu'ils ornent, des images plus ou moins défigurées de ces quadrupèdes, les temples de leurs dieux et les palais de leurs princes.

Une tortue franche peut chaque été donner l'existence

à près de trois cents individus, dont chacun, au bout d'un assez court espace de temps, pourrait faire naître à son tour trois cents petites tortues. On sera donc émerveillé si l'on pense au nombre prodigieux de ces animaux dont une seule tortue peut peupler une vaste plage pendant la durée totale de sa vie. Toutes les côtes des zones torrides devraient être couvertes de ces quadrupèdes, dont la multiplication, loin d'être nuisible, serait certainement bien plus avantageuse que celle de tant d'autres espèces; mais à peine un trentième des petites tortues écloses peuvent parvenir à un certain développement; un nombre immense d'œufs sont d'ailleurs enlevés avant que les petits aient vu le jour; et parmi les tortues qui ont déjà acquis une grandeur un peu considérable, combien ne sont point la proie des ennemis de toutes espèces qui en font la chasse, et de l'homme qui les poursuit sur la terre et sur les eaux. Malgré tous les dangers qui les environnent, les tortues franches sont répandues en assez grande quantité sur toutes les plages chaudes, tant de l'ancien que du nouveau continent, où les côtes sont basses et sablonneuses; on les rencontre dans l'Amérique septentrionale, jusqu'aux îles de Bahama, et aux côtes voisines du cap de la Floride. Dans toutes ces contrées des deux mondes, distantes de l'équateur de vingt-cinq ou trente degrés, tant au nord qu'au sud, on retrouve la même espèce de tortues franches, un peu modifiée seulement par la différence de la température et par la diversité des herbes qu'elles paissent, ou des coquillages dont elles se nourrissent; et cette grande et précieuse espèce de tortue ne peut-elle pas passer facilement d'une île à une autre? Les tortues franches ne sont-elles pas en effet des habitants de la mer plutôt que de la terre? Pouvant demeurer assez de temps sous l'eau, ayant plus de peine à s'enfoncer dans cet élément qu'à s'y élever, nageant avec la plus grande facilité à sa surface, ne jouissent-elles pas, dans leurs migrations, de tout l'air qui leur est nécessaire? ne trouvent-elles pas sur tous les bas-fonds l'herbe et les coquillages qui leur conviennent? ne peuvent-elles pas d'ailleurs se passer de nourriture pendant plusieurs mois? et cette possibilité de faire de grands voyages n'est-elle pas prouvée par le fait, puisqu'elles traversent plus de cent lieues de mer pour aller déposer leurs œufs sur les rivages qu'elles préfèrent, et puisque des navigateurs ont rencontré, à plus de sept cents lieues de toute terre, des tortues de mer d'une espèce peu différente de la tortue franche? Ils les ont même trouvées dans des régions de la mer assez élevées en latitude, où elles dormaient paisiblement en flottant à la surface de l'eau.

Les tortues franches ne sont cependant pas si fort attachées aux zones torrides qu'on ne les rencontre quelquefois dans les mers voisines de nos côtes. Il se pourrait qu'elles habitent dans la Méditerranée, où elles fréquenteraient de préférence, sans doute, les parages les plus méridionaux, et où les *caouanes,* qui leur ressemblent beaucoup, sont en très-grand nombre. Elles devraient y choisir pour leur ponte les rivages bas, sablonneux, presque déserts et très-chauds, qui séparent l'Égypte de la Barbarie proprement dite, et où elles trouveraient la solitude, l'abri, la chaleur et le terrain qui leur sont nécessaires : on n'a du moins jamais vu pondre des tortues marines sur les côtes de Provence ni du Languedoc, où cependant l'on en prend de temps en temps quelques-unes. Elles peuvent aussi être quelquefois jetées par des accidents particuliers vers de plus hautes latitudes, sans en périr. Sibbald dit tenir d'un homme digne de foi, qu'on prenait quelquefois des tortues marines dans les Orcades; et l'on doit présumer que les tortues franches peuvent non-seulement vivre un certain nombre d'années à ces latitudes élevées, mais même y parvenir à tout leur développement. Des tempêtes ou d'autres causes puissantes font aussi quelquefois descendre vers les zones tempérées et chassent des mers glaciales les énormes cétacées qui peuplent cet empire du froid : le hasard pourrait donc faire rencontrer ensemble les grandes tortues franches et ces immenses animaux[1]; et l'on devrait voir avec intérêt sur la surface de l'antique Océan, d'un côté les tor-

[1] On a pris de grandes tortues auprès de l'embouchure de la Loire, et un grand nombre de cachalots ont été jetés sur les côtes de la Bretagne, il n'y a que peu d'années.

tues de mer, ces animaux accoutumés à être plongés dans les rayons ardents du soleil, souverain dominateur des contrées torrides, et de l'autre les grands cétacées qui, relégués dans un séjour de glaces et de ténèbres, n'ont presque jamais reçu les douces influences du père de la lumière, et au lieu des beaux jours de la Nature, n'en ont presque jamais connu que les tempêtes et les horreurs.

On peut citer surtout à ce sujet deux exemples remarquables. En 1752, une tortue fut prise à Dieppe, où elle avait été jetée dans le port par une tourmente : elle pesait de huit à neuf cents livres, et avait à peu près six pieds de long sur quatre pieds de largeur. Deux ans après, on pêcha dans le pertuis d'Antioche une tortue plus grande encore; elle avait huit pieds de long; elle pesait plus de huit cents livres; et comme ordinairement dans les tortues l'on doit compter le poids des couvertures pour près de la moitié du poids total, la chair de celle du pertuis d'Antioche devait peser plus de quatre cents livres. Elle fut portée à l'abbaye de Longvau, près de Vannes en Bretagne; la carapace avait cinq pieds de long.

Ce n'est que sur les rivages presque déserts, et, par exemple, sur une partie de ceux de l'Amérique voisins de la ligne et baignés par la mer Pacifique, que les tortues franches peuvent en liberté parvenir à tout l'accroissement pour lequel la Nature les a fait naître, et jouir en paix de la longue vie à laquelle elles ont été destinées.

Les animaux féroces ne sont donc pas les seuls qui, dans le voisinage de l'homme, ne peuvent ni croître ni se multiplier : ce roi de la Nature, qui souvent en devient le tyran, non-seulement repousse dans les déserts les espèces dangereuses, mais encore son insatiable avidité se tourne souvent contre elle-même, et relègue sur les plages éloignées les espèces les plus utiles et les plus douces ; au lieu d'augmenter ses jouissances, il les diminue, en détruisant inutilement, dans des individus privés trop tôt de la vie, la postérité nombreuse qui leur aurait dû le jour.

On devrait tâcher d'acclimater les tortues franches sur toutes les côtes tempérées, où elles pourraient aller chercher, dans les terres, des endroits un peu sablonneux et élevés au-dessus des plus hautes vagues, pour y déposer leurs œufs et les y faire éclore. L'acquisition d'une espèce aussi féconde serait certainement une des plus utiles; et cette richesse réelle, qui se conserverait et se multiplierait d'elle-même, n'exciterait pas au moins les regrets de la philosophie, comme les richesses funestes arrachées avec tant de sueurs au sein des terres équatoriales.

Occupons-nous maintenant des diverses espèces de tortues qui habitent au milieu des mers, comme la tortue franche, et qui lui sont assez analogues par leur forme, par leurs propriétés et par leurs habitudes, pour que nous puissions nous contenter d'indiquer les différences qui les distinguent.

La Tortue écaille-verte.

Nous ne conservons pas à la tortue dont il est ici question le nom de *tortue verte*, qui lui a été donné par plusieurs voyageurs, parce qu'on l'a appliqué aussi à la tortue franche, et que nous ne saurions prendre trop de précautions pour éviter l'obscurité de la nomenclature : nous ne lui donnons pas non plus celui de *tortue amazone* qu'elle porte dans une grande partie de l'Amérique méridionale, et qui lui vient du grand fleuve des Amazones, dont elle fréquente les bords, parce qu'il paraît que ce nom a été aussi employé pour une tortue qui n'est point de mer, et par conséquent qui est très-différente de celle-ci. Mais nous la nommons *écaille-verte* à cause de la couleur de ses écailles, plus vertes en effet que celles des autres tortues; elles sont d'ailleurs très-belles, très-transparentes, très-minces, et cependant propres à plusieurs ouvrages. La tête des tortues écaille-verte est petite et arrondie. Elles ressemblent d'ailleurs aux tortues franches par leur forme et par leurs mœurs : elles ne deviennent pas cependant aussi grandes que ces dernières; et, en général, elles sont plus petites environ d'un quart. On les rencontre en assez grand nombre dans la mer du Sud, auprès du cap Blanco de la Nouvelle-Espagne. Il paraît qu'on les trouve aussi dans le golfe du Mexique, et qu'elles habitent presque tous les rivages chauds du nouveau monde, tant en deçà qu'au delà de la ligne; mais on ne les a pas encore reconnues dans l'ancien continent. Leur chair est un aliment aussi délicat et peut-être aussi sain que celle des tortues franches; et il y a même des pays où on les préfère à ces dernières. Leurs œufs salés et séchés au soleil sont très-bons à manger. M. Bomare est le seul naturaliste qui ait indiqué cette espèce de tortue que nous n'avons pas vue, et dont nous ne parlons que d'après les voyageurs et les observations de M. le chevalier de Widerspach.

La Caouane.

La plupart des naturalistes qui ont décrit cette troisième espèce de tortue de mer lui ont donné le nom de *caret;* mais, comme ce nom est appliqué depuis longtemps par les voyageurs à la tortue qui fournit les plus belles écailles, nous conserverons à celle dont il est ici question la dénomination de *caouane*, sous laquelle elle est déjà très-connue, et uniquement désignée par les naturels des contrées où on la trouve. Elle surpasse en grandeur la tortue franche, et elle en diffère d'une manière bien marquée par la grosseur de la tête, la grandeur de la gueule, l'allongement et la force de la mâchoire supérieure; le cou est épais et couvert d'une peau lâche, ridée, et garnie, de distance en distance, d'écailles calleuses; le corps est ovale, la carapace plus large au milieu et plus étroite par derrière que dans les autres espèces. Les bords de cette couverture sont garnis de lames placées de manière à les faire paraître dentées comme une scie : le disque présente trois rangées longitudinales d'écailles; les pièces de la rangée du milieu se relèvent en bosse et finissent par derrière en pointe; la couverture supérieure paraît d'un jaune tacheté de noir lorsque l'animal est dans l'eau. Le plastron se termine du côté de l'anus par une sorte de bande un peu arrondie par le bout : il est garni communément de vingt-deux ou vingt-quatre écailles. La queue est courte. Les pieds, qui sont couverts d'écailles épaisses, et dont les doigts sont réunis par une membrane, ont une forme très-allongée, et ressemblent à des nageoires, ainsi que dans la tortue franche : ceux de devant sont plus longs, mais moins larges que ceux de derrière; et ce qui est un des caractères distinctifs de la caouane, c'est que les pieds de derrière, ainsi que ceux de devant, sont garnis de deux ongles aigus.

La caouane habite les contrées chaudes du nouveau continent, comme la tortue franche; mais elle paraît se plaire un peu plus vers le nord que cette dernière. On la trouve moins sur les côtes de la Jamaïque. Elle habite aussi dans l'ancien monde : on la trouve même très-fréquemment dans la Méditerranée, où on en fait des pêches abondantes auprès de Cagliari, en Sardaigne, et de Castel-Sardo, vers le quarante et unième degré de latitude; elle y pèse souvent jusqu'à quatre cents livres (poids de Sardaigne). Rondelet, qui habitait le Languedoc, dit en avoir nourri une chez lui pendant quelque temps, apparemment dans quelque bassin. Elle avait été prise auprès des côtes de sa province; elle faisait entendre un petit son confus, et jetait des espèces de soupirs semblables à ceux que l'on a attribués à la tortue franche.

Les lames ou écailles de la caouane sont presque de nulle valeur, quoique plus grandes que celles du caret, dont on fait dans le commerce un si grand usage : on s'en servait cependant autrefois pour garnir des miroirs et d'autres grands meubles de luxe; mais maintenant on les rebute, parce qu'elles sont toujours gâtées par une espèce de gale. On a vu des caouanes dont la carapace était couverte de mousse et de coquillages, et dont les plis de la peau étaient remplis de petits crustacées.

La caouane a l'air plus fier que les autres tortues : étant plus grande et ayant plus de force, elle est plus hardie, elle a besoin d'une nourriture plus substantielle; elle se contente moins de plantes marines; elle est même vorace; elle ose se jeter sur les jeunes crocodiles, qu'elle mutile facilement. On assure que, pour attaquer avec plus d'avantage ces grands quadrupèdes ovipares, elle les attend dans le fond des creux situés le long des rivages, où les crocodiles se retirent, et où ls entrent à reculons, parce que la longueur de leur corps ne leur permettrait pas de se retourner; et elle les y saisit fortement par la queue, sans avoir rien à craindre de leurs dents[1].

Comme ses aliments, tirés en plus grande abondance du règne animal, sont moins purs et plus sujets à la décomposition que ceux de la tortue franche, et qu'elle avale sans choix des vers de mer, des mollasses, etc., sa chair s'en ressent; elle est huileuse, rance, filamenteuse, coriace, et d'un mauvais goût de marine. L'odeur du musc, que la plupart des tortues répandent, est exaltée dans la caouane au point d'être fétide : aussi cette tortue est-elle peu recherchée. Des navigateurs en ont cependant mangé sans peine, et l'ont trouvée très-échauffante. On la sale aussi quelquefois, dit-on, pour l'usage des nègres ; tant on s'est empressé de saisir toutes les ressources que la terre et la mer pouvaient offrir pour accroître le produit des travaux de ces infortunés. L'huile qu'on retire des caouanes est fort abondante : elle ne peut être employée pour les aliments, parce qu'elle sent très-mauvais; mais elle est bonne à brûler. Elle sert aussi à préparer les cuirs, et à enduire les vaisseaux, qu'elle préserve, dit-on, des vers, peut-être à cause de la mauvaise odeur qu'elle répand.

La caouane n'est donc point si utile que la tortue franche : aussi a-t-elle été moins poursuivie, a-t-elle eu moins d'ennemis à craindre, et est-elle répandue en plus grand nombre sur certaines mers. Naturellement plus vigoureuse que les autres tortues, elle voyage davantage : on l'a rencontrée à plus de huit cents lieues de la terre, ainsi que nous l'avons déjà rapporté. D'ailleurs, se nourrissant quelquefois de poisson, elle est moins attachée aux côtes où croissent les algues. Elle rompt avec facilité de grandes coquilles, de grands buccins, pour dévorer l'animal qui y est contenu; et, suivant les pêcheurs de l'Amérique septentrionale, on trouve souvent de très-grands coquillages à demi-brisés par la caouane.

Il est quelquefois dangereux de chercher à la prendre. Lorsqu'on s'approche d'elle pour la retourner, elle se défend

[1] Note communiquée par M. Moreau de Saint-Méry, procureur général au conseil supérieur de Saint-Domingue.

avec ses pattes et sa gueule, et il est très-difficile de lui faire lâcher ce qu'elle a saisi avec ses mâchoires. Cette grande résistance qu'elle oppose à ceux qui veulent la prendre lui a fait attribuer une sorte de méchanceté : on lui a reproché, pour ainsi dire, une juste défense : on a condamné l'usage qu'elle fait de ses armes pour sauver sa vie : mais ce n'est pas la première fois que le plus fort a fait un crime au plus faible de ce qui a retardé ses jouissances ou mêlé quelques dangers à sa poursuite.

Suivant Catesby, on a donné le nom de *coffre* à une tortue marine assez rare, qui devient extrêmement grande, qui est étroite, mais fort épaisse, et dont la couverture supérieure est beaucoup plus convexe que celle des autres tortues marines. C'est certainement la même que la tortue dont Dampier fait sa première espèce, et que ce voyageur appelle *grosse tortue*, tortue à *bahut* ou *coffre*. Toutes deux sont plus grosses que les autres tortues de mer, ont la carapace plus relevée, sont de mauvais goût et répandent une odeur désagréable, mais fournissent une bonne quantité d'huile bonne à brûler. Nous les plaçons à la suite des caouanes, auxquelles elles nous paraissent appartenir, jusqu'à ce que de nouvelles observations nous obligent à les en séparer.

La Tortue Nasicorne.

Les naturalistes ont confondu cette espèce avec la caouane, quoiqu'il soit bien aisé de la distinguer par un caractère assez saillant, qui manque aux véritables caouanes, et dont nous avons tiré le nom que nous lui donnons ici. C'est un tubercule d'une substance molle, qui s'élève au-dessus du museau, et dans lequel les narines sont placées. La nasicorne se trouve dans les mers du nouveau continent voisines de l'équateur. Nous manquons d'observations pour parler plus en détail de cette nouvelle espèce de tortue; mais nous nous regardons comme très-fondé à la séparer de la caouane, avec laquelle elle a même moins de rapports qu'avec la tortue franche, suivant un des correspondants du Cabinet du

Roi. On la mange comme cette dernière, tandis qu'on ne se nourrit presque point de la chair de la caouane. Nous invitons les voyageurs à s'occuper de cette tortue, qui pourrait être la *tortue bâtarde* des pêcheurs d'Amérique, ainsi qu'à observer celles qui ne sont pas encore connues.

Le Caret.

Le philosophe mettra toujours au premier rang la tortue franche, comme celle qui fournit la nourriture la plus agréable et la plus salutaire; mais ceux qui ne recherchent que ce qui brille, préféreront la tortue à laquelle nous conservons le nom de *caret*, qui lui est généralement donné dans les pays qu'elle habite. C'est principalement cette tortue que l'on voit revêtue de ces belles écailles qui, dès les siècles les plus reculés, ont décoré les palais les plus somptueux : effacées dans des temps plus modernes par l'éclat de l'or et par le feu que la taille a donné aux pierres dures et transparentes, on ne les emploie presque plus qu'à orner les bijoux simples, mais élégants, de ceux dont la fortune est plus bornée, et peut-être le goût plus pur. Si elles servent quelquefois à parer la beauté, elles sont cachées par des ornements plus éblouissants ou plus recherchés qu'on leur préfère, et dont elles ne sont que les supports. Mais si les écailles de la tortue caret ont perdu de leur valeur par leur comparaison avec des substances plus éclatantes, et parce que la découverte du nouveau monde en a répandu une grande quantité dans l'ancien, leur usage est devenu plus général : on s'en sert d'autant plus qu'elles coûtent moins. Combien de bijoux et de petits ouvrages ne sont point garnis de ces écailles que tout le monde connaît, et qui réunissent à une demi-transparence l'éclat de certains cristaux colorés, et une souplesse que l'on a essayé en vain de donner au verre!

Il est aisé de reconnaître la tortue caret au luisant des écailles placées sur sa carapace, et surtout à la manière dont elles sont disposées : elles se recouvrent comme les ardoises qui sont sur nos toits. Elles sont d'ailleurs communément au nombre de treize sur le disque, et elles y sont placées sur trois rangs, comme dans la tortue franche. Le bord de la carapace, qui est beaucoup plus étroit que dans la plupart des tortues de mer, est garni ordinairement de vingt-cinq lames.

La couverture supérieure, arrondie par le haut et pointue par le bas, a presque la forme d'un cœur. Le caret est d'ailleurs distingué des autres tortues marines par sa tête et son cou, qui sont beaucoup plus longs que dans les autres espèces. La mâchoire supérieure avance assez sur l'inférieure pour que le museau ait une sorte de ressemblance avec le bec d'un oiseau de proie; et c'est ce qui l'a fait appeler par les Anglais *bec à faucon*. Ce nom a un peu servi à obscurcir l'histoire des tortues. Lorsque les naturalistes ont transporté celui de *caret* à la caouane, ils n'en ont point séparé celui de *bec à faucon*, qu'ils lui ont aussi appliqué; et, en histoire naturelle, lorsque les noms sont les mêmes, on n'est que trop porté à croire que les objets se ressemblent. On rencontre le caret, ainsi que la plupart des autres tortues, dans les contrées chaudes de l'Amérique; mais on le trouve aussi dans les mers de l'Asie. C'est de ces dernières qu'on apportait sans doute les écailles fines dont se servaient les anciens, même avant le temps de Pline, et que les Romains devaient d'autant plus estimer qu'elles étaient plus rares et venaient de plus loin; car il semble qu'ils n'attachaient de valeur qu'à ce qui était pour eux le signe d'une plus grande puissance et d'une domination plus étendue.

Le caret n'est point aussi grand que la tortue franche : ses pieds ont également la forme de nageoires, et sont quelquefois garnis chacun de quatre ongles. La saison de sa ponte est communément, dans l'Amérique septentrionale, en mai, juin et juillet. Il ne dépose pas ses œufs dans le sable, mais dans un gravier mêlé de petits cailloux. Ces œufs sont plus délicats que ceux des autres espèces de tortues; mais sa chair n'est point du tout agréable; elle a même, dit-on, une forte vertu purgative; elle cause des vomissements violents. Ceux qui en ont mangé sont bientôt couverts de petites tumeurs, et attaqués d'une fièvre violente, mais qui est une crise salutaire lorsqu'ils ont assez de vigueur pour résister à l'activité du remède. Au reste, Dampier prétend que les bonnes ou mauvaises qualités de la chair de la tortue dépendent de l'aliment qu'elle prend, et par conséquent très-souvent du lieu qu'elle habite.

Le caret, quoique plus petit de beaucoup que la tortue franche, doit avoir plus de force, puisqu'on l'a cru plus méchant; il se défend avec plus d'avantage lorsqu'on cherche à le prendre, et ses morsures sont vives et douloureuses. Sa couverture supérieure est plus bombée, et ses pattes de devant sont, en proportion de sa grandeur, plus longues que celles des autres tortues de mer : aussi, lorsqu'il a été renversé sur le dos, peut-il en se balançant s'incliner assez d'un côté ou de l'autre pour que ses pieds saisissent la terre, qu'il se retourne, et qu'il se remette sur ses quatre pattes. Les belles écailles qui recouvrent sa carapace pèsent ordinairement toutes ensemble de trois ou quatre livres, et quelquefois même de sept à huit. On estime le plus celles qui sont épaisses, claires, transparentes, d'un jaune doré, et jaspées de rouge et de blanc, ou d'un brun presque noir. Lorsqu'on veut les façonner, on les ramollit dans de l'eau chaude : on les met dans un moule dont on leur fait prendre aisément la forme, à l'aide d'une forte presse de fer; on les polit ensuite, et on y ajoute les ciselures d'or et d'argent, et les autres ornements étrangers avec lesquels on veut en relever les couleurs.

On prétend que dans certaines contrées, particulièrement sur les côtes orientales et humides de l'Amérique méridionale, le caret se plaît moins dans la mer que dans les terres noyées, où il trouve apparemment une nourriture plus abondante ou plus convenable à ses goûts.

Le Luth[1].

La plupart des tortues marines dont nous avons parlé ne s'éloignent pas beaucoup des régions équatoriales : la caouane n'est cependant pas la seule que l'on trouve dans une des mers qui baignent nos contrées; on rencontre aussi dans la Méditerranée une espèce de ces quadrupèdes ovipares, qui surpasse même quelquefois par sa longueur les plus grandes tortues franches. On la nomme *le luth;* elle fréquente de préférence, au moins dans le temps de la ponte, les rivages déserts et en partie sablonneux qui avoisinent les États barbaresques ; elle s'avance peu dans la mer Adriatique; et si elle parvient rarement jusqu'à la mer Noire, c'est qu'elle doit craindre le froid des latitudes élevées. Elle est distinguée de toutes les autres tortues tant marines que terrestres, en ce qu'elle n'a point de plastron apparent. Sa carapace est placée sur son dos comme une sorte de grande cuirasse ; mais elle ne s'étend pas assez par devant et par derrière pour que la tortue puisse mettre sa tête, ses pattes et sa queue, à couvert sous cette sorte d'arme défensive. La tortue luth paraît se rapprocher par là des crocodiles et des autres grands quadrupèdes ovipares qui peuplent les rivages des mers. La couverture supérieure est convexe, arrondie dans une partie de son contour, mais terminée par derrière en pointe si aiguë et si allongée, qu'on croirait voir une seconde queue placée au-dessus de la véritable queue de l'animal. Le long de cette carapace s'étendent cinq arêtes assez élevées, et dont celle du milieu est surtout très-saillante. Quelques naturalistes ont compté sept arêtes, parce qu'ils ont compris dans ce nombre les deux lignes qui terminent la carapace de chaque côté. Cette couverture supérieure n'est point garnie d'écailles comme dans les autres tortues marines; mais cette espèce de cuirasse,

[1] En latin *lyra.* — *Rat de mer,* et *tortue à clin,* par les pêcheurs de plusieurs contrées.

ainsi que tout le corps, la tête, les pattes et la queue, est revêtue d'une peau épaisse qui, par sa consistance et sa couleur, ressemble à un cuir dur et noir : aussi Linné a-t-il appelé la tortue luth, *la tortue couverte de cuir*, et a-t-elle plus de rapport que les autres tortues marines avec les lamantins et les phoques, dont les pieds sont recouverts d'une peau noirâtre et dure. Le dessous du corps est aplati. Les pattes, ou plutôt les nageoires de la tortue luth, sont dépourvues d'ongles, suivant la plupart des naturalistes; mais j'ai remarqué une membrane en forme d'ongle aux pattes de derrière de celle que l'on conserve dans le Cabinet du Roi. La partie supérieure du museau est fendue de manière à recevoir la partie inférieure, qui est recourbée en haut. Rondelet dit avoir vu une tortue de cette espèce, prise à Frontignan, sur les côtes du Languedoc, longue de *cinq coudées*, large de deux, et dont on retira une grande quantité de graisse ou d'huile bonne à brûler. M. Amoureux le fils, de la Société royale de Montpellier, a donné la description d'une tortue de cette espèce, pêchée au port de Cette, en Languedoc, et dont la longueur totale était de sept pieds cinq pouces. Celle qui a servi à notre description, et dont nous rapportons les dimensions dans la note suivante[1], est à peu près de la même grandeur.

Les tortues luth n'habitent pas seulement dans la Méditerranée; on les trouve aussi sur les côtes du Pérou, du Mexique,

[1] *Dimensions d'une tortue luth :*

	Pieds.	Pouces.	Lignes.
Longueur totale	7	3	2
Grosseur	7	»	1
Epaisseur	1	8	»
Longueur de la carapace	4	8	2
Largeur de la carapace	4	4	»
Longueur du cou et de la tête	1	5	»
Longueur des mâchoires	»	8	6
Grosseur du cou	2	11	»
Grand diamètre des yeux	»	2	»
Longueur des pattes de devant	3	1	»
Grosseur des pattes de devant	1	11	6
Longueur des pattes de derrière	1	6	»

et sur la plupart de celles d'Afrique qui sont situées dans la zone torride. Il paraît qu'elles s'avancent vers les hautes latitudes de notre hémisphère, au moins pendant les grandes chaleurs. Le 4 août de l'année 1729, on prit à treize lieues de Nantes, au nord de l'embouchure de la Loire, une tortue qui avait sept pieds un pouce de long, trois pieds sept pouces de large, et deux pieds d'épaisseur. M. de la Font, ingénieur en chef à Nantes, en envoya une description à M. de Mairan. Tous les caractères qui y sont rapportés sont entièrement conformes à ceux de la tortue luth conservée au Cabinet du Roi. A la vérité, il y est parlé de dents, qui ne se trouvent dans aucune tortue connue; mais il est aisé de prendre pour des dents les grandes éminences formées par les échancrures profondes des deux mâchoires de la tortue luth : d'ailleurs la forme et la position de ces éminences répondent à celles des prétendues dents de la tortue pêchée auprès de Nantes. Cette dernière tortue luth poussait d'horribles cris, suivant M. de la Font, quand on lui cassa la tête à coups de crochet de fer : ses hurlements auraient pu être entendus à un quart de lieue, et sa gueule écumante de rage exhalait une vapeur très-puante.

En 1756, un peu après le milieu de l'été, on prit aussi une assez grande tortue luth sur les côtes de Cornouailles, en Angleterre. M. Pennant a donné, dans les *Transactions philosophiques*, la description et la figure d'une très-petite tortue marine de trois pouces trois lignes de long sur un pouce et demi de large. Il est évident, d'après la figure et la description, que cette très-jeune tortue était de l'espèce du luth, et avait été prise peu de temps après sa sortie de l'œuf, ainsi que le soupçonne M. Pennant. Ce naturaliste avait vu cette tortue chez un marchand de Londres qui ignorait d'où on l'avait apportée.

La tortue luth est une de celles que les anciens Grecs ont le mieux connues, parce qu'elle habitait leur patrie. Tout le monde sait que, dans les contrées de la Grèce ou dans les autres pays situés sur les bords de la Méditerranée, la carapace d'une grande tortue fut employée par les inventeurs de la musique comme un corps d'instrument, sur lequel ils attachèrent des cordes de boyau ou de métal. On a écrit qu'ils choisirent la couverture d'une tortue luth ; et elle fut la première lyre grossière qui servit à faire goûter à des peuples peu civilisés encore le charme d'un art dont ils devaient tant accroître la puissance : aussi la tortue luth a-t-elle été, pour ainsi dire, consacrée à Mercure, que l'on a regardé comme l'inventeur de la lyre : les modernes l'ont même souvent, à l'exemple des anciens, appelée *lyre*, ainsi que *luth;* et il convenait que son nom rappelât le noble et brillant usage que l'on fit de son bouclier dans les premiers âges des belles régions baignées par les eaux de la Méditerranée.

SECONDE DIVISION.

TORTUES D'EAU DOUCE ET DE TERRE.

La Bourbeuse[1].

Les différentes tortues dont nous avons déjà écrit l'histoire non-seulement vivent au milieu des eaux salées de la mer, mais recherchent encore l'eau douce des fleuves qui s'y jettent; elles vont aussi quelquefois à terre, soit pour y déposer leurs œufs, soit pour y paître les plantes qui y croissent. On ne peut donc pas les regarder comme entièrement reléguées au milieu des grandes eaux de l'Océan; de même on doit dire qu'aucune des tortues dont il nous reste à parler

[1] En latin, *mus aquatilis ;* en japonais, *jogame.*

n'habite exclusivement l'eau douce ou les terrains élevés. Toutes peuvent vivre sur la terre; toutes peuvent demeurer pendant plus ou moins de temps au milieu de l'onde douce et de l'onde amère, et l'on ne doit entendre ce que nous avons dit de la demeure des tortues de mer, et ce que nous ajouterons de celle des tortues d'eau douce et des tortues de terre, que comme l'indication du séjour qu'elles préfèrent, plutôt que d'une habitation exclusive. Tout ce qu'on peut assurer relativement à ces trois familles de tortues, c'est que le plus souvent on trouve la première au milieu des eaux salées, la seconde au milieu des eaux douces, la troisième sur des hauteurs ou dans les bois; et leur habitation particulière a été déterminée par leur conformation tant intérieure qu'extérieure, ainsi que par la différence de la nourriture qu'elles recherchent, et qu'elles ne peuvent trouver que sur la terre, dans les fleuves ou dans la mer.

La bourbeuse est une des tortues que l'on rencontre le plus souvent au milieu des eaux douces. Elle est beaucoup plus petite qu'aucune tortue marine, puisque sa longueur, depuis le bout du museau jusqu'à l'extrémité de la queue, n'excède pas ordinairement sept ou huit pouces, et sa largeur trois ou quatre. Elle est aussi beaucoup plus petite que la tortue terrestre appelée *la grecque*. Communément le tour de la carapace est garni de vingt-cinq lames bordées de stries légères; le disque l'est de treize lames striées de même; faiblement pointillées dans le centre, et dont les cinq de la rangée du milieu se relèvent en arête longitudinale. Cette couverture supérieure est noirâtre et plus ou moins foncée.

La partie postérieure du plastron est terminée par une ligne droite. La couleur générale de la peau de cette tortue tire sur le noir, ainsi que celle de la carapace. Les doigts sont très-distincts l'un de l'autre, mais réunis par une membrane : il y en a cinq aux pieds de devant, et quatre aux pieds de derrière; le doigt extérieur de chaque pied de devant est communément sans ongle. La queue est à peu près longue comme la moitié de la couverture supérieure : au lieu de la replier sous sa carapace, ainsi que la plupart des tortues de terre, la bourbeuse la tient étendue lorsqu'elle marche; et c'est de là que lui vient le nom de *rat aquatique* (*mus aquatilis*) que les anciens lui ont donné. Lorsqu'on la voit marcher, on croirait avoir devant les yeux un lézard dont le corps serait caché sous un bouclier plus ou moins étendu. Ainsi que les autres tortues, elle fait entendre quelquefois un sifflement entrecoupé.

On la trouve non-seulement dans les climats tempérés et chauds de l'Europe, mais encore en Asie, au Japon, dans les grandes Indes, etc. On la rencontre à des latitudes beaucoup plus élevées que les tortues de mer. On l'a pêchée quelquefois dans les rivières de la Silésie; mais cependant elle ne supporterait que très-difficilement un climat très-rigoureux, et du moins elle ne pourrait pas y multiplier. Elle s'engourdit pendant l'hiver, même dans les pays tempérés. C'est à terre qu'elle demeure pendant sa torpeur. Dans le Languedoc, elle commence vers la fin de l'automne à préparer sa retraite ; elle creuse pour cela un trou, ordinairement de six pouces de profondeur : elle emploie plus d'un mois à cet ouvrage. Il arrive souvent qu'elle passe l'hiver sans être entièrement cachée, parce que la terre ne retombe pas toujours sur elle lorsqu'elle s'est placée au fond de son trou. Dès les premiers jours du printemps, elle change d'asile; elle passe alors la plus grande partie du temps dans l'eau ; elle s'y tient souvent à la surface, et surtout lorsqu'il fait chaud et que le soleil luit. Dans l'été, elle est presque toujours à terre. Elle multiplie beaucoup dans plusieurs endroits aquatiques du Languedoc, ainsi qu'auprès du Rhône, dans les marais d'Arles et dans plusieurs endroits de la Provence[1]. M. le président de la Tour-d'Aigues, dont les lumières et le goût pour les sciences naturelles sont connus, a bien voulu m'apprendre qu'on trouva une si grande quantité de tortues bourbeuses dans un marais d'une demi-lieue de surface, situé dans la plaine de la Durance, que ces animaux suffirent pendant plus de trois mois à la nourriture des paysans des environs.

Ce n'est qu'à terre que la bourbeuse pond ses œufs ; elle les dépose, comme les tortues de mer, dans un trou qu'elle

[1] Ces faits m'ont été communiqués par M. de Touchy, de la Société royale de Montpellier.

creuse, et elle les recouvre de terre ou de sable. La coque en est moins molle que celle des œufs des tortues franches, et leur couleur est moins uniforme. Lorsque les petites tortues sont écloses, elles n'ont quelquefois que six lignes ou environ de largeur. La bourbeuse ayant les doigts des pieds plus séparés, et une charge moins pesante que la plupart des tortues, et surtout que la tortue terrestre appelée *la grecque*, il n'est pas surprenant qu'elle marche avec bien moins de lenteur lorsqu'elle est à terre et que le terrain est uni.

Les bourbeuses, ou les tortues d'eau douce proprement dites, croissent pendant très-longtemps, ainsi que les tortues de mer : mais le temps qu'il leur faut pour atteindre à leur entier développement est moindre que celui qui est nécessaire aux tortues franches, attendu qu'elles sont plus petites; aussi ne vivent-elles pas si longtemps. On a cependant observé que lorsqu'elles n'éprouvent point d'accidents, elles parviennent jusqu'à l'âge de quatre-vingts ans et plus ; et ce grand nombre d'années ne prouve-t-il pas la longue vie que nous avons cru devoir attribuer aux grandes tortues de mer?

Le goût que la tortue d'eau douce a pour les limaçons, pour les vers et pour les insectes dépourvus d'ailes qui habitent les rives qu'elle fréquente, ou qui vivent sur la surface des eaux, l'a rendue utile dans les jardins, qu'elle délivre d'animaux nuisibles, sans y causer aucun dommage. On la recherche d'ailleurs à cause de l'usage qu'on en fait en médecine, ainsi que de quelques autres tortues. Elle devient comme domestique; on la conserve dans des bassins pleins d'eau, sur les bords desquels on a soin de mettre une planche qui s'étende jusqu'au fond, quand ces mêmes bords sont escarpés, afin qu'elle puisse sortir de sa retraite et aller chercher sa petite proie. Lorsque l'on peut craindre qu'elle ne trouve pas une nourriture assez abondante, on y supplée par du son et de la farine. Au reste, elle peut, comme les autres quadrupèdes ovipares, vivre pendant longtemps sans prendre aucun aliment, et même quelque temps après avoir été privée d'une des parties du corps qui paraissent le plus essentielles à la vie, après avoir eu la tête coupée.

Autant on doit la multiplier dans les jardins que l'on veut

garantir des insectes voraces, autant on doit l'empêcher de pénétrer dans les étangs et dans les autres endroits habités par les poissons. Elle attaque même, dit-on, ceux qui sont d'une certaine grosseur; elle les saisit sous le ventre, elle les y mord et leur fait des blessures assez profondes pour qu'ils perdent leur sang et s'affaiblissent bientôt; elle les entraîne alors au fond de l'eau, et elle les y dévore avec tant d'avidité, qu'elle n'en laisse que les arêtes et quelques parties cartilagineuses de la tête; elle rejette aussi quelquefois leur vessie aérienne, qui s'élève à la surface de l'eau; et par le moyen des vessies à air que l'on voit nager sur les étangs, l'on peut juger que le fond est habité par des tortues bourbeuses.

La Ronde.

C'est dans l'Europe méridionale, suivant M. Linné, que l'on trouve cette tortue. Sa carapace est presque entièrement ronde, et c'est ce qui lui a fait donner le nom *d'orbiculaire*. Les bords de cette carapace sont recouverts de vingt-trois lames, dans deux individus conservés au Cabinet du Roi, et le disque l'est de treize. Ces lames sont très-unies, et leur couleur, assez claire, est semée de très-petites taches rousses plus ou moins foncées. Le plastron est échancré par derrière, et recouvert de douze lames. Le museau se termine par une pointe forte et aiguë, en forme de très-petite corne. La queue est très-courte. Les pieds sont ramassés, arrondis; et les doigts, réunis par une membrane, commune, ne sont en quelque sorte sensibles que par des ongles assez forts et assez longs. Ces ongles sont au nombre de cinq dans les pieds de devant, et de quatre dans les pieds de derrière. La tortue ronde habite de préférence au milieu des rivières et des marais, et ses habitudes doivent ressembler plus ou moins à celles de la bourbeuse, suivant le plus ou le moins d'égalité de leurs forces.

On rencontre les tortues rondes non-seulement dans les pays méridionaux de l'Europe, mais encore en Prusse. Les paysans de ce royaume les prennent et les gardent dans des vaisseaux qui contiennent la nourriture destinée à leurs cochons; ils pensent que ces derniers animaux s'en portent mieux et engraissent davantage. Les tortues rondes vivent quelquefois plus de deux ans dans cette sorte d'habitation extraordinaire.

Il se pourrait que la ronde parvînt à une grandeur un peu considérable. Si cela était, nous serions tenté de la regarder comme une variété de la terrapène, dont nous allons parler. Mais, jusqu'à ce que nous ayons recueilli un plus grand nombre d'observations, nous les séparons l'une de l'autre.

Les petites tortues rondes que nous avons examinées nous ont présenté un fait intéressant : les avant-dernières pièces de leur plastron étaient séparées, et laissaient passer la peau nue du ventre, qui formait une espèce de poche ou de gonflement plus considérable dans l'une que dans l'autre. Nous invitons les naturalistes à remarquer si, dans les autres espèces, les très-jeunes tortues présentent cette scissure du plastron et cette marque d'un âge peu avancé. L'on a observé dans le crocodile et dans quelques lézards un fait analogue, que l'on retrouvera peut-être dans un très-grand nombre de quadrupèdes ovipares.

La Terrapène.

Nous conservons à cette tortue de marais ou d'eau douce le nom de *terrapène* qui lui a été donné par Brown. On la trouve aux Antilles, et particulièrement à la Jamaïque. Elle y est très-commune dans les lacs et dans les marais, où elle habite parmi les plantes aquatiques qui y croissent. Son corps, dit Brown, est en général ovale et comprimé; sa longueur excède quelquefois huit ou neuf pouces. Sa chair est regardée comme un mets aussi sain que délicat.

Il paraît que cette tortue est la même que celle que Dampier a cru devoir nommer *hécate*. Suivant ce voyageur, cette dernière aime en effet l'eau douce; elle cherche les étangs et les lacs, d'où elle va rarement à terre. Son poids est de douze où quinze livres. Elle a les pattes courtes, les pieds plats, le cou long et menu. Sa chair est un fort bon aliment. Tous ces caractères semblent convenir à la terrapène.

La Serpentine.

Il est aisé de distinguer cette tortue de toutes les autres par la longueur de sa queue, qui égale presque celle de la carapace. Cette couverture supérieure est un peu relevée en arête longitudinale, et comme découpée par derrière en cinq pointes aiguës. Les doigts des pieds sont peu séparés les uns des autres. La serpentine habite au milieu des eaux douces de la Chine.

Il paraît que ses mœurs se rapprochent de celles de la bourbeuse, et que non-seulement elle détruit les insectes, mais encore qu'elle se nourrit de poissons.

La Rougeâtre.

Nous donnons ici la notice d'une tortue envoyée de Pensylvanie, sous le nom de *tortue de marais*, et décrite par M. Edwards. Le bout de sa queue est garni d'une pointe aiguë et cornée, comme celle de plusieurs tortues grecques, et de la tortue scorpion. Ses doigts sont réunis par une membrane. Sa couleur générale est brune; mais les lames qui garnissent ses côtés, et les écailles qui recouvrent le tour de ses mâchoires et de ses yeux, sont d'un jaune rougeâtre que l'on retrouve aussi sur son plastron.

La Tortue Scorpion.

C'est à Surinam qu'habite cette tortue. Sa carapace est ovale, d'une couleur très-foncée, et relevée sur le dos par trois arêtes longitudinales. Le disque est garni de treize lames, dont les cinq du milieu sont très-allongées, et on en compte communément vingt-trois sur les bords ; douze lames recouvrent le plastron, qui n'est presque point échancré ; la tête est couverte par devant d'une peau calleuse, qui se divise en trois lobes sur le front. La tortue scorpion a cinq doigts à chaque pied ; ils sont un peu séparés et garnis d'ongles, excepté les doigts extérieurs des pieds de derrière. Mais ce qui lui a fait imposer son nom, et ce qui sert à le faire reconnaître, c'est une arme dure, en forme de corne ou d'ongle crochu, qu'elle porte au bout de la queue, et qui a une sorte de ressemblance avec l'aiguillon du scorpion. M. Linné a fait connaître cette tortue, dont on conserve au Cabinet du Roi plusieurs carapaces et plastrons. Ils ont été envoyés comme ayant appartenu à une petite tortue de marais qui habite dans les savanes noyées de la Guiane, et qui ne parvient jamais à une taille plus considérable que celle qui est indiquée par les couvertures envoyées au Cabinet du Roi. Les plus grandes de ces carapaces ont six ou sept pouces de longueur, sur quatre ou cinq de largeur. Voilà donc une espèce de tortue d'eau douce ou de marais, dont la queue est garnie d'une callosité. Nous remarquerons un caractère presque semblable dans plusieurs tortues grecques ou tortues terrestres proprement dites, et particulièrement dans celles qui ont atteint leur entier développement.

La Jaune.

Nous avons vu vivants plusieurs individus de cette espèce de tortue d'eau douce, qui n'a encore été décrite par aucun des naturalistes dont les ouvrages sont le plus répandus. On les avait fait venir d'Amérique dans des baquets remplis d'eau, pour les employer dans divers remèdes. Cette jolie tortue parvient ordinairement à une grandeur double de celle des tortues bourbeuses. Une carapace qui avait appartenu à un individu de cette espèce, et qui fait partie de la collection du Roi, a sept pouces neuf lignes de longueur. La tortue jaune est agréablement peinte d'un vert d'herbe un peu foncé, et d'un jaune qui imite la couleur de l'or. Ces couleurs règnent non-seulement sur sa carapace, mais encore sur sa tête, ses pattes, sa queue et tout son corps. Le fond de la couleur est vert, et c'est sur ce fond agréable que sont distribuées un très-grand nombre de très-petites taches d'un beau jaune, placées fort près les unes des autres, se touchant en quelques endroits, imitant ailleurs des rayons par leur disposition, et formant partout un mélange très-doux à la vue. Le disque est ordinairement recouvert de treize lames, et les bords de la carapace le sont de vingt-cinq. Le plastron est garni de douze lames, et la partie postérieure de cette couverture est terminée par une ligne droite, comme dans la bourbeuse, avec laquelle la jaune a beaucoup de rapports. La forme générale de la tête est agréable; les pattes sont déliées, les doigts un peu réunis par une membrane, et armés chacun d'un ongle long, aigu et crochu. La queue est menue, et presque aussi longue que la moitié de la carapace : lorsque la tortue marche, elle la porte droite et étendue comme la bourbeuse. Elle se meut avec moins de lenteur que les tortues de terre, et elle est aussi agréable à voir par la nature de ses mouvements que par la beauté de ses couleurs. Un individu de cette espèce a été envoyé au Cabinet du Roi, sous le nom de *tortue terrestre*. Ce qui a pu induire en erreur, c'est que toutes les tortues d'eau douce passent une très-grande partie de l'année à terre, ainsi que nous l'avons dit de la bourbeuse. On ne la rencontre pas seulement en Amérique, on la trouve encore dans l'île de l'Ascension, d'où il est arrivé un individu de cette espèce au Cabinet du Roi. Elle habite aussi dans les eaux douces de l'Europe, et n'y varie que par ses couleurs, qui sont quelquefois moins vives.

La Molle.

Cette tortue est la plus grande des tortues d'eau douce : sa taille approche de celle des petites tortues marines. M. Pennant est le premier qui en ait parlé; il avait reçu cet animal de la Caroline méridionale. Le docteur Garden, à qui on avait apporté deux individus de cette espèce, en avait envoyé un à M. Ellis, et l'autre à M. Pennant. Cette tortue se trouve dans les rivières du sud de la Caroline; on l'y appelle *tortue à écailles molles*, mais comme elle n'a point d'écailles proprement dites, nous avons préféré l'appeler simplement *la molle*. Elle habite en grand nombre dans les rivières de Savannah et d'Alatamaha, et l'on avait dit à M. Garden qu'elle était aussi très-commune dans la Floride orientale. Elle parvient à une grandeur considérable, et pèse quelquefois jusqu'à soixante-dix livres. Une de celles que M. Garden avait chez lui pesait vingt-cinq à trente livres. Ce naturaliste la garda près de trois mois, pendant lesquels il ne s'aperçut pas qu'elle eût rien mangé d'un grand nombre de choses qu'on lui avait présentées.

La carapace de cet individu avait vingt pouces de long et quatorze de large; la couleur générale en était d'un brun foncé, avec une teinte verdâtre : le milieu de cette couverture supérieure était dur, fort et osseux; mais les bords, et particulièrement la partie postérieure, étaient cartilagineux, mous, pliants, ressemblant à un cuir tanné, cédant aux impressions dans tous les sens, mais cependant assez épais et assez forts pour défendre et garantir l'animal. Cette carapace était couverte vers la queue de petites élévations unies et oblongues, et vers la tête d'élévations un peu plus grandes.

Le plastron était d'une belle couleur blanchâtre; il était plus avancé de deux à trois pouces que la carapace, de telle sorte que lorsque l'animal retirait sa tête, il pouvait la reposer sur la partie antérieure, qui était pliante et cartilagineuse. La partie postérieure du plastron était dure, osseuse, relevée et conformée de manière à représenter, selon M. Garden, une *selle de cheval*.

La tête était un peu triangulaire et petite relativement à la grandeur de l'animal; elle s'élargissait du côté du cou, qui était épais, long de treize pouces et demi, et que la tortue pouvait retirer facilement sous la carapace.

Les yeux étaient placés dans la partie antérieure et supérieure de la tête, assez près l'un de l'autre; les paupières étaient grandes et mobiles; la prunelle était petite, et l'iris, entièrement rond et d'un jaune très-brillant, faisait paraître les yeux très-vifs. Cette tortue avait une membrane clignotante qui se fermait lorsqu'elle éprouvait quelque crainte ou qu'elle s'endormait.

La bouche était située dans la partie inférieure de la tête, ainsi que dans les autres tortues ; chaque mâchoire était d'un seul os : mais un des caractères les plus particuliers à cette tortue était la forme et la position de ses narines. Le dessus de la mâchoire supérieure se terminait par une production cartilagineuse un peu cylindrique, longue au moins de trois quarts de pouce, ressemblant au groin d'une taupe, mais tendre, menue et un peu transparente. A l'extrémité de cette production étaient placées les ouvertures des narines, qui s'ouvraient aussi dans le palais.

Les pattes étaient épaisses et fortes. Celles de devant avaient cinq doigts, dont les trois premiers étaient plus forts, plus courts que les deux autres, et garnis d'ongles crochus ; à la suite du cinquième doigt étaient deux espèces de faux doigts qui servaient à étendre une assez grande membrane qui les réunissait tous. Les pattes de derrière étaient conformées de même, excepté qu'il n'y avait qu'un faux doigt au lieu de deux : elles étaient, ainsi que celles de devant, recouvertes d'une peau ridée d'une couleur verdâtre et sombre. La tortue molle a beaucoup de force ; et comme elle est farouche, il arrive souvent que, lorsqu'elle est attaquée, elle se lève sur ses pattes, s'élance avec furie contre son ennemi, et le mord avec violence.

La queue de l'individu apporté à M. Garden était grosse, large et courte. Cette tortue était femelle ; elle pondit quinze œufs, et on en trouva à peu près un pareil nombre dans son corps lorsqu'elle fut morte. Ces œufs étaient parfaitement ronds, et à peu près d'un pouce de diamètre.

La tortue molle est très-bonne à manger, et l'on dit même que sa chair est plus délicate que celle de la tortue franche.

Nous présumons qu'à mesure que l'on connaîtra mieux les animaux du nouveau continent, on retrouvera, dans plusieurs rivières de l'Amérique, tant septentrionale que méridionale, la tortue molle que l'on a vue dans celles de la Caroline et de la Floride. Pendant que M. le chevalier de

Widerspach, correspondant du Cabinet du Roi, était sur les bords de l'Oyapok dans l'Amérique méridionale, ses nègres lui apportèrent la tête et plusieurs autres parties d'une tortue d'eau douce qu'ils venaient de dépecer, et qu'il a cru reconnaître depuis dans la tortue molle dont M. Pennant a publié la description.

La Grecque,

ou la Tortue de terre commune[1].

On nomme ainsi la tortue terrestre la plus commune dans la Grèce et dans plusieurs contrées tempérées de l'Europe. On l'a, pendant très-longtemps, appelée simplement *tortue terrestre;* mais comme cette épithète ne désigne que la nature de son habitation, qui est la même que celle de plusieurs autres espèces, nous avons préféré la dénomination adoptée par les naturalistes modernes. On la rencontre dans les bois et sur les terres élevées : il n'est personne qui ne l'ait vue ou qui ne la connaisse de nom. Depuis les anciens jusqu'à nous, tout le monde a parlé de sa lenteur; le philosophe s'en est servi dans ses raisonnements, le poète dans ses images, le peuple dans ses proverbes. La tortue grecque peut en effet passer pour un des plus lents des quadrupèdes ovipares; elle emploie beaucoup de temps pour parcourir le plus petit espace : mais si elle ne s'avance que lentement, les mouvements des diverses parties de son corps sont quelquefois assez agiles; nous lui avons vu remuer la tête, les pattes et la queue avec un peu de vivacité. Et même ne pourrait-on pas dire que la pesanteur de son bouclier, la lourdeur du poids dont elle est chargée, et la position de ses pattes, placées trop à côté du corps et trop écartées les unes des autres, produisent presque seules la lenteur de sa marche? Elle a en effet le sang aussi chaud que plusieurs quadrupèdes ovipares qui

[1] En Languedoc, *tortuga dé garriga;* en japonais, *eleame.*

s'élancent avec promptitude jusqu'au sommet des arbres les plus élevés; et quoique ses doigts ne soient pas séparés comme ceux des lézards qui courent avec vitesse, ils ne sont cependant pas conformés de manière à lui interdire une marche facile et prompte.

Les tortues grecques ressemblent, à beaucoup d'égards, aux tortues d'eau douce. Leur taille varie beaucoup, suivant leur âge et les pays qu'elles habitent. Il paraît que celles qui vivent sur les montagnes sont plus grandes que les tortues de plaine. Celle que nous avons décrite vivante, et que nous avons mesurée en suivant la courbure de la carapace, avait près de quatorze pouces de longueur totale, sur près de dix de largeur. La tête avait un pouce dix lignes de long, sur un pouce deux lignes de largeur et un pouce d'épaisseur; le dessus en était aplati et triangulaire. Les yeux étaient garnis d'une membrane clignotante; la paupière inférieure était seule mobile, ainsi que l'a dit Pline, qui a appliqué faussement aux crocodiles et aux quadrupèdes ovipares en général cette conformation que nous avons observée dans la tortue grecque. Les mâchoires étaient très-fortes et crénelées, et l'intérieur en était garni d'aspérités que l'on a prises faussement pour des dents ; la peau recouvrait les trous auditifs. La queue était très-courte; elle n'avait que deux pouces de longueur. Les pattes de devant avaient trois pouces six lignes jusqu'à l'extrémité des doigts, et celles de derrière deux pouces six lignes. Une peau grenue et des écailles inégales, dures, et d'une couleur plus ou moins brune, couvraient la tête, les pattes et la queue; quelques-unes de ces écailles qui garnissaient l'extrémité des pattes étaient assez grandes, assez détachées de la peau et assez aiguës pour être confondues, au premier coup d'œil, avec des ongles. Les doigts étaient ramassés, et comme ils étaient réunis et recouverts par une membrane, on ne pouvait les distinguer que par les ongles qui les terminaient.

Les ongles des tortues grecques sont communément plus émoussés que ceux des tortues d'eau douce, parce que la grecque les use par un frottement plus continuel et par une pression plus forte. Lorsqu'elle marche, elle frotte les ongles des pieds de devant séparément, et l'un après l'autre, contre le terrain; en sorte que, lorsqu'elle pose un des pieds de devant à terre, elle appuie d'abord sur l'ongle intérieur, ensuite sur celui qui vient après, et ainsi sur tous successivement jusqu'à l'ongle extérieur : son pied fait, en quelque sorte, par là l'effet d'une roue, comme si la tortue cherchait à élever très-peu ses pattes, et à s'avancer par une suite de petits pas successifs, pour éprouver moins de résistance de la part du poids qu'elle traîne. Treize lames, striées dans leur contour, recouvrent la carapace : les bords sont garnis de vingt-quatre lames, toutes, et surtout celles de derrière, beaucoup plus grandes en proportion que dans la plupart des autres espèces de tortues; et, par la manière dont elles sont placées les unes relativement aux autres, elles font paraître dentelée la circonférence de la couverture supérieure. Le plastron est ordinairement revêtu de douze ou treize lames : il y en avait treize dans celle que nous avons décrite. Les lames qui recouvrent la carapace sont marbrées de deux couleurs, l'une plus ou moins foncée, et l'autre blanchâtre.

La couverture supérieure de la grecque est très-bombée : l'individu que nous avons décrit avait quatre pouces trois lignes d'épaisseur; et c'est ce qui fait que, lorsqu'elle est renversée sur le dos, elle peut reprendre sa première situation, et ne pas rester en proie à ses ennemis, comme les tortues franches. Ce n'est pas seulement à l'aide de ses pattes qu'elle s'efforce de se retourner; elle ne peut pas assez les écarter pour atteindre jusqu'à terre : elle se sert uniquement de sa tête et de son cou, avec lesquels elle s'appuie fortement contre le terrain, cherchant, pour ainsi dire, à se soulever, et se balançant à droite et à gauche, jusqu'à ce qu'elle ait trouvé le côté du terrain qui est le plus incliné, qui lui oppose le moins de résistance. Alors, au lieu de faire des efforts dans les deux sens, elle ne cherche plus qu'à se renverser du côté favorable, et à se retourner assez pour rencontrer la terre avec ses pattes, et se remettre entièrement sur ses pieds. Il paraît qu'on peut distinguer les mâles d'avec les femelles, en ce que celles-ci ont leur plastron presque plat, au lieu que les mâles l'ont plus ou moins concave.

L'élément dans lequel vivent les tortues de mer, et les tortues d'eau douce rend leur charge plus légère; car tout le monde sait qu'un corps plongé dans l'eau perd toujours de son poids : mais celle des tortues de terre n'est pas ainsi diminuée. Le fardeau que la grecque supporte est donc une preuve de la force dont elle jouit : cette force est d'ailleurs confirmée par la grande facilité avec laquelle elle brise dans sa gueule des corps très-durs. Ses mâchoires sont mues par des muscles si vivaces, que l'on a remarqué dans une petite tortue dont la tête avait été coupée une demi-heure auparavant , qu'elles claquaient encore avec un bruit assez sensible; et, dès le temps d'Aristote, on regardait la tortue comme l'animal qui avait en proportion le plus de force dans les mâchoires.

Mais ce fait n'est pas le seul phénomène remarquable que les tortues grecques présentent relativement à la difficulté que l'on éprouve lorsqu'on veut ôter la vie aux quadrupèdes ovipares. François Redi a fait à ce sujet, en Toscane, des expériences dont nous allons rapporter les principaux résultats. Il prit une tortue grecque au commencement du mois de novembre; il fit une large ouverture dans le crâne, et en enleva la cervelle, sans en laisser aucune portion dans la cavité qui la contenait, et qu'il nettoya, pour ainsi dire, avec soin. Dès le moment que la cervelle fut enlevée, les yeux de la tortue se fermèrent pour ne plus se rouvrir : mais l'animal ayant été mis en liberté, continua de se mouvoir et de marcher comme s'il n'avait reçu aucun mal; à la vérité, il ne s'avançait, en quelque sorte, qu'en tâtonnant, parce qu'il ne voyait plus. Après trois jours, une nouvelle peau couvrit l'ouverture du crâne, et la tortue vécut ainsi, en exécutant tous ses mouvements ordinaires, jusqu'au milieu du mois de mai, c'est-à-dire à peu près pendant six mois. Lorsqu'elle fut morte, Redi examina la cavité du crâne d'où il avait ôté la cervelle, et il n'y trouva qu'un petit grumeau de sang sec et noir. Il répéta cette expérience sur plusieurs tortues tant terrestres que d'eau douce et même de mer; et tous ces divers animaux vécurent sans cervelle pendant un nombre de jours plus ou moins considérable. Redi coupa ensuite la tête à une grosse tortue grecque; et après que tout le sang qui pouvait s'écouler des veines du cou se fût épanché, la tortue continua de vivre pendant plusieurs jours; ce dont il fut facile de s'apercevoir par les mouvements qu'elle se donnait, et la manière dont elle remuait les pattes de devant et celles de derrière. Ce grand phycisien coupa aussi la tête à quatre autres tortues; et les ayant ouvertes douze jours après cette opération, il trouva que leur cœur palpitait encore; que le sang qui restait à l'animal y entrait et en sortait, et par conséquent que la tortue était encore en vie. Ces expériences, qui ont été depuis répétées par plusieurs physiciens, ne prouvent-elles pas ce que nous avons déjà dit de la nature des quadrupèdes ovipares[1]?

La tortue grecque se nourrit d'herbes, de fruits et même de vers, de limaçons et d'insectes : mais comme elle n'a pas l'habitude d'attaquer des animaux qui aient du sang, et de manger des poissons comme la bourbeuse que l'on trouve dans les fleuves et dans les marais, où la grecque ne va point, les mœurs de cette tortue de terre sont assez douces; elle est aussi paisible que sa démarche est lente; et la tranquillité de ses habitudes en fait aisément un animal domestique, que l'on peut nourrir avec du son et de la farine, et que l'on voit avec plaisir dans les jardins, où elle détruit les insectes nuisibles.

Comme les autres tortues et tous les quadrupèdes ovipares, elle peut se passer de manger pendant très-longtemps. Gérard Blasius garda chez lui une tortue de terre, qui, pendant dix mois, ne prit absolument aucune espèce de nourriture ni de boisson. Elle mourut au bout de ce temps; mais elle ne périt pas faute d'aliments, puisqu'on trouva ses intestins encore remplis d'excréments, les uns noirâtres et les autres verts et jaunes : elle succomba seulement à la rigueur du froid.

Les tortues grecques vivent très-longtemps. M. François Cetti en a vu une en Sardaigne qui pesait quatre livres, et qui vivait depuis soixante ans dans une maison, où on la regardait comme un vieux domestique. Aux latitudes un peu éle-

[1] Voyez, à la tête de ce volume, le *Discours sur la nature des quadrupèdes ovipares.*

vées, les grecques passent l'hiver dans des trous souterrains, qu'elles creusent même quelquefois, et où elles sont plus ou moins engourdies, suivant la rigueur de la saison. Elles se cachent ainsi en Sardaigne vers la fin de novembre.

Le temps de la ponte des tortues grecques varie avec la chaleur des contrées où on les trouve. En Sardaigne, c'est vers la fin de juin qu'elles pondent leurs œufs; ils sont au nombre de quatre ou cinq, et blancs comme ceux de pigeon. La femelle les dépose dans un trou qu'elle a creusé avec ses pattes de devant et elle les recouvre de terre. La chaleur du soleil fait éclore les jeunes tortues, qui sortent de l'œuf dès le commencement de septembre, n'étant pas encore plus grosses qu'*une coque de noix*.

La tortue grecque ne va presque jamais à l'eau; cependant elle est conformée à l'intérieur comme les tortues de mer[1] : si elle n'est point amphibie de fait et par ses mœurs, elle l'est donc jusqu'à un certain point par son organisation.

On trouve la tortue grecque dans presque toutes les régions chaudes et même tempérées de l'ancien continent, dans l'Europe méridionale, en Macédoine, en Grèce, à Amboine, dans l'île de Ceylan, dans les Indes, au Japon, dans l'île de Bourbon, dans celle de l'Ascension, dans les déserts de l'Afrique. C'est surtout en Libye et dans les Indes que la chair de la tortue de terre est plus délicate et plus saine que celle de plusieurs autres tortues; et l'on ne voit pas pourquoi il a pu être défendu aux Grecs modernes et aux Turcs de s'en nourrir.

Ce n'est que d'après des observations qui manquent encore, que l'on pourra déterminer si les tortues terrestres de l'Amérique méridionale sont différentes de la grecque, si elles y sont naturelles, ou si elles y ont été portées d'ailleurs. Dans cette même partie du monde, où elles sont très-communes, on les prend avec des chiens dressés à les chasser. Ils les découvrent à la piste; et lorsqu'ils les ont trouvées, ils aboient jus-

[1] Gérard Blasius, en disséquant une tortue de terre, trouva son péricarde rempli d'une quantité considérable d'eau limpide. Nous verrons dans l'article du crocodile, que le péricarde d'un alligator, disséqué par Sterne, était également rempli d'eau.

qu'à ce que les chasseurs soient arrivés. On les emporte en vie : elles peuvent peser de cinq à six livres et au delà. On les met dans un jardin ou dans une espèce de parc : on les y nourrit avec des herbes et des fruits, et elles y multiplient beaucoup. Leur chair, quoiqu'un peu coriace, est d'assez bon goût. Les petites tortues croissent pendant sept ou huit ans.

A l'égard de l'Amérique septentrionale et des îles qui l'avoisinent, il paraît que les tortues grecques s'y trouvent, avec quelques légères différences, dépendantes de la diversité du climat.

Leur grandeur, dans les contrées tempérées de l'Europe, est bien au-dessous de celle qu'elles peuvent acquérir dans les régions chaudes de l'Inde. On a apporté de la côte de Coromandel une tortue grecque qui était longue de quatre pieds et demi, depuis l'extrémité du museau jusqu'au bout de la queue et épaisse de quatorze pouces. La tête avait sept pouces de long sur cinq de large; le cerveau et le cervelet n'avaient en tout que seize lignes de longueur sur neuf de largeur; la langue, un pouce de longueur, quatre lignes de largeur, une ligne d'épaisseur; la couverture supérieure, trois pieds de long sur deux pieds de large. Cette tortue était mâle et avait le plastron concave. La vessie était d'une grandeur extraordinaire; on y trouva douze livres d'une urine claire et limpide.

La queue était très-grosse; elle avait six pouces de diamètre à son origine, et quatorze pouces de long. Après la mort de l'animal, elle était tellement inflexible, qu'il fut impossible de la redresser; ce qui doit faire croire que la tortue pouvait s'en servir pour frapper avec force. Elle était terminée par une pointe d'une substance dure comme de la corne, et assez semblable à celle que l'on remarque au bout de la queue de la tortue scorpion. Les grandes tortues de terre ont donc reçu, indépendamment de leurs boucliers, des armes offensives assez fortes : elles ont des mâchoires dures et tranchantes, une queue et des pattes qu'elles pourraient employer à attaquer; mais comme elles n'en abusent pas, et qu'il paraît qu'elles ne s'en servent que pour se défendre, rien ne contredit, et, au contraire, tout confirme la douceur des habitudes et la tranquillité des mœurs de la grecque.

L'on conserve au Cabinet du Roi la dépouille de deux tortues grecques qui étaient aussi très-grandes : la carapace de l'une a près de deux pieds cinq pouces de longueur, et la seconde, près de deux pieds quatre pouces. Nous avons remarqué au bout de la queue de la première une callosité semblable à celle de la tortue de Coromandel : nous ne croyons cependant pas que cette callosité soit un attribut de la grandeur dans les tortues grecques. Nous avons vu en effet une dureté semblable au bout d'une tortue vivante, qui était de taille ordinaire : à la vérité, comme elle différait des autres par la couleur verdâtre et assez claire de ses écailles, il pourrait se faire que cet individu, sur lequel nous n'avons pu recueillir aucun renseignement particulier, constituât une variété constante, dont la queue serait garnie d'une callosité beaucoup plus tôt que dans les tortues grecques ordinaires.

Le Cabinet du Roi renferme aussi une tête de tortue de terre apportée de l'île Rodrigue, et qui a près de cinq pouces de longueur.

La Géométrique.

Cette tortue terrestre a beaucoup de rapports avec la grecque. Ses doigts, bien loin d'être divisés, sont réunis par une peau couverte de petites écailles, de manière à n'être pas distingués les uns des autres et à ne former qu'une patte épaisse et arrondie, au devant de laquelle leurs extrémités sont seulement indiquées par les ongles : ces ongles sont au nombre de cinq dans les pieds de devant, et de quatre dans les pieds de derrière. D'assez grandes écailles recouvrent le bas des pattes; et comme elles n'y tiennent que par leur base, et qu'elles sont épaisses et quelquefois arrondies à leur sommet, on les prendrait pour des ongles attachés à divers endroits de la peau. L'individu que nous avons étudié avait dix pouces de long, huit pouces de large et près de quatre pouces d'épaisseur. La couverture supérieure de la tortue géométrique est des plus convexes. Les couleurs dont elle est variée la rendent très-agréable à la vue. Les lames qui revêtent les deux couvertures, et qui sont communément au nombre de treize sur le disque, de vingt-trois sur les bords de la carapace, et de douze sur le plastron, se relèvent en bosse dans leur milieu : elles sont fortement striées, séparées les unes des autres par des espèces de sillons assez profonds et la plupart hexagones. Leur couleur est noire; leur centre présente une tache jaune à six côtés, d'où partent plusieurs rayons de la même couleur. Elles montrent ainsi une sorte de réseau de couleur jaune, formé de lignes très-distinctes dessinées sur un fond noir, et ressemblant à des figures géométriques; et c'est de là qu'a été tiré le nom que l'on donne à l'animal. On trouve cette tortue en Asie, à Madagascar, dans l'île de l'Ascension, d'où elle a été envoyée au Cabinet du Roi, et au cap de Bonne-Espérance, où elle pond depuis douze jusqu'à quinze œufs. Plusieurs tortues géométriques diffèrent de celle que nous venons de décrire, par le nombre et la disposition des rayons jaunes que présentent les écailles, par l'élévation de ces mêmes pièces, par une couleur jaunâtre plus ou moins uniforme sur le plastron, et par le peu de saillie des lames qui garnissent cette couverture inférieure. Nous ignorons si ces variétés sont constantes, si elles dépendent du sexe ou du climat, etc. Quoi qu'il en soit, nous croyons devoir rapporter à quelqu'une de ces variétés, jusqu'à ce que de nouvelles observations fixent les idées à ce sujet, la tortue terrestre appelée *hécate* par Brown. Cette dernière est, suivant ce voyageur, naturelle au continent de l'Amérique, mais cependant très-commune à la Jamaïque, où on en porte fréquemment. Sa carapace est épaisse, et a souvent un pied et demi de long : la surface de cette couverture est divisée en hexagones oblongs; des lignes déliées partent de leurs circonférences et s'étendent jusqu'à leurs centres, qui sont jaunes.

Nous pensons aussi que cette hécate de Brown, ainsi que la géométrique, sont peut-être la même espèce que la *terrapène* de Dampier. Les *terrapènes* de ce navigateur sont beaucoup moins grosses que les tortues qu'il nomme *hécates*, et qui sont les terrapènes de Brown, ainsi que nous l'avons dit. Elles ont le dos plus rond, quoique d'ailleurs elles leur ressemblent beaucoup. Leur carapace est comme *naturellement taillée*, dit ce voyageur : elles aiment les lieux humides et marécageux. On estime leur chair. Il s'en trouve beaucoup sur les côtes de l'île des Pins, qui est entre le continent de l'Amérique et celle de Cuba : elles pénètrent dans les forêts, où les chasseurs ont peu de peine à les prendre. Ils les portent à leurs cabanes; et, après leur avoir fait une marque sur la carapace, ils les laissent aller dans les bois, bien assurés de les retrouver à si peu de distance, qu'après un mois de chasse chacun reconnaît les siennes, et les emporte à Cuba. Au reste, nous ne cesserons de le répéter, l'histoire des tortues demande encore un grand nombre d'observations pour être entièrement éclaircie; nous ne pouvons qu'indiquer les places vides, montrer la manière de les remplir, et fixer les points principaux autour desquels il sera aisé d'arranger ce qui reste à découvrir.

La Raboteuse.

Cette petite espèce de tortue est terrestre, suivant Seba. Son museau se termine en pointe. Les yeux, ainsi que dans les autres tortues, sont placés obliquement. La carapace est presque aussi large que longue; les bords en sont unis par devant et sur les côtés, mais inégalement dentelés sur le derrière. Les écailles qui les garnissent sont lisses et planes, excepté celles du dos, dont le milieu est rehaussé de manière à former une arête longitudinale : leur couleur est blanchâtre, traversée en divers sens par de très-petites bandes noirâtres qui la font paraître marbrée. Le plastron est festonné par devant : le milieu en était un peu concave dans l'individu que nous avons décrit, et qui avait près de trois pouces de long, depuis le bout du museau jusqu'à l'extrémité de la queue, sur près de deux pouces de largeur. Suivant Seba, la raboteuse ne devient jamais plus grande.

Cette tortue a cinq ongles aux pieds de devant, et quatre aux pieds de derrière, dont le cinquième doigt est sans ongle : la queue est courte. La couleur de la tête, des pattes et de la queue, ressemble beaucoup à celle de la carapace : elle est d'un blanc tirant sur le jaune, varié par des bandes et des taches brunes, mais plus larges en certains endroits, et surtout sur la tête, que celles que l'on voit sur la couverture supérieure. C'est dans les Indes orientales, et particulièrement à Amboine, qu'habite cette tortue, qui appartient aussi au Nouveau Monde, et y vit dans la Caroline.

La Dentelée.

Cette tortue n'est connue que par ce qu'en a rapporté M. Linné. Ses doigts, au nombre de cinq dans les pieds de devant, et de quatre dans ceux de derrière, ne sont pas séparés les uns des autres; ils se réunissent de manière à former une patte ramassée et arrondie, comme celles de beaucoup de tortues terrestres. La couverture supérieure a un peu la forme d'un cœur : son diamètre est ordinairement d'un ou deux pouces : les bords en sont dentelés, et comme déchirés. Les lames qui la recouvrent sont hexagones, relevées par des points saillants, et leur couleur est d'un blanc sale. On trouve cette tortue dans la Virginie.

La Bombée.

On rencontre dans les pays chauds, suivant M. Linné, cette tortue, qui doit être terrestre, et qui est distinguée des autres en ce que les doigts de ses pieds ne sont pas réunis par une membrane, que sa couverture supérieure est bombée, que les quatre lames antérieures qui garnissent le dos sont relevées en arête, et que le plastron ne présente aucune échancrure. Nous avons vu dans la collection de M. le chevalier de la Marck une carapace et un plastron de cette tortue. La carapace avait six pouces de long sur six pouces et demi de large. L'animal devait avoir deux pouces sept lignes d'épaisseur. Le disque était garni de treize lames légèrement striées, les bords de vingt-cinq, et le plastron de douze. La carapace était d'un brun verdâtre, sur lequel des raies jaunes s'étendaient en tout sens. Les couleurs de la *tortue jaune* sont presque semblables ; mais elles sont disposées par taches, et non pas par raies, comme celles de la bombée. Le plastron était jaunâtre.

La Vermillon.

Au cap de Bonne-Espérance habite une petite tortue de terre, que Worm a vue vivante, et qu'il a nourrie pendant quelque temps dans son jardin. Des marchands la lui avaient vendue comme venant des Grandes-Indes, où il se peut en effet qu'on la trouve. La couverture supérieure de cette petite et jolie tortue est à peine longue de quatre doigts : les lames en sont agréablement variées de noir, de blanc, de pourpre, de verdâtre et de jaune ; et lorsqu'elles s'exfolient, la carapace présente à leur place du jaune noirâtre. Le plastron est blanchâtre, et sur le sommet de la tête, dont on a comparé la forme à celle de la tête d'un perroquet, s'élève une protubérance d'une couleur de vermillon mêlé de jaune. C'est de ce dernier caractère, par lequel elle a quelque rapport avec la nasicorne, que nous avons tiré le nom que nous lui donnons. Les pieds de cette tortue sont garnis de quatre ongles et d'écailles très-dures ; les cuisses sont revêtues d'une peau qui ressemble à du cuir ; la queue est effilée et très-courte. La Nature a paré cette tortue avec soin ; elle lui a donné la beauté : mais, en la réduisant à un très-petit volume, elle lui a ôté presque tout l'avantage du bouclier naturel sous lequel elle peut se renfermer, car il paraît qu'on doit lui appliquer ce que rapporte Kolbe de la tortue de terre du cap de Bonne-Espérance. Suivant ce voyageur, les grands aigles de mer nommés *orfraies*, sont très-avides de la chair de la tortue. Malgré toute la force de leur bec et de leurs serres, ils ne pourraient briser sa dure enveloppe : mais ils l'enlèvent aisément ; ils l'emportent au plus haut des airs, d'où ils la laissent tomber à plusieurs reprises sur des rochers très-durs ; la hauteur de la chute et la très-grande vitesse qui en résulte produisent un choc violent, et la couverture de la tortue, bientôt brisée, livre en proie à l'aigle carnassier l'animal qu'elle aurait mis à couvert si un poids plus considérable avait résisté aux efforts de l'aigle pour l'élever dans les nues.

De tous les temps on a attribué le même instinct aux aigles de l'Europe pour parvenir à dévorer les tortues grecques, et tout le monde sait que les anciens se sont plu à raconter la mort singulière du fameux poëte Eschyle, qui fut tué, dit-on, par le choc d'une tortue qu'un aigle laissa tomber de très-haut sur sa tête nue.

La tortue vermillon n'habite pas seulement aux environs du cap de Bonne-Espérance; il paraît qu'on la rencontre aussi dans la partie septentrionale de l'Afrique. M. Edwards a décrit un individu de cette espèce qui lui avait été apporté de Santa-Cruz, dans la Barbarie occidentale.

La Courte-Queue.

On trouve à la Caroline cette tortue terrestre dont la tête et les pattes sont recouvertes d'écailles dures, semblables à des callosités. Les doigts sont réunis, elle a cinq ongles aux pieds de devant, et quatre à ceux de derrière. Un de ses caractères distinctifs est d'avoir la queue des plus courtes; mais elle n'est pas absolument sans queue, ainsi que l'a dit M. Linné. La couverture supérieure, échancrée par devant en forme de croissant, n'offre point de dentelures sur les bords, et les lames qui la garnissent sont larges, bordées de stries, et pointillées dans leur milieu. Il paraît que la courte-queue devient assez grande. On conserve au Cabinet du Roi une carapace de cette tortue; elle a dix pouces six lignes de long, et huit pouces dix lignes de large.

La Chagrinée.

Nous donnons ce nom à une nouvelle espèce de tortue apportée des Grandes-Indes au Cabinet du Roi par M. Sonnerat. Elle est très-remarquable par la conformation de sa carapace, qui ne ressemble à celle d'aucune tortue connue. Cette couverture supérieure a trois pouces neuf lignes de longueur sur trois pouces six lignes de largeur; elle paraît composée, pour ainsi dire, de deux carapaces placées l'une sur l'autre, et dont celle de dessus serait plus étroite et plus courte. Cette espèce de seconde carapace qui représente le disque est longue de deux pouces huit lignes; large de deux pouces, un peu saillante, osseuse, parsemée d'une grande quantité de petits points qui la font paraître *chagrinée*, et c'est de là que nous avons tiré le nom de l'animal. Ce disque est composé de vingt-trois pièces, qui ne sont recouvertes d'aucune écaille. Seize de ces pièces, plus larges que les autres, sont placées sur deux rangs séparés vers la tête par une troisième rangée de six pièces plus petites; et ces trois rangs se réunissent à une dernière pièce qui forme la partie antérieure du disque. Les bords de la carapace sont cartilagineux et à demi-transparents; ils laissent apercevoir les côtes de l'animal, le long desquelles cette partie cartilagineuse est un peu relevée, et qui sont au nombre de huit de chaque côté. Ces bords sont par derrière presque aussi larges que le disque.

Le plastron est plus avancé par devant et par derrière que la couverture supérieure; il est un peu échancré par devant, cartilagineux, transparent, et garni de sept plaques osseuses, chagrinées, semblables aux pièces du disque, différentes entre elles par leur grandeur et par leur figure, placées trois vers le devant, deux vers le milieu et deux vers le derrière du plastron.

La tête ressemble à celle des tortues d'eau douce; les rides de la peau qui environnent le cou montrent que l'animal peut l'allonger facilement. Comme nous n'avons rien appris relativement aux habitudes de cette tortue, et comme les pattes et la queue manquaient à l'individu que nous venons de décrire, nous ne pouvons point dire si la chagrinée est terrestre ou d'eau douce. Cependant, comme sa couverture supérieure n'est presque pas bombée, nous présumons que cette tortue singulière est plutôt d'eau douce que de terre.

La Roussâtre.

Cette nouvelle espèce de tortue a été apportée de l'Inde au Cabinet du Roi ainsi que la chagrinée, par M. Sonnerat. Sa carapace est aplatie, longue de cinq pouces six lignes, et large d'autant; le disque est recouvert de treize lames: les bords le sont de douze. Ces écailles sont minces, légèrement striées, unies dans le centre, d'une couleur roussâtre très-semblable à celle du marron; et c'est de là que nous avons tiré le nom que nous lui donnons. Le plastron est échancré par derrière et revêtu de treize lames. La tête est plus plate que celle de la plupart des autres tortues. Les cinq doigts des pieds de devant, ainsi que de ceux de derrière, sont garnis d'ongles longs et pointus. La queue manquait à l'individu apporté par M. Sonnerat; mais, quoique nous n'ayons pu juger de la forme de cette partie, nous présumons, d'après l'aplatissement de la carapace, et surtout d'après les ongles qui ne sont point émoussés, que la tortue roussâtre est plutôt d'eau douce que terrestre. L'individu que nous avons étudié était femelle : aussi son plastron était-il plat. Nous avons trouvé dans son intérieur plusieurs œufs d'une substance molle, ovales et longs d'un pouce.

La Noirâtre.

Nous nommons ainsi une tortue dont il n'est fait mention dans aucun des naturalistes et voyageurs dont les ouvrages sont le plus connus, et dont nous ne pouvons donner qu'une description incomplète, parce que nous n'en avons vu que la carapace et le plastron, conservés au Cabinet du Roi. Cette carapace a cinq pouces quatre lignes de long, sur à peu près autant de large; elle est un peu bombée, d'une couleur très-foncée et noirâtre. Le disque est recouvert de treize écailles épaisses, striées dans leur contour, et si polies dans tout le reste de leur surface, qu'elles paraissent onctueuses au toucher. Les cinq écailles de la rangée du milieu sont un peu relevées, de manière à former une arête longitudinale; les bords sont garnis de vingt-quatre lames; le plastron est échancré par derrière et revêtu de treize écailles. Nous ignorons si cette tortue est terrestre ou d'eau douce, et dans quels lieux on la trouve.

LES LÉZARDS.

Le genre des lézards est le plus nombreux de ceux qui forment l'ordre des quadrupèdes ovipares. Après avoir comparé les uns avec les autres les divers animaux qui le composent, tant d'après nos observations que d'après celles des voyageurs et des naturalistes, nous avons cru devoir en compter cinquante-six espèces, toutes différenciées par leurs habitudes naturelles et par des caractères extérieurs. On peut distinguer facilement les lézards des autres quadrupèdes ovipares, parce qu'ils ne sont pas couverts d'une carapace comme les tortues, et parce qu'ils ont une queue, tandis que les grenouilles, les raines et les crapauds n'en ont point. Leur corps est revêtu d'écailles plus ou moins fortes, ou de tubercules plus ou moins saillants. Leur grandeur varie depuis la longueur de deux ou trois pouces jusqu'à celle de vingt-six ou même trente pieds. La forme et la proportion de leur queue varient aussi : dans les uns, elle est aplatie ; dans les autres, elle est ronde. Dans quelques espèces, sa longueur égale trois fois celle du corps ; dans quelques autres, elle est très-courte : dans toutes, elle s'étend horizontalement, et est presque aussi grosse à son origine que l'extrémité du corps à laquelle elle est attachée.

Les pattes de derrière des lézards sont plus longues que celles de devant. Les uns ont cinq doigts à chaque pied, d'autres n'en ont que quatre ou même trois aux pieds de derrière ou à ceux de devant. Dans la plupart de ces animaux, les cinq doigts des pieds de derrière sont inégaux ; le troisième et le quatrième sont les plus longs, et l'extérieur est séparé des autres comme une espèce de pouce, tandis qu'au contraire, dans les quadrupèdes vivipares, le doigt qui représente le pouce est le doigt intérieur.

Les phalanges des doigts ne sont pas toujours au nombre de trois ou de deux, comme dans les vivipares, mais quelquefois au nombre de quatre, ainsi que dans plusieurs espèces d'oiseaux ; ce qui donne aux lézards plus de facilité pour saisir les branches des arbres sur lesquels ils grimpent.

Les habitudes de ces animaux sont aussi diversifiées que leur conformation extérieure : les uns passent leur vie dans l'eau ou sur les bords déserts des grands fleuves et des marais ; d'autres, bien loin de fuir les endroits habités, les choisissent de préférence pour leur demeure : ceux-ci vivent au milieu des bois, et y courent avec vitesse sur les rameaux les plus élevés ; ceux-là ont leurs côtés garnis de membranes en forme d'ailes, par le moyen desquelles ils franchissent avec facilité des espaces étendus, et réunissent ainsi à la faculté de nager et à celle de grimper aisément jusqu'au sommet des arbres, le pouvoir de s'élancer et de voler, pour ainsi dire, de branche en branche.

Pour mettre de l'ordre dans l'exposition de ce grand nombre d'espèces de lézards, nous avons cru devoir réunir celles qui se ressemblent le plus par leur grandeur, par leur conformation extérieure, et par leurs habitudes. Nous avons formé par là huit divisions dans ce genre. La première, qui renferme onze espèces, comprend les crocodiles, les fouette-queues, les dragonnes et les autres lézards qui ont tous la queue aplatie, et qui presque tous parviennent à une longueur de plusieurs pieds.

Dans la seconde division se trouvent les iguanes et d'autres lézards moins grands, mais qui cependant ont quelquefois quatre ou cinq pieds de longueur, et qui sont distingués d'avec les autres par des écailles relevées en forme de crêtes au-dessus de leur dos. Cette seconde division renferme cinq espèces.

Dans la troisième nous plaçons le lézard gris si commun dans nos contrées, le lézard vert que l'on trouve en très-grand nombre dans nos provinces méridionales, et cinq autres espèces de lézards, tous distingués des autres, en ce qu'ils n'ont point de crêtes sur le dos, que leur queue est ronde, et que le dessus de leur corps est revêtu d'écailles assez grandes, disposées en bandes transversales.

Ces bandes transversales manquent, ainsi que les crêtes, aux lézards de la quatrième division; ce défaut, joint à la rondeur de leur queue, suffit pour les faire reconnaître et ils forment vingt et une espèces, parmi lesquelles nous remarquerons principalement le caméléon, le scinque faussement appelé *crocodile terrestre*, etc.

Le gecko, la geckotte, et une troisième, et une nouvelle espèce de lézards, composent la cinquième division; et leur caractère distinctif est d'avoir le dessous des doigts garni de larges écailles, placées les unes sur les autres comme les ardoises qui couvrent les toits.

La sixième division comprend le seps et le chalcide, qui n'ont l'un et l'autre que trois doigts, tant aux pieds de devant qu'à ceux de derrière.

Les lézards de la septième division sont remarquables par les membranes en forme d'ailes dont nous venons de parler. Nous n'avons compté dans cette division qu'une seule espèce, à laquelle nous avons rapporté tous les lézards ailés décrits par les voyageurs; on en verra les raisons à l'article particulier du dragon.

La huitième division enfin comprend six espèces de lézards, parmi lesquelles nous rangeons la salamandre terrestre et la salamandre aquatique. Toutes les six sont distinguées des autres en ce qu'elles ont trois ou quatre doigts aux pieds de devant, et quatre ou cinq aux pieds de derrière. Nous laissons exclusivement à ces animaux le nom de *salamandre*, qui a été souvent attribué à plusieurs lézards, très-différents des vraies salamandres, et même très-différents les uns des autres. Ils ont beaucoup de rapports avec les grenouilles et les autres quadrupèdes ovipares qui n'ont pas de queue; ils leur ressemblent non-seulement par leur peau dénuée d'écailles apparentes, mais encore par leurs habitudes, par les espèces de métamorphoses qu'ils subissent avant de devenir adultes, et par le séjour plus ou moins long qu'ils font au milieu des eaux ; ils s'en rapprochent encore par leurs parties intérieures et par la forme et le nombre de leurs os. S'ils ont des vertèbres cervicales, de même que les autres lézards, ils manquent presque tous de côtes, comme les grenouilles, et ils font ainsi la nuance qui réunit les quadrupèdes ovipares qui ont une queue, avec ceux qui en sont privés. Presque tous les lézards n'ont que deux ou quatre vertèbres cervicales : mais le crocodile placé par sa grandeur et par sa puissance à la tête de ces animaux, et occupant, dans la chaîne qui les réunit, l'extrémité opposée à celle où se trouvent les salamandres, a sept vertèbres au cou, comme tous les quadrupèdes vivipares ; il lie par là les lézards avec ces animaux mieux organisés, pendant que, d'un autre côté, il les rapproche des tortues de mer par une grande partie de ses habitudes et de sa conformation.

PREMIÈRE DIVISION.

LÉZARDS

dont la queue est aplatie, et qui ont cinq doigts aux pieds de devant.

Les Crocodiles.

Lorsqu'on compare les relations des voyageurs, les observations des naturalistes, et les descriptions des nomenclateurs, pour déterminer si l'on doit compter plusieurs espèces de crocodiles, ou si les différences qu'on a remarquées dans les individus ne tiennent qu'à l'âge, au sexe et au climat, on rencontre beaucoup de contradictions, tant sur la forme que sur la couleur, la taille, les mœurs et l'habitation de ce grand quadrupède ovipare. Les voyageurs lui ont rapporté ce qui ne convenait qu'à d'autres grands lézards très-différents du crocodile par leur conformation et par leurs habitudes; ils lui en ont même donné les noms. Ils ont dit que le crocodile s'appelait tantôt *ligan*, tantôt *guan*, noms qui ne sont que des contractions de celui du lézard *iguane*. C'est d'après ces diversités de noms, de forme et de mœurs, qu'ils ont voulu regarder les crocodiles comme formant plusieurs espèces distinctes; mais tous les vrais crocodiles ont cinq doigts aux pieds de devant, quatre doigts palmés aux pieds de derrière, et n'ont d'ongles qu'aux trois doigts intérieurs de chaque pied. En examinant donc uniquement tous les grands lézards qui présentent ces caractères, et en observant attentivement les différences des divers individus, tant d'après les crocodiles que nous avons vus nous-même que d'après les descriptions des auteurs et les récits des voyageurs, nous avons cru ne devoir compter que trois espèces parmi ces énormes animaux.

La première est le crocodile ordinaire ou proprement dit, qui habite les bords du Nil; on l'appelle *alligator*, principalement en Afrique, et l'on pourrait le désigner par le nom de *crocodile vert*, qui lui a déjà été donné; la seconde est le crocodile noir, que M. Adanson a vu sur la grande rivière du Sénégal; et la troisième, le crocodile qui habite les bords du Gange, et auquel nous conservons le nom de *gavial*, qui lui a été donné dans l'Inde. Ces trois espèces se ressemblent par les caractères distinctifs des crocodiles que nous venons d'indiquer; mais elles diffèrent les unes des autres par d'autres caractères, que nous rapporterons dans leurs articles particuliers.

On a donné aux crocodiles d'Amérique le nom de *caïman*, que l'on a emprunté des Indiens. Nous en avons comparé avec soin plusieurs individus de différents âges avec des crocodiles du Nil, et nous avons pensé qu'ils sont absolument de la même espèce que ces crocodiles d'Egypte; ils ne présentent aucune différence remarquable qui ne puisse être rapportée à l'influence du climat. En effet, si leurs mâchoires sont quelquefois moins allongées, elles ne diffèrent jamais assez, par leur raccourcissement, de celles des crocodiles du Nil, pour que les caïmans constituent une espèce distincte, d'autant plus que cette différence est très-variable, et que les crocodiles d'Amérique ressemblent autant à ceux du Nil par le nombre de leurs dents qu'un individu ressemble à un autre parmi ces derniers crocodiles. On a prétendu que le cri des caïmans était plus faible, leur courage moins grand, et leur longueur moins considérable; mais cela n'est vrai tout au plus que des crocodiles de certaines contrées de l'Amérique, et particulièrement des côtes de la Guiane. Ceux de la Louisiane font entendre une sorte de mugissement pour le moins aussi fort que celui des crocodiles de l'ancien continent, qu'ils surpassent quelquefois par leur grandeur et par leur hardiesse, tandis que nous voyons d'un autre côté, dans l'ancien monde, plusieurs pays où les crocodiles sont presque muets, et présentent une sorte de lâcheté et de douceur de mœurs égales pour le moins à celles des crocodiles de la Guiane.

Les crocodiles du Nil et ceux d'Amérique ne forment donc qu'une espèce, dont la grandeur et les habitudes varient dans les deux continents, suivant la température, l'abondance de la nourriture, le plus ou moins d'humidité, etc. Cette première espèce est donc commune aux deux mondes, pendant que le crocodile noir n'a été encore vu qu'en Afrique, et le gavial sur les bords du Gange.

Les voyageurs qui sont allés sur les côtes orientales de l'Amérique méridionale disent que l'on y rencontre de grands quadrupèdes ovipares, qu'ils regardent comme une petite espèce de caïman, bien distincte de l'espèce ordinaire. Cette prétendue espèce de caïman est celle d'un grand lézard que l'on nomme *dragonne*, et qui parvient quelquefois à la longueur de cinq ou six pieds. Notre opinion à ce sujet a été confirmée par un fort bon observateur qui arrivait de la Guiane, à qui nous avons montré la dragonne, et qui l'a reconnue pour le lézard qu'on y appelle *la petite espèce de caïman.*

Le navigateur Dampier a aussi voulu regarder comme une nouvelle espèce de crocodiles, de très-grands lézards que l'on trouve dans la Nouvelle-Espagne, ainsi que dans d'autres contrées de l'Amérique, et auxquels les Espagnols ont donné également le nom de *caïman;* mais il nous paraît que les quadrupèdes ovipares, désignés par Dampier sous les noms de *crocodile* et de *caïman*, sont de l'espèce des grands lézards que l'on a nommés *fouette-queue*. Ils présentent en effet le caractère distinctif de ces derniers; lorsqu'ils courent, ils portent, suivant Dampier lui-même, leur queue retroussée et repliée par le bout en forme d'arc, tandis que les vrais crocodiles ont toujours la queue presque traînante.

D'ailleurs les vrais crocodiles ont, dans tous les pays, quatre glandes qui répandent une odeur de musc bien sensible. Les grands lézards que Dampier a voulu comprendre parmi ces animaux n'en ont point, suivant lui : nous avons donc une nouvelle preuve que ces lézards de Dampier ne forment pas une quatrième espèce de crocodiles.

Nous allons examiner de près les trois espèces que nous croyons devoir compter parmi ces lézards géants, en commençant par celle qui habite les bords du Nil, et qui est la plus anciennement connue.

Le Crocodile,

ou le Crocodile proprement dit [1].

La Nature, en accordant à l'aigle les hautes régions de l'atmosphère, en donnant au lion pour son domaine les vastes déserts des contrées ardentes, a abandonné au crocodile les rivages des mers et des grands fleuves des zones torrides. Cet animal énorme, vivant sur les confins de la terre et des eaux, étend sa puissance sur les habitants des mers et sur ceux que la terre nourrit. L'emportant en grandeur sur tous

[1] En latin, *crocodilus; alligator* sur les côtes d'Afrique; *diasik* par les nègres du Sénegal; *caïman* en Amérique; *takaie* par les Siamois; *lagartor* dans l'Inde, par les Portugais; *jacare* au Brésil; *kimbuta* dans l'île de Ceylan, selon Ray; *leviathan* de l'Ecriture, suivant Scheuchzer (*Physique de Job*); *champsan* en Égypte; *kimsck* en certaines provinces de la Turquie.

les animaux de son ordre, ne partageant sa substance ni avec le vautour, comme l'aigle, ni avec le tigre, comme le lion, il exerce une domination plus absolue que celle du lion et de l'aigle; et il jouit d'un empire d'autant plus durable, qu'appartenant à deux éléments, il peut échapper plus aisément aux piéges; qu'ayant moins de chaleur dans le sang il a moins besoin de réparer des forces qui s'épuisent moins vite, et que, pouvant résister plus longtemps à la faim, il livre moins souvent des combats hasardeux.

Il surpasse, par la longueur de son corps, et l'aigle et le lion, ces fiers rois de l'air et de la terre; et si l'on excepte les très-grands quadrupèdes, comme l'éléphant, l'hippopotame, etc., et quelques serpents démesurés, dans lesquels la Nature paraît se complaire à prodiguer la matière, il serait le plus grand des animaux, si, dans le fond des mers dont il habite les bords, cette Nature puissante n'avait placé d'immenses cétacées. Il est à remarquer qu'à mesure que les animaux sont destinés à fendre l'air avec rapidité, à marcher sur la terre, ou à cingler au milieu des eaux, ils sont doués d'une grandeur plus considérable. Les aigles et les vautours sont bien éloignés d'égaler en grandeur le tigre, le lion et le chameau : à mesure même que les quadrupèdes vivent plus près des rivages, il semble que leurs dimensions augmentent, comme dans l'éléphant et dans l'hippopotame, et cependant la plupart des animaux quadrupèdes dont le volume est le plus étendu sont moins grands que les crocodiles qui ont atteint le dernier degré de leur développement. On dirait que la Nature aurait eu de la peine à donner à de très-grands animaux des ressorts assez puissants pour les élever au milieu d'un élément aussi léger que l'air, et même pour les faire marcher sur la terre, et qu'elle n'a accordé un volume, pour ainsi dire, gigantesque, aux êtres vivants et animés, que lorsqu'ils ont dû fendre l'élément de l'eau, qui en leur cédant par sa fluidité, les a soutenus par sa pesanteur.

L'art de l'homme, qui n'est qu'une application des forces de la Nature, a été contraint de suivre la même progression : il n'a pu faire rouler sur la terre que des masses peu considérables; il n'en a élevé dans les airs que de moins grandes encore; et ce n'est que sur la surface des ondes qu'il a pu diriger des machines énormes[1].

Mais cependant comme le crocodile ne peut vivre que dans les climats très-chauds, et que les grandes baleines, etc., fréquentent de préférence, au contraire, les régions polaires, le crocodile ne le cède en grandeur qu'à un petit nombre des animaux qui habitent les mêmes pays que lui. C'est donc assez souvent sans trouble qu'il exerce son empire sur les quadrupèdes ovipares. Incapable de désirs très-ardents, il ne ressent pas la férocité[2]. S'il se nourrit de proie, s'il dévore les autres animaux, s'il attaque même quelquefois l'homme, ce n'est pas, comme on l'a dit du tigre, pour assouvir un appétit cruel, pour obéir à une soif de sang que rien ne peut étancher, mais uniquement pour satisfaire des besoins d'autant plus impérieux qu'il doit entretenir une masse plus considérable. Roi dans son domaine, comme l'aigle et le lion dans les leurs, il a, pour ainsi dire, leur noblesse en même temps que leur puissance. Les baleines, les premiers des cétacées auxquels nous venons de le comparer, ne détruisent également que pour se conserver ou se reproduire; et voilà donc les quatre grands dominateurs des eaux, des rivages, des déserts et de l'air, qui réunissent à la supériorité de la force une certaine douceur dans l'instinct, et laissent à des espèces inférieures, à des tyrans subalternes, la cruauté sans besoin.

La forme générale du crocodile est assez semblable, en grand, à celle des autres lézards. Mais si nous voulons saisir les caractères qui lui sont particuliers, nous trouverons que sa tête est allongée, aplatie et fortement ridée, le museau gros et un peu arrondi ; au-dessus est un espace rond, rempli d'une substance noirâtre, molle et spongieuse, où sont placées les ouvertures des narines; leur forme est celle d'un croissant, et leurs pointes sont tournées en arrière. La gueule

[1] Lacépède ne soupçonnait pas les prodiges qu'allait produire l'application de la vapeur à la locomotion, aussi bien sur terre que sur mer. (N. E.)

[2] Aristote est le premier naturaliste qui l'ait reconnu.

s'ouvre jusqu'au delà des oreilles. Les mâchoires ont quelquefois plusieurs pieds de longueur : l'inférieure est terminée de chaque côté par une ligne droite; mais la supérieure est comme festonnée; elle s'élargit vers le gosier de manière à déborder de chaque côté la mâchoire de dessous; elle se rétrécit ensuite, et la laisse dépasser jusqu'au museau, où elle s'élargit de nouveau, et enferme, pour ainsi dire, la mâchoire inférieure.

Il arrive de là que les dents placées aux endroits où une mâchoire déborde l'autre paraissent à l'extérieur comme des crochets ou des espèces de dents canines : telles sont les dix dents qui garnissent le devant de la mâchoire supérieure. Au contraire, les deux dents les plus antérieures de la mâchoire inférieure, non-seulement s'enfoncent dans la mâchoire de dessus lorsque la gueule est fermée, mais elles y pénètrent si avant, qu'elles la traversent en entier, et s'élèvent au-dessus du museau, où leurs pointes ont l'apparence de petites cornes; c'est ce que nous avons trouvé dans tous les individus d'une longueur un peu considérable que nous avons examinés. Cela est même très-sensible dans un jeune crocodile du Sénégal, de quatre pieds trois ou quatre pouces de long, que l'on conserve au Cabinet du Roi. Ce caractère remarquable n'a cependant été indiqué par personne, excepté par les mathématiciens jésuites que Louis XIV envoya dans l'Orient, et qui découvrirent un crocodile dans le royaume de Siam.

Les dents sont quelquefois au nombre de trente-six dans la mâchoire supérieure, et de trente dans la mâchoire inférieure; mais ce nombre doit souvent varier. Elles sont fortes, un peu creuses, striées, coniques, pointues, inégales en longueur, attachées par de grosses racines placées de chaque côté sur un seul rang, et un peu courbées en arrière, principalement celles qui sont vers le bout du museau. Leur disposition est telle, que, quand la gueule est fermée, elles passent les unes entre les autres : les pointes de plusieurs dents inférieures occupent alors des trous creusés dans les gencives de dessus, et réciproquement. MM. les académiciens qui disséquèrent un très-jeune crocodile amené en France en 1681, arrachèrent quelques dents, et en trouvèrent de très-petites, placées dans le fond des alvéoles; ce qui prouve que les premières dents du crocodile tombent, et sont remplacées par de nouvelles, comme les dents incisives de l'homme et de plusieurs quadrupèdes vivipares.

La mâchoire inférieure est la seule mobile dans le crocodile, ainsi que dans les autres quadrupèdes. Il suffit de jeter les yeux sur le squelette de ce grand lézard pour en être convaincu, malgré tout ce que l'on a écrit à ce sujet.

Dans la plupart des vivipares, la mâchoire inférieure, indépendamment du mouvement de haut en bas, a un mouvement de droite à gauche et de gauche à droite, nécessaire pour la trituration de la nourriture. Ce mouvement a été refusé au crocodile, qui d'ailleurs ne peut mâcher que difficilement sa proie, parce que les dents d'une mâchoire ne sont pas placées de manière à rencontrer celles de l'autre : mais elles retiennent ou déchirent avec force les animaux qu'il saisit, et qu'il avale le plus souvent sans les broyer; il a par là avec les poissons un trait de ressemblance, auquel s'ajoutent la conformation et la position des dents de plusieurs chiens de mer, assez semblables à celles du crocodile.

Les anciens, et même quelques modernes, ont pensé que le crocodile n'avait pas de langue : il en a une cependant fort large, et beaucoup plus considérable à proportion que celle du bœuf, mais qu'il ne peut pas allonger ni darder à l'extérieur, parce qu'elle est attachée aux deux bords de la mâchoire inférieure par une membrane qui la couvre. Cette membrane est percée de plusieurs trous, auxquels aboutissent des conduits qui partent des glandes de la langue.

Le crocodile n'a point de lèvres : aussi, lorsqu'il marche ou qu'il nage avec le plus de tranquillité, montre-t-il ses dents, comme par furie; et ce qui ajoute à l'air terrible que cette conformation lui donne, c'est que ses yeux étincelants, très-rapprochés l'un de l'autre, placés obliquement, et présentant une sorte de regard sinistre, sont garnis de deux paupières dures, toutes les deux mobiles[1], fortement ridées, sur-

[1] Pline a écrit que la paupière inférieure du crocodile était seule mobile; mais l'observation est contraire à cette opinion.

montées par un rebord dentelé, et, pour ainsi dire, par un sourcil menaçant. Cet aspect affreux n'a pas peu contribué, sans doute, à la réputation de cruauté insatiable que quelques voyageurs lui ont donnée. Ses yeux sont aussi, comme ceux des oiseaux, défendus par une membrane clignotante, qui ajoute à leur force.

Les oreilles, situées très-près et au-dessus des yeux, sont recouvertes par une peau fendue et un peu relevée, de manière à représenter deux paupières fermées ; et c'est ce qui a fait croire à quelques naturalistes que le crocodile n'avait point d'oreilles, parce que plusieurs autres lézards en ont l'ouverture plus sensible. La partie supérieure de la peau qui ferme les oreilles est mobile ; et lorsqu'elle est levée, elle laisse apercevoir la membrane du tambour. Certains voyageurs auront apparemment pensé que cette peau, relevée en forme de paupières, recouvrait des yeux; et voilà pourquoi l'on a écrit que l'on avait tué des crocrodiles à quatre yeux. Quelque peu proéminentes que soient ces oreilles, Hérodote dit que les habitants de Memphis attachaient des espèces de pendants à des crocodiles privés qu'ils nourrissaient.

Le cerveau des crocodiles est très-petit.

La queue est très-longue; elle est, à son origine, aussi grosse que le corps, dont elle paraît une prolongation : sa forme aplatie, et assez semblable à celle d'un aviron, donne au crocodile une grande facilité pour se gouverner dans l'eau, et frapper cet élément de manière à y nager avec vitesse. Indépendamment de ce secours, les doigts des pieds de derrière sont réunis par des membranes dont il peut se servir comme d'espèces de nageoires. Ces doigts sont au nombre de quatre; ceux des pieds de devant, au nombre de cinq : dans chaque pied, il n'y a que les trois doigts intérieurs qui soient garnis d'ongles, et la longueur de ces ongles est ordinairement d'un ou deux pouces.

La Nature a pourvu à la sûreté des crocodiles en les revêtant d'une armure presque impénétrable. Tout leur corps est couvert d'écailles, excepté le sommet de la tête, où la peau est collée immédiatement sur l'os; celles qui couvrent les flancs, les pattes et la plus grande partie du cou, sont presque rondes, de grandeurs différentes, et distribuées irrégulièrement; celles qui défendent le dos et le dessus de la queue sont carrées, et forment des bandes transversales. Il ne faut donc pas, pour blesser le crocodile, le frapper de derrière en avant, comme si les écailles se recouvraient les unes les autres, mais dans les jointures des bandes qui ne présentent que la peau. Plusieurs naturalistes ont écrit que le nombre de ces bandes variait suivant les individus. Nous les avons comptées avec soin sur sept crocodiles de différentes grandeurs, tant de l'Afrique que de l'Amérique : l'un avait treize pieds neuf pouces six lignes de long, depuis le bout du museau jusqu'à l'extrémité de la queue; le second, neuf pieds; le troisième et le quatrième, huit pieds; le cinquième, quatre; le sixième, deux; le septième était mort en sortant de l'œuf. Ils avaient tous le même nombre de bandes, excepté celui de deux pieds, qui paraissait, à la rigueur, en présenter une de plus que les autres.

Ces écailles carrées ont une très-grande dureté, et une flexibilité qui les empêche d'être cassantes : le milieu de ces lames présente une sorte de crête dure, qui ajoute souvent à leur solidité[1], et, le plus souvent, elles sont à l'épreuve de la balle. L'on voit sur le milieu du cou deux rangées transversales de ces écailles à tubercules, l'une de quatre pièces, et l'autre de deux; et de chaque côté de la queue s'étendent deux rangs d'autres tubercules, en forme de crêtes, qui la font paraître hérissée de pointes, et qui se réunissent à une certaine distance de son extrémité, de manière à n'y former qu'un seul rang. Les lames qui garnissent le ventre, le dessous de la tête, du cou, de la queue, des pieds, et la face intérieure des pattes, dont le bord extérieur est le plus souvent dentelé, forment également des bandes transversales; elles sont carrées et flexibles comme celles du dos, mais bien moins dures et sans crêtes. C'est par ces parties plus faibles

[1] Les crêtes voisines des flancs ne sont pas plus élevées que les autres, et ne peuvent point opposer une plus grande résistance à la balle, ainsi qu'on l'a écrit. Je m'en suis assuré par l'inspection de plusieurs crocodiles de divers pays.

que les cétacées et les poissons voraces attaquent le crocodile ; c'est par là que le dauphin lui donne la mort, ainsi que le rapporte Pline ; et lorsque le chien de mer, connu sous le nom de *poisson-scie*, lui livre un combat, qu'ils soutiennent tous deux avec furie, le poisson-scie, ne pouvant percer les écailles tuberculeuses qui revêtent le dessus du corps de son ennemi, plonge et le frappe au ventre.

La couleur des crocodiles tire sur le jaune verdâtre, plus ou moins nuancé d'un vert faible, par taches et par bandes; ce qui représente assez bien la couleur du bronze un peu rouillé. Le dessous du corps, de la queue et des pieds, ainsi que la face intérieure des pattes, sont d'un blanc jaunâtre. On a prétendu que le nom de ces grands animaux venait de la ressemblance de leur couleur avec celle du safran, en latin *crocus*, et en grec κροκος. On a écrit aussi qu'il venait de κροκος et de δειλος, qui signifie *timide*, parce qu'on a cru qu'ils avaient horreur du safran. Aristote paraît penser que les crocodiles sont noirs. Il y en a en effet de très-bruns sur la rivière du Sénégal, ainsi que nous l'avons dit; mais ce grand philosophe ne devait pas les connaître.

Les crocodiles ont quelquefois cinquante-neuf vertèbres, sept dans le cou, douze dans le dos, cinq dans les lombes, deux à la place de l'os sacrum, et trente-trois dans la queue : mais le nombre de ces vertèbres est variable. Leur œsophage est très-vaste et susceptible d'une grande dilatation. Ils ont deux glandes ou petites poches au-dessous des mâchoires et deux autres auprès de l'anus : ces quatre glandes contiennent une matière volatile qui leur donne une odeur de musc assez forte.

La taille des crocodiles varie suivant la température des diverses contrées dans lesquelles on les trouve. La longueur des plus grands ne passe guère vingt-cinq ou vingt-six pieds dans les climats qui leur conviennent le mieux; il paraît même que, dans certaines contrées qui leur sont moins favorables, comme les côtes de la Guiane, leur longueur ordinaire ne s'étend pas au delà de treize ou quatorze pieds[1]. Un individu de

[1] Quelques voyageurs ont attribué une grandeur plus considérable au cro-

cette longueur, dont la peau est conservée au Cabinet du Roi, a plus de quatre pieds de circonférence dans l'endroit le plus gros du corps; ce qui suppose une circonférence de huit à neuf pieds dans les plus grands crocodiles. Au reste, on pourra juger des proportions de ce grand quadrupède ovipare par la note suivante[2], qui présente les principales dimensions de l'individu dont nous venons de parler.

On a cru pendant longtemps que les crocodiles ne faisaient qu'une ponte : mais M. de la Borde nous apprend que, dans

codile. Barbot dit qu'il s'en est trouvé dans le Sénégal et dans la Gambie qui n'avaient pas moins de trente pieds de long. Suivant Smith, ceux de Sierra-Leona ont la même longueur. Jobson parle aussi d'un crocodile de trente-trois pieds de long; mais comme il n'avait mesuré que la trace que cet animal avait laissée sur le sable, son témoignage ne doit pas être compté.

On trouve, suivant Catesby, à la Jamaïque, et dans plusieurs endroits du continent de l'Amérique septentrionale, des crocodiles de plus de vingt pieds de long. On peut voir dans Gesner (liv. II, article du *Crocodile*) tout ce que les anciens ont écrit touchant la grandeur de cet animal, auquel quelques-uns d'eux ont attribue une longueur de vingt-six coudées.

Hasselquist dit, dans son *Voyage en Palestine*, p. 547, que les œufs de crocodile qu'il décrit avaient appartenu à une femelle de trente pieds.

	Pieds.	Pouces.	Lignes.
[2] Longueur totale	13	9	6
Longueur de la tête	2	3	»
Longueur depuis l'entre-deux des yeux jusqu'au bout du museau	1	6	6
Longueur de la mâchoire supérieure	1	10	»
Longueur de la partie de la mâchoire qui est armée de dents	1	7	»
Distance des deux yeux	»	2	»
Grand diamètre de l'œil	»	1	3
Circonférence du corps à l'endroit le plus gros	4	4	6
Largeur de la tête derrière les yeux	1	1	6
Largeur du museau à l'endroit le plus étroit	»	8	»
Longueur des pattes de devant jusqu'au bout des doigts	1	9	»
Longueur des pattes de derrière jusqu'au bout des doigts	2	2	3
Longueur de la queue	6	»	3
Circonférence de la queue à son origine	2	10	»

l'Amérique méridionale, la femelle fait deux et quelquefois trois pontes, éloignées l'une de l'autre de peu de jours; chaque ponte est de vingt à vingt-quatre œufs, et par conséquent il est possible que le crocodile en ponde en tout soixante-douze; ce qui se rapproche de l'assertion de M. Linné, qui a écrit que les œufs du crocodile étaient quelquefois au nombre de cent.

La femelle dépose ses œufs sur le sable le long des rivages qu'elle fréquente. Dans certaines contrées, comme aux environs de Cayenne et de Surinam, elle prépare, assez près des eaux qu'elle habite, un petit terrain élevé, et creux dans le milieu; elle y ramasse des feuilles et des débris de plantes, au milieu desquels elle fait sa ponte; elle recouvre ses œufs avec ces mêmes feuilles; il s'excite une sorte de fermentation dans ces végétaux, et c'est la chaleur qui en provient, jointe à celle de l'atmosphère, qui fait éclore les œufs. Le temps de la ponte commence, aux environs de Cayenne, en même temps que celui de la ponte des tortues, c'est-à-dire, dès le mois d'avril; mais il est plus prolongé. Ce qui est très-singulier, c'est que l'œuf d'où doit sortir un animal aussi grand que l'alligator n'est guère plus gros que l'œuf d'une poule d'Inde, suivant Catesby. Il y a au Cabinet du Roi un œuf d'un crocodile de quatorze pieds de longueur, tué dans la haute Égypte au moment où il venait de pondre : il est ovale et blanchâtre; sa coque est d'une substance crétacée, semblable à celle des œufs de poule, mais moins dure; la tunique intérieure qui touche à l'enveloppe crétacée est plus épaisse et plus forte que dans la plupart des œufs d'oiseaux. Le grand diamètre n'est que de deux pouces cinq lignes, et le petit diamètre d'un pouce onze lignes. J'en ai mesuré d'autres, pondus par des crocodiles d'Amérique, qui étaient plus allongés, et dont le grand diamètre était de trois pouces sept lignes, et le petit diamètre de deux pouces.

Les petits crocodiles sont repliés sur eux-mêmes dans leurs œufs; ils n'ont que six ou sept pouces de long lorsqu'ils brisent leur coque. On a observé que ce n'est pas toujours avec leur tête, mais quelquefois avec les tubercules de leur dos, qu'ils la cassent.

Les crocodiles ne couvent pas leurs œufs : on aurait dû le présumer d'après leur naturel, et l'on aurait dû, indépendamment du témoignage des voyageurs, refuser de croire ce que dit Pline du crocodile mâle, qui, suivant ce grand naturaliste, couve, ainsi que la femelle, les œufs qu'elle a pondus. La chaleur seule de l'atmosphère, ou celle d'une sorte de fermentation, fait éclore les œufs des crocodiles; les petits ne connaissent donc point de parents en naissant[1] : mais la Nature leur a donné assez de force dès les premiers moments de leur vie pour se passer de soins étrangers. Dès qu'ils sont éclos, ils courent d'eux-mêmes se jeter dans l'eau, où ils trouvent plus de sûreté et de nourriture. Tant qu'ils sont encore jeunes, ils sont cependant dévorés non-seulement par les poissons voraces, mais encore quelquefois par les vieux crocodiles, qui, tourmentés par la faim, font alors par besoin ce que d'autres animaux sanguinaires paraissent faire uniquement par cruauté.

On n'a point recueilli assez d'observations sur les crocodiles pour savoir précisément quelle est la durée de leur vie ; mais on peut conclure qu'elle est très-longue, d'après l'observation suivante, que M. le vicomte de Fontange, commandant pour le rôi dans l'île Saint-Domingue, a eu la bonté de me communiquer. M. de Fontange a pris à Saint-Domingue de jeunes crocodiles qu'il a vu sortir de l'œuf ; il les a nourris, et a essayé de les amener vivants en France : le froid qu'ils ont éprouvé dans la traversée les a fait périr. Ces animaux avaient déjà vingt-six mois, et ils n'avaient encore qu'à peu près vingt pouces de longueur. On devrait donc compter vingt-six mois d'âge pour chaque vingt pouces que l'on trouverait dans la longueur des grands crocodiles, si leur accroissement se faisait toujours suivant la même proportion; mais dans presque tous les animaux, le développement est plus considérable dans les premiers temps de leur vie. L'on peut donc croire qu'il faudrait supposer bien plus de vingt-six

[1] Cependant, suivant M. de la Borde, à Surinam la femelle du crocodile se tient toujours à une certaine distance de ses œufs, qu'elle garde, pour ainsi dire, et qu'elle défend avec une sorte de fureur lorsqu'on veut y toucher.

mois pour chaque vingt pouces de la longueur d'un crocodile. Ne comptons cependant que vingt-six mois, parce qu'on pourrait dire que, lorsque les animaux ne jouissent pas d'une liberté entière, leur accroissement est retardé, et nous trouverons qu'un crocodile de vingt-cinq pieds n'a pu atteindre à tout son développement qu'au bout de trente-deux ans et demi. Cette lenteur dans le développement du crocodile est confirmée par l'observation des missionnaires mathématiciens que Louis XIV envoya dans l'Orient, et qui, ayant gardé un très-jeune crocodile en vie pendant deux mois, remarquèrent que ses dimensions n'avaient pas augmenté pendant ce temps d'une manière sensible. Cette même lenteur a fait naître, sans doute, l'erreur d'Aristote et de Pline, qui pensaient que le crocodile croissait jusqu'à sa mort; et elle prouve combien la vie de cet animal peut être longue. Le crocodile habitant en effet au milieu des eaux, presque autant que les tortues marines, n'étant pas revêtu d'une croûte plus dure qu'une carapace, et croissant pendant bien plus de temps que la tortue franche, qui paraît être entièrement développée après vingt ans, ne doit-il pas vivre plus longtemps que cette grande tortue, qui cependant vit plus d'un siècle?

Le crocodile fréquente de préférence les rives des grands fleuves, dont les eaux surmontent souvent leurs bords, et qui, couvertes d'une vase limoneuse, offrent en plus grande abondance les testacées, les vers, les grenouilles, les lézards dont il se nourrit. Il se plaît surtout dans l'Amérique méridionale, au milieu des lacs marécageux et des savanes noyées. Catesby, dans son *Histoire naturelle de la Caroline*, nous représente les bords fangeux, baignés par les eaux salées, comme couverts de forêts épaisses d'arbres de banianes, parmi lesquels des crocodiles vont se cacher. Les plus petits s'enfoncent dans des buissons épais, où les plus grands ne peuvent pénétrer, et où ils sont à couvert de leurs dents meurtrières. Ces bois aquatiques sont remplis de poissons destructeurs et d'autres animaux qui se dévorent les uns les autres : on y rencontre aussi de grandes tortues; mais elles sont le plus souvent la proie de ces poissons carnassiers, qui, à leur tour, servent d'aliment aux crocodiles, plus puissants qu'eux tous.

Ces forêts noyées présentent les débris de cette sorte de carnage, et l'on y voit flotter des restes de carcasses d'animaux à demi-dévorés. C'est dans ces terrains fangeux que, couvert de boue et ressemblant à un arbre renversé, il attend immobile, et avec la patience que doit lui donner la froideur de son sang, le moment favorable de saisir sa proie. Sa couleur, sa forme allongée, son silence, trompent les poissons, les oiseaux de mer, les tortues, dont il est très-avide. Il s'élance aussi sur les béliers, les cochons et même sur les bœufs. Lorsqu'il nage, en suivant le cours de quelque grand fleuve, il arrive souvent qu'il n'élève au-dessus de l'eau que la partie supérieure de sa tête. Dans cette attitude, qui lui laisse la liberté des yeux, il cherche à surprendre les grands animaux qui s'approchent de l'une ou de l'autre rive; et lorsqu'il en voit quelqu'un qui vient pour y boire, il plonge, va jusqu'à lui en nageant entre deux eaux, le saisit par les jambes, et l'entraîne au large pour l'y noyer. Si la faim le presse, il dévore aussi les hommes, et particulièrement les Nègres, sur lesquels on a écrit qu'il se jette de préférence. Les très-grands crocodiles surtout, ayant besoin de plus d'aliments, pouvant être aperçus et évités plus facilement que les petits animaux, doivent éprouver plus souvent et plus violemment le tourment de la faim, et par conséquent être plus dangereux, principalement dans l'eau. C'est en effet dans cet élément que le crocodile jouit de toute sa force, et qu'il se remue avec agilité, malgré sa lourde masse, en faisant souvent entendre une espèce de murmure sourd et confus. S'il a de la peine à se tourner avec promptitude, à cause de la longueur de son corps, c'est toujours avec la plus grande vitesse qu'il fend l'eau devant lui pour se précipiter sur sa proie; il la renverse d'un coup de sa queue raboteuse, la saisit avec ses griffes, la déchire ou la partage en deux avec ses dents fortes et pointues, et l'engloutit dans une gueule énorme, qui s'ouvre jusqu'au delà des oreilles pour la recevoir. Lorsqu'il est à terre, il est plus embarrassé dans ses mouvements, et par conséquent moins à craindre pour les animaux qu'il poursuit : mais, quoique moins agile que dans l'eau, il avance très-vite quand le chemin est droit et le terrain uni; aussi, lorsqu'on veut lui échapper, doit-on se détourner sans cesse. On lit dans la *Description de la Nouvelle-Espagne*, qu'un voyageur anglais fut poursuivi avec tant de vitesse par un monstrueux crocodile sorti du lac de *Nicaragua*, que si les Espagnols qui l'accompagnaient ne lui eussent crié de quitter le chemin battu et de marcher en tournoyant, il aurait été la proïe de ce terrible animal. Dans l'Amérique méridionale, suivant M. de la Borde, les grands crocodiles sortent des fleuves plus rarement que les petits; l'eau des lacs qu'ils fréquentent venant quelquefois à s'évaporer, ils demeurent souvent pendant quelques mois à sec, sans pouvoir regagner aucune rivière, vivant de gibier, ou se passant de nourriture, et étant alors très-dangereux.

Il y a peu d'endroits peuplés de crocodiles un peu gros où l'on puisse tomber dans l'eau sans risquer de perdre la vie. Ils ont souvent, pendant la nuit, grimpé ou sauté dans des canots dans lesquels on était endormi, et ils en ont dévoré tous les passagers. Il faut veiller avec soin lorsqu'on se trouve le long des rivages habités par ces animaux. M. de la Borde en a vu se dresser contre les très-petits bâtiments. Au reste, en comparant les relations des voyageurs, il paraît que la voracité et la hardiesse des crocodiles augmentent, diminuent, et même passent entièrement, suivant le climat, la taille, l'âge, l'état de ces animaux, la nature et surtout l'abondance de leurs aliments. La faim peut quelquefois les forcer à se nourrir d'animaux de leur espèce, ainsi que nous l'avons dit; et lorsqu'un extrême besoin les domine, le plus faible devient la victime du plus fort. Mais d'après tout ce que nous avons exposé, l'on ne doit point penser, avec quelques naturalistes, que la femelle du crocodile conduit à l'eau ses petits lorsqu'ils sont éclos, et que le mâle et la femelle dévorent ceux qui ne peuvent pas se traîner. Nous avons vu que la chaleur du soleil ou de l'atmosphère faisait éclore leurs œufs, que les petits allaient d'eux-mêmes à la mer; et les crocodiles n'étant jamais cruels que pour assouvir une faim plus cruelle, ne doivent point être accusés de l'espèce de choix barbare qu'on leur a imputé.

Malgré la diversité des aliments que recherche le crocodile, la facilité que la lenteur de sa marche donne à plusieurs an - maux pour l'éviter le contraint quelquefois à demeurer beaucoup de temps et même plusieurs mois sans manger : il avale alors de petites pierres et de petits morceaux de bois capables d'empêcher ses intestins de se resserrer.

Il paraît, par les récits des voyageurs, que les crocodiles qui vivent près de l'équateur ne s'engourdissent dans aucun temps de l'année ; mais ceux qui habitent vers les tropiques, ou à des latitudes plus élevées, se retirent, lorsque le froid arrive, dans des antres profonds auprès des rivages, et y sont, pendant l'hiver, dans un état de torpeur. Pline a écrit que les crocodiles passaient quatre mois de l'hiver dans des cavernes et sans nourriture ; ce qui suppose que les crocodiles du Nil, qui étaient les mieux connus des anciens, s'engourdissaient pendant la saison du froid. En Amérique, à une latitude aussi élevée que celle de l'Égypte, et par conséquent sous une température moins chaude, le nouveau continent étant plus froid que l'ancien, les crocodiles sont engourdis pendant l'hiver. Ils sortent, dans la Caroline, de cet état de sommeil profond, en faisant entendre, dit Catesby, des mugissements horribles qui retentissent au loin. Les rivages habités par ces animaux peuvent être entourés d'échos qui réfléchissent les sons sourds formés par ces grands quadrupèdes ovipares et en augmentent la force de manière à justifier, jusqu'à un certain point, le récit de Catesby. D'ailleurs, M. de la Coudrenière dit, que dans la Louisiane, le cri de ces animaux n'est jamais répété plusieurs fois de suite, mais que leur voix est aussi forte que celle d'un taureau. Le capitaine Jobson assure aussi que les crocodiles, qui sont en grand nombre dans la rivière de Gambie en Afrique, et que les Nègres appellent *bumbos,* y poussent des cris que l'on entend de fort loin. Ce voyageur ajoute que l'on dirait que ces cris sortent du fond d'un puits ; ce qui suppose dans la voix du crocodile beaucoup de tons graves qui la rapprochent d'un mugissement bas et comme étouffé. Et enfin le témoignage de M. de la Borde, que nous avons déjà cité, vient encore ici à l'appui de l'assertion de Catesby.

Si le crocodile s'engourdit à de hautes latitudes, comme

les autres quadrupèdes ovipares, sa couverture écailleuse n'est point de nature à être altérée par le froid et la disette, ainsi que la peau du plus grand nombre de ces animaux, et il ne se dépouille pas comme ces derniers.

Dans tous les pays où l'homme n'est pas en assez grand nombre pour le contraindre à vivre dispersé, il va par troupes nombreuses. M. Adanson a vu, sur la grande rivière du Sénégal, des crocodiles, réunis au nombre de plus de deux cents, nageant ensemble la tête hors de l'eau et ressemblant à un grand nombre de troncs d'arbres, à une forêt que les flots entraîneraient. Mais cet attroupement des crocodiles n'est point le résultat d'un instinct heureux; ils ne se rassemblent pas, comme les castors, pour s'occuper en commun de travaux combinés; leurs talents ne sont pas augmentés par l'imitation, ni leurs forces par le concert; ils ne se recherchent pas, comme les phoques et les lamentins, par une sorte d'affection mutuelle : mais ils se réunissent parce que des appétits semblables les attirent dans les mêmes endroits. Cette habitude d'être ensemble est cependant une nouvelle preuve du peu de cruauté que l'on doit attribuer aux crocodiles; et ce qui confirme qu'ils ne sont pas féroces, c'est la flexibilité de leur naturel : on est parvenu à les apprivoiser. Dans l'île de Bouton, aux Moluques, on engraisse quelques-uns de ces animaux, devenus par là en quelque sorte domestiques, dans d'autres pays, on les nourrit par ostentation. Sur la côte des Esclaves, en Afrique, le roi de Saba a, par magnificence, deux étangs remplis de crocodiles. Dans la rivière de Rio-San-Domingo, également près des côtes occidentales de l'Afrique, où les habitants prennent soin de les nourrir, des enfants osent, dit-on, jouer avec ces monstrueux animaux. Les anciens connaissaient cette facilité avec laquelle le crocodile se laisse apprivoiser; Aristote a dit que, pour y parvenir, il suffisait de lui donner une nourriture abondante, dont le défaut seul peut le rendre très-dangereux[1].

[1] M. de la Borde a vu à Cayenne des caïmans conservés avec des tortues dans un bassin plein d'eau; ils y vivent longtemps sans faire même aucun mal aux tortues.

Mais si le crocodile n'a pas la cruauté des chiens de mer et de plusieurs autres animaux de proie, avec lesquels il a plusieurs rapports, et qui vivent comme lui au milieu des eaux, il n'a pas assez de chaleur intérieure pour avoir la fierté de leur courage : aussi Pline a-t-il écrit qu'il fuit devant ceux qui le poursuivent, qu'il se laisse même gouverner par les hommes assez hardis pour se jeter sur son dos, et qu'il n'est redoutable que pour ceux qui fuient devant lui[1]. Cela pourrait être vrai des crocodiles que Pline ne connaissait point, qui se trouvent dans certains endroits de l'Amérique, et qui, comme tous les autres grands animaux de ces contrées nouvelles où l'humidité l'emporte sur la chaleur, ont moins de courage et de force que les animaux qui les représentent dans les pays secs de l'ancien continent; et cette chaleur est si nécessaire aux crocodiles, que non-seulement ils vivent avec peine dans les climats très-tempérés, mais encore que leur grandeur diminue à mesure qu'ils habitent des latitudes élevées. On les rencontre cependant dans les deux mondes, à plusieurs degrés au-dessus des tropiques; l'on a même trouvé des pétrifications de crocodiles à plus de cinquante pieds sous terre dans les mines de Thuringue, ainsi qu'en Angleterre. Mais ce n'est pas ici le lieu d'examiner le rapport de ces ossements fossiles avec les révolutions qu'ont éprouvées les diverses parties du globe.

Quelque redoutable que paraisse le crocodile, les Nègres des environs du Sénégal osent l'attaquer pendant qu'il est endormi, et tâchent de le surprendre dans des endroits où il n'a pas assez d'eau pour nager; ils vont à lui audacieusement, le bras gauche enveloppé dans un cuir; ils l'attaquent à coups de lance ou de zagaie; ils le percent de plusieurs coups au gosier et dans les yeux; ils lui ouvrent la gueule, la tiennent sous l'eau et l'empêchent de se fermer, en plaçant

[1] On peut aussi voir dans Prosper Alpin ce qu'il raconte de la manière dont les paysans d'Egypte saisissaient un crocodile, lui liaient la gueule et les pattes, le portaient à des acheteurs, le faisaient marcher quelque temps devant eux après l'avoir délié, rattachaient ensuite ses pattes et sa gueule, l'égorgeaient pour le dépouiller, etc.

leur zagaie entre les mâchoires, jusqu'à ce que le crocodile soit suffoqué par l'eau qu'il avale en trop grande quantité.

En Egypte, on creuse sur les traces de cet animal démesuré un fossé profond, que l'on couvre de branchages et de terre; on effraie ensuite à grands cris le crocodile, qui, reprenant pour aller à la mer le chemin qu'il avait suivi pour s'écarter de ses bords, passe sur la fosse, y tombe, et y est assommé ou pris dans des filets. D'autres attachent une forte corde par une extrémité à un gros arbre; ils lient à l'autre bout un crochet et un agneau dont les cris attirent le crocodile, qui, en voulant enlever cet appât, se prend au crochet par la gueule; à mesure qu'il s'agite, le crochet pénètre plus avant dans la chair : on suit tous ses mouvements en lâchant la corde, et on attend qu'il soit mort pour le tirer du fond de l'eau.

Les sauvages de la Floride ont une autre manière de le prendre : ils se réunissent au nombre de dix ou douze; ils s'avancent au devant du crocodile qui cherche une proie sur le rivage : ils portent un arbre qu'ils ont coupé par le pied : le crocodile va à eux la gueule béante; mais en enfonçant leur arbre dans cette large gueule, ils l'ont bientôt renversé et mis à mort.

On dit aussi qu'il y a des gens assez hardis pour aller, en nageant jusque sous le crocodile, lui percer la peau du ventre, qui est presque le seul endroit où le fer puisse pénétrer.

Mais l'homme n'est pas le seul ennemi que le crocodile ait à craindre : les tigres en font leur proie; l'hippopotame le poursuit, et il est pour lui d'autant plus dangereux, qu'il peut le suivre avec acharnement jusqu'au fond de la mer. Les couguars, quoique plus faibles que les tigres, détruisent aussi un grand nombre de crocodiles. Ils attaquent les jeunes caïmans; ils les attendent en embuscade sur le bord des grands fleuves, les saisissent au moment qu'ils montrent la tête hors de l'eau, et les dévorent. Mais lorsqu'ils en rencontrent de gros et de forts, ils sont attaqués à leur tour; en vain ils enfoncent leurs griffes dans les yeux du crocodile, cet énorme lézard, plus vigoureux qu'eux, les entraîne au fond de l'eau.

Sans ce grand nombre d'ennemis, un animal aussi fécond

que le crocodile serait trop multiplié; tous les rivages des fleuves des zones torrides seraient infestés par ces animaux monstrueux, qui deviendraient bientôt féroces et cruels par l'impossibilité où ils seraient de trouver aisément leur nourriture. Puissants par leurs armes, plus puissants par leur multitude, ils auraient bientôt éloigné l'homme de ces terres fécondes et nouvelles que ce roi de la Nature a quelquefois bien de la peine à leur disputer : car comment résister à tout ce qui donne le pouvoir, à la grandeur, aux armes, à la force et au nombre? Prosper Alpin dit qu'en Egypte les plus grands crocodiles fuient le voisinage de l'homme, et se tiennent sur les rivages du Nil, au-dessus de Memphis. Mais, dans les pays moins peuplés, il ne doit pas en être de même : ils sont si abondants dans les grandes rivières de l'Amazone et d'Oyapok, dans la baie de Vincent-Pinçon, et dans les lacs qui y communiquent, qu'ils y gênent, par leur multitude, la navigation des pirogues; ils suivent ces légers bâtiments, sans cependant essayer de les renverser, et sans attaquer les hommes. Il est quelquefois aisé de les écarter à coups de rames, lorsqu'ils ne sont pas très-grands. Mais M. de la Borde raconte que, naviguant dans un canot le long des rivages orientaux de l'Amérique méridionale, il rencontra une douzaine de gros caïmans à l'embouchure d'une petite rivière dans laquelle il voulait entrer : il leur tira plusieurs coups de fusil sans qu'ils changeassent de place. Il fut tenté de faire passer son canot par-dessus ces animaux; il fut arrêté cependant par la crainte qu'ils ne fissent chavirer son petit bâtiment, et qu'ils ne le dévorassent lorsqu'il serait tombé dans l'eau. Il fut obligé d'attendre près de deux heures, après lesquelles les caïmans s'éloignèrent et lui laissèrent le passage libre.

Heureusement un grand nombre de crocodiles sont détruits avant d'éclore. Indépendamment des ennemis puissants dont nous avons déjà parlé, des animaux trop faibles pour ne pas fuir à l'aspect de ces grands lézards cherchent leurs œufs sur les rivages où ils les déposent : la mangouste, les singes, les sagouins, les sapajous, et plusieurs espèces d'oiseaux d'eau, s'en nourrissent avec avidité, et en cassent même un très-grand nombre, en quelque sorte pour le plaisir de se jouer.

Ces mêmes œufs, ainsi que la chair du crocodile, surtout celle de la queue et du bas-ventre, servent de nourriture aux Nègres de l'Afrique, ainsi qu'à certains peuples de l'Inde et de l'Amérique. Ils trouvent délicate et succulente cette chair qui est très-blanche; mais il paraît que presque tous les Européens qui ont voulu en manger ont été rebutés par l'odeur de musc dont elle est imprégnée. M. Adanson cependant dit qu'il goûta celle d'un jeune crocodile tué sous ses yeux, au Sénégal, et qu'il ne la trouva pas mauvaise. Au reste, la saveur de cette chair doit varier beaucoup suivant l'âge, la nourriture et l'état de l'animal.

On trouve quelquefois des bézoards dans le corps des crocodiles, ainsi que dans celui de plusieurs autres lézards. Seba avait dans sa collection plusieurs de ces bézoards qui lui avaient été envoyés d'Amboine et de Ceylan : les plus grands étaient gros comme un œuf de canard, mais un peu plus longs, et leur surface présentait des éminences de la grosseur des plus petits grains de poivre. Ces concrétions étaient composées, comme tous les bézoards, de couches, placées au-dessus les unes des autres; leur couleur était marbrée et d'un cendré obscur plus ou moins mêlé de blanc.

Les anciens Romains ont été longtemps sans connaître les crocodiles par eux-mêmes : ce n'est que cinquante-huit ans avant l'ère chrétienne que l'édile Scaurus en montra cinq au peuple. Auguste lui en fit voir un grand nombre vivants, contre lesquels il fit combattre des hommes. Héliogabale en nourrissait. Les tyrans du monde faisaient venir, à grands frais, de l'Afrique, des crocodiles, des tigres, des lions : ils s'empressaient de réunir autour d'eux ce que la terre paraît nourrir de plus féroce.

Les crocodiles étaient donc, pour les Romains et d'autres anciens peuples, des animaux très-redoutables. Ils venaient de loin : il n'est pas surprenant qu'on leur ait attribué des vertus extraordinaires. Il n'y a presque aucune partie dans les crocodiles à laquelle on n'ait attaché la vertu de guérir quelque maladie. Leurs dents, leurs écailles, leur chair, leurs intestins, tout en était merveilleux. On fit plus dans leur pays natal : ils y inspiraient une grande terreur; ils y répandaient quelquefois le ravage; la crainte dégrada la raison, on en fit des dieux, on leur donna des prêtres, la ville d'Arsinoé leur fut consacrée. On renfermait religieusement leurs cadavres dans de hautes pyramides, auprès des tombeaux des rois; et maintenant dans ce même pays où on les adorait il y a deux mille ans, on a mis leur tête à prix; et telle est la vicissitude des opinions humaines[1].

Le Crocodile noir.

SECONDE ESPÈCE.

CETTE seconde espèce diffère de la première en ce que sa couleur est presque noire, au lieu d'être verdâtre ou bronzée comme celle des crocodiles du Nil. C'est M. Adanson qui a fait connaître ces crocodiles noirs, qu'il a vus sur la grande rivière du Sénégal. Leurs mâchoires sont plus allongées que celle des alligators ou crocodiles proprement dits. Ils sont d'ailleurs plus carnassiers que ces derniers, et pourraient par conséquent en différer aussi par des caractères intérieurs, la diversité des mœurs étant très-souvent fondée sur celle de l'organisation interne. L'on ne peut pas dire qu'ils sont de la même espèce que le crocodile du Nil, qui aurait subi dans sa couleur et dans quelques parties de son corps l'influence du climat, puisque, suivant le même M. Adanson, la rivière du Sénégal nourrit aussi un grand nombre de crocodiles verts, entièrement semblables à ceux d'Égypte. Non-seulement on n'a point encore observé ces crocodiles noirs dans le nouveau monde, mais aucun voyageur n'en a parlé que M. Adanson, et ce savant naturaliste ne les a trouvés que sur le grand fleuve du Sénégal.

[1] L'histoire prouve que la variabilité des opinions humaines n'a pas été la cause du renversement de l'idolâtrie; il a fallu les lumières et les vertus héroïques du christianisme. L'idolâtrie persiste dans les pays où la foi chrétienne ne l'a pas remplacée. (N. E.)

Le Gavial,

ou le Crocodile à mâchoires allongées.

TROISIÈME ESPÈCE.

Cette troisième espèce de crocodile se trouve dans les grandes Indes : elle y habite les bords du Gange, où on l'a nommée *gavial*. Elle ressemble aux crocodiles du Nil par la couleur et par les caractères généraux et distinctifs des crocodiles. Le gavial a, comme les alligators, cinq doigts aux pieds de devant, et quatre doigts aux pieds de derrière; il n'a d'ongle qu'aux trois doigts intérieurs de chaque pied. Mais il diffère des crocodiles d'Égypte par des caractères particuliers et très-sensibles. Ses mâchoires sont plus allongées et beaucoup plus étroites, au point de paraître comme une sorte de long bec qui contraste avec la grosseur de la tête. Les dents ne sont pas inégales en grosseur et en longueur comme celles des crocodiles proprement dits ; elles sont plus nombreuses ; et l'on conserve au Cabinet du Roi un individu de cette espèce, qui a environ douze pieds de long, et qui a cinquante-huit dents à la mâchoire supérieure, et cinquante à la mâchoire inférieure.

Le nombre des bandes transversales et tuberculeuses qui garnissent le dessus du corps est plus considérable de plus d'un quart dans les crocodiles du Gange que dans l'alligator ; d'ailleurs elles se touchent toutes et les écailles carrées qui les composent sont plus relevées dans leurs bords, sans l'être autant dans leur centre, que celles du crocodile du Nil. Ces différences avec le crocodile proprement dit sont plus que suffisantes pour constituer une espèce distincte.

Les crocodiles du Gange parviennent à une grandeur très-considérable, ainsi que ceux du Nil. L'on peut voir au Cabinet du Roi une portion de mâchoire de ces crocodiles des grandes Indes, d'après laquelle nous avons trouvé que l'animal auquel elle a appartenu devait avoir trente pieds dix pouces de longueur[1]. Au reste, nous ne pouvons donner une idée plus nette de ces énormes animaux qu'en renvoyant à la note précédente, où nous rapportons les principales dimensions de l'individu de près de douze pieds, dont nous venons de parler.

C'est apparemment de cette espèce qu'étaient les crocodiles vus par Tavernier sur les bords du Gange, depuis *Toutipour* jusqu'au bourg d'*Acérat*, qui en est à vingt-cinq *cossés*. Ce voyageur aperçut un très-grand nombre de ces animaux couchés sur le sable; il tira sur eux : le coup donna dans la mâchoire d'un grand crocodile, et fit couler du sang; mais l'animal se retira dans le fleuve. Le lendemain, Tavernier, en continuant de descendre le Gange, en vit un aussi grand nombre, également étendus sur le rivage; il tira sur deux de ces animaux deux coups de fusil chargé à trois balles : au même instant ils se renversèrent sur le dos, ouvrirent la gueule et expirèrent.

Il paraît que le gavial n'était point inconnu des anciens, puisqu'au rapport d'Elien on disait de son temps que l'on trouvait sur les bords du Gange des crocodiles qui avaient

[1] *Dimensions d'un crocodile à tête allongée.*

	Pieds.	Pouces.	Lignes.
Longueur totale	11	10	6
Longueur de la tête	2	1	1
Longueur depuis l'entre-deux des yeux jusqu'au bout du museau	1	7	9
Longueur de la mâchoire supérieure	2	»	6
Longueur de la partie de la mâchoire qui est armée de dents	1	2	»
Distance des deux yeux	»	5	6
Grand diamètre de l'œil	»	9	6
Circonférence du corps à l'endroit le plus gros	5	5	»
Circonférence de la tête derrière les yeux	2	»	»
Circonférence du museau à l'endroit le plus étroit	»	6	2
Longueur des pattes de devant jusqu'au bout des doigts	1	3	7
Longueur des pattes de derrière jusqu'au bout des doigts	1	8	»
Longueur de la queue	5	1	»
Circonférence de la queue à son origine	2	8	»

une espèce de corne au bout du museau. Mais M. Edwards est le premier naturaliste moderne qui ait parlé du gavial : il publia, en 1756, la figure et la description d'un individu de cette espèce, dont il a comparé les mâchoires longues et étroites au bec du harle, et qu'il a nommé *crocodile à bec allongé*. Cet individu, qui présentait tous les signes d'un développement peu avancé, avait au-dessous du ventre une poche ou bourse ouverte. Nous n'avons trouvé aucune marque d'une poche semblable dans le crocodile du Gange dont nous venons de donner lés dimensions, ni dans un jeune crocodile de la même espèce, et long de deux pieds trois pouces, qui fait aussi partie de la collection du Cabinet du Roi. Peut-être cette poche s'efface-t-elle à mesure que l'animal grandit, et n'est-elle qu'un reste de l'ouverture par laquelle s'insère le cordon ombilical; ou peut-être l'individu de M. Edwards était-il d'un sexe différent de ceux dont nous avons vu la dépouille.

L'on conserve au Cabinet du Roi une portion de mâchoire garnie de dents, à demi-pétrifiée, renfermée dans une pierre calcaire trouvée aux environs de Dax en Gascogne, et envoyée au Cabinet par M. de Borda. Elle nous a paru, d'après l'examen que nous en avons fait, avoir appartenu à un gavial.

Le Fouette-Queue.

Le nom de *fouette-queue* a été employé par différents naturalistes pour désigner diverses espèces de lézards qui peuvent donner à leur queue des mouvements semblables à ceux d'un fouet. Ce nom a été particulièrement appliqué au lézard dont il est ici question, et à la dragonne, dont nous parlerons dans l'article suivant. Il en est résulté une obscurité d'autant plus grande dans les faits rapportés par les voyageurs, relativement aux lézards, que le nom de *cordyle* a été aussi donné par plusieurs auteurs à la dragonne, et qu'ensuite le nom de *fouette-queue* a été lié avec celui de cordyle, de manière à être attribué non-seulement à la dragonne, qui a réellement la propriété de faire mouvoir sa queue comme un fouet, mais encore à d'autres espèces de lézards, privées de cette faculté, et désignées également par le nom de *cordyle*. Nous croyons donc, pour éviter toute confusion, devoir conserver uniquement au lézard dont il s'agit ici le nom de *fouette-queue*.

Il habite les climats chauds de l'Amérique méridionale, et on le trouve particulièrement au Pérou. Il a quelquefois plusieurs pieds de longueur. Son dos est couvert de plaques carrées et d'écailles ovales qui garnissent aussi ses côtés. Sa queue, qui paraît dentelée par les bords, et qu'il a la facilité d'agiter comme un fouet, l'assimile un peu à la dragonne; et la forme aplatie de cette même queue, ainsi que ses pieds palmés, le rapproche du crocodile, dont il est cependant bien aisé de le distinguer, parce que le crocodile n'a que quatre doigts aux pieds de derrière, tandis que le fouette-queue en a cinq à chaque pied. C'est ce qui nous a déterminé à regarder comme un fouette-queue l'animal représenté dans la planche CVI du premier volume de Seba. M. Linné l'a rapporté au crocodile : mais il a cinq doigts aux pieds de derrière; et, d'un autre côté, il ne peut pas être confondu avec la dragonne, puisque ses pieds sont palmés. D'ailleurs Seba donne l'Amérique pour patrie à ce grand lézard, ce qui s'accorde fort bien avec ce que M. Linné lui-même a dit de celle du fouette-queue. Nous croyons devoir observer aussi que le lézard représenté dans Seba, tome I, planche CIII, figure 2, et que M. Linné a indiqué comme un fouette-queue, est une dragonne, attendu que, quoique le dessinateur lui ait donné des membranes aux pieds de derrière, il est dit dans le texte qu'il n'en a point.

Le fouette-queue nous paraît être, ainsi que nous l'avons déjà dit[1], le lézard que Dampier regardait comme une seconde espèce de caïman d'Amérique.

Il y a dans l'île de Ceylan un grand lézard qui, par sa forme, ressemble beaucoup au crocodile; mais il en diffère par sa langue bleue et fourchue, qu'il allonge d'une manière effrayante, lorsqu'il la tire pour siffler, ou seulement pour res-

[1] Article des *Crocodiles*.

pirer. On le nomme *kobbera-guion*. Il a communément six pieds de longueur. Sa chair est d'un assez mauvais goût. Il plonge souvent dans l'eau ; mais sa demeure ordinaire est sur la terre, où il se nourrit des oiseaux et des divers animaux qu'il peut saisir. Il craint l'homme, et n'ose rien contre lui; mais il écarte sans peine les chiens et plusieurs des animaux qui veulent l'attaquer, en les frappant violemment avec sa queue, qu'il agite et secoue comme un long fouet. Nous ignorons si les doigts de ses pieds sont réunis par des membranes : s'ils le sont, il doit être regardé comme de la même espèce que le fouette-queue du Pérou, qui peut-être aura subi l'influence d'un nouveau climat; sinon il faudra le considérer comme une dragonne.

La Dragonne.

La dragonne ressemble beaucoup par sa forme au crocodile; elle a, comme lui, la gueule très-large, des tubercules sur le dos, et la queue aplatie. Sa grandeur égale quelquefois celle des jeunes caïmans. Sa couleur, d'un jaune roux foncé, et plus ou moins mêlé de verdâtre, est semblable aussi à celle de ces animaux; c'est ce qui a fait que, sur les côtes orientales de l'Amérique méridionale, elle a été prise pour une petite espèce de crocodile ou de caïman. Mais la dragonne en diffère principalement parce que, au lieu d'avoir les pieds palmés, ses doigts, au nombre de cinq à chaque pied, sont très-séparés les uns des autres, comme ceux de presque tous les lézards. Ils sont d'ailleurs tous garnis d'ongles aigus et crochus. La tête, aplatie par-dessus et comprimée par les côtés, a un peu la forme d'une pyramide à quatre faces dont le museau serait le sommet : elle ressemble par là à celle de plusieurs serpents, ainsi que la langue, qui est fourchue, et qui, loin d'être cachée et presque immobile comme celle du crocodile, peut-être dardée avec facilité. Les yeux sont gros et brillants; l'ouverture des oreilles est grande, et entourée d'une bordure d'écailles; le corps épais, arrondi, couvert d'écailles dures, osseuses comme celles du crocodile, et presque toutes garnies d'une arête saillante : plusieurs de celles du dos sont plus grandes que les autres, et relevées par des tubercules en forme de crêtes, dont les plus hauts sont les plus voisins de la queue, sur laquelle les lignes qu'ils forment sont prolongées par d'autres tubercules. Ceux-ci sont plus aigus, et produisent deux dentelures semblables à celle d'une scie, et réunies en une seule vers l'extrémité de la queue, qui est très-longue. La dragonne, ainsi que le fouette-queue, a la facilité de la remuer vivement et de l'agiter comme un fouet. Cette faculté lui a fait donner le nom de *fouette-queue*, que nous avons conservé uniquement à l'espèce précédente, et que nous n'emploierons jamais en parlant de la dragonne, pour éviter toute confusion. On l'a aussi appelée *cordyle;* mais nous réservons ce nom pour un lézard différent de celui que nous décrivons, et auquel on l'a déjà donné.

C'est principalement dans l'Amérique méridionale que l'on rencontre la dragonne. Il y a au Cabinet du Roi un individu de cette espèce, qui a été envoyé de Cayenne par M. de la Borde, et d'après lequel nous avons fait la description que l'on vient de lire[1] : elle est assez conforme à ce que dit Wormius de cette espèce de grand lézard, dont il avait un individu long de quatre pieds romains. Clusius connaissait aussi le même animal, et Seba l'avait dans sa collection.

Wormius a parlé du nombre et de la forme des dents de la dragonne : il a dit que ce lézard en a dix-sept de chaque côté de la mâchoire inférieure ; que celles de devant sont petites et aiguës, et celles de derrière grosses et obtuses. Nous avons

[1] *Principales dimensions d'une dragonne qui est au Cabinet du Roi.*

	Pieds.	Pouces.	Lignes.
Longueur totale	2	5	4
Contour de la gueule	»	4	4
Distance des deux yeux	»	1	»
Circonférence du corps à l'endroit le plus gros	»	7	6
Longueur des pattes de devant jusqu'au bout des doigts	»	3	10
Longueur des pattes de derrière jusqu'au bout des doigts	»	5	6
Longueur de la queue	1	4	6
Circonférence de la queue à son origine	»	5	6

remarqué la même chose dans la dragonne du Cabinet du Roi. On a reproché à Pline de s'être trompé touchant la forme des dents du crocodile, en les distinguant en dents incisives, en canines et en molaires. Nous avons déjà vu ce qu'entendait ce grand naturaliste par les dents canines du crocodile; et à l'égard des dents molaires, il pourrait se faire que son erreur est venue de la méprise de ceux qui lui ont fourni des observations. Il se peut en effet que la dragonne habite dans les contrées orientales que les anciens connaissaient, que ses grosses dents aient été regardées comme des dents molaires, et que l'animal lui-même ait été pris pour un vrai crocodile. C'est ainsi que, dans des temps très-récents, la confusion que plusieurs voyageurs ont faite des espèces de grands lézards voisines de celle du crocodile a produit plus d'une erreur relativement à la forme et aux habitudes naturelles de ce dernier animal.

La grande ressemblance de la dragonne avec le crocodile ferait penser, au premier coup d'œil, que leurs mœurs sont semblables; mais ces deux lézards diffèrent par un de ces caractères dont la présence ou l'absence a la plus grande influence sur les habitudes des animaux. M. de Buffon a montré dans l'*Histoire naturelle des Oiseaux* combien la forme de leurs becs détermine l'espèce de nourriture qu'ils peuvent prendre, les force à habiter de préférence l'endroit où ils trouvent aisément cette subsistance, et produit ou modifie par là leurs principales habitudes[1]. La faculté de voler qu'ils ont reçue leur donne la plus grande facilité de changer de place, et les rend par conséquent moins dépendants de la forme de leurs pieds : cependant nous voyons certaines classes d'oiseaux dont les habitudes sont produites par les pieds palmés, avec lesquels ils peuvent nager aisément, ou bien par les griffes aiguës et fortes qui leur servent à attaquer et à se défendre. Mais il n'en est pas de même des quadrupèdes, tant vivipares

[1] Il y a là une trace de l'erreur de Buffon sur l'instinct des animaux. Le grand naturaliste ne voulait pas reconnaître en eux une propension naturelle et une certaine perception des rapports concrets qui se joignent à leur conformation pour diriger leur vie. (N. E.)

qu'ovipares : la nature de leurs aliments est non-seulement déterminée par la forme de leur gueule ou de leurs dents, mais encore par celle de leurs pieds, qui leur fournissent des moyens plus ou moins puissants de saisir leur proie, d'aller avec vitesse d'un endroit à un autre, d'habiter le milieu des eaux, les rivages, les plaines ou les forêts, etc. Une gueule plus ou moins fendue, quelques dents de plus ou de moins, des ongles aigus ou obtus, des doigts réunis ou divisés, en voilà plus qu'il n'en faut pour faire varier leurs mœurs souvent du tout au tout. On en peut voir des exemples dans les quadrupèdes vivipares, parmi lesquels la plupart des animaux qui ont des habitudes communes, qui habitent des lieux semblables, ou qui se nourrissent des mêmes substances, ont leurs dents, leur gueule ou leurs pieds conformés à peu près de la même manière, quelque différents qu'ils soient d'ailleurs par la forme générale de leurs corps, par leur force et par leur grandeur. La dragonne et le crocodile en sont de nouvelles preuves : la dragonne ressemble beaucoup au crocodile; mais elle en diffère par ses doigts, qui ne sont pas palmés : dès lors elle doit avoir des habitudes différentes; elle doit nager avec plus de peine, marcher avec plus de vitesse, retenir les objets avec plus de facilité, grimper sur les arbres, se nourrir quelquefois des animaux des bois, et c'est en effet ce qui est conforme aux observations que nous avons recueillies. M. de la Borde, qui a nommé cet animal *lézard caïman*, parce qu'il le regarde, avec raison, comme faisant la nuance entre les crocodiles et les petits lézards, dit qu'il fréquente les savanes noyées et les terrains marécageux; mais qu'il se tient à terre, et au soleil, plus souvent que dans l'eau. Il est assez difficile à prendre, parce qu'il se renferme dans des trous. Il mord cruellement; il darde presque toujours sa langue comme les serpents. M. de la Borde a gardé chez lui, pendant quelque temps, une dragonne en vie. Elle se tenait des heures entières dans l'eau : elle s'y cachait lorsqu'elle avait peur; mais elle en sortait souvent pour aller se chauffer aux rayons du soleil.

La grande différence entre les mœurs de la dragonne et celles du crocodile n'est cependant pas produite par un sens de plus ou de moins, mais seulement par une membrane de moins et quelques ongles de plus. On remarque des effets semblables dans presque tous les animaux; et il en serait de même dans l'homme, et des différences très-peu sensibles dans la conformation extérieure produiraient une grande diversité dans ses habitudes, si l'intelligence humaine, accrue par la société, n'avait pas inventé les arts pour compenser les défauts de nature.

Les animaux qui attaquent le crocodile doivent aussi donner la chasse à la dragonne, qui a bien moins de force pour leur résister, et qui même est souvent dévorée par les grands caïmans.

Sa manière de vivre peut donner à sa chair un goût différent de celui de la chair du crocodile : il ne serait donc pas surprenant qu'elle fût aussi bonne à manger que le disent les habitants des îles Antilles, où on la regarde comme très-succulente, et où on la compare à celle d'un poulet. On recherche aussi à Cayenne les œufs de ce grand lézard, qui a de nouveaux rapports avec le crocodile par sa fécondité, la femelle pondant ordinairement plusieurs douzaines d'œufs.

On trouve au Brésil, et particulièrement auprès de la rivière Saint-François, une sorte de lézard nommé *ignarucu*, qui ressemble beaucoup au crocodile, grimpe facilement sur les arbres, et paraît ne différer de la dragonne que par une couleur plus foncée et des ongles moins forts. Si les voyageurs ne se sont point trompés à ce sujet, l'on ne doit regarder l'ignarucu que comme une variété de la dragonne.

Le Tupinambis[1].

Ce lézard habite également les contrées chaudes de l'ancien et du nouveau continent. On a prétendu que, sur les bords de la rivière des Amazones, auprès de Surinam et des pays voisins, le tupinambis acquérait une grande taille et parve-

[1] *Tupinambis* en Amérique; *galtabé* au Sénégal; *caïman*, *guano*, *ligan*, *ligans*, par certains voyageurs, ce qui l'a fait confondre avec les iguanes, ainsi qu'avec les crocodiles; *tilouetz palbin* dans la Nouvelle Espagne.

nait jusqu'à la longueur de douze pieds; mais on aura sûrement pris des caïmans pour des tupinambis, et l'on doit ranger cette fable parmi tant d'autres qui ont défiguré l'histoire des quadrupèdes ovipares. Le tupinambis a tout au plus une longueur de six ou sept pieds dans les contrées où il trouve la nourriture la plus abondante et la température la plus favorable. L'individu qui est au Cabinet du Roi, a trois pieds huit pouces de long en y comprenant la queue[1]; il a été envoyé du cap de Bonne-Espérance. J'ai vu un autre individu de cette espèce, apporté du Sénégal, et dont la longueur totale était de quatre pieds dix pouces. La queue du tupinambis est aplatie et à peu près de la longueur du corps. Il a à chaque pied cinq doigts assez longs, séparés les uns des autres, et tous armés d'ongles forts et crochus. La queue ne présente pas de crête comme celle de la dragonne, mais le dessus et le dessous du corps, la tête, la queue et les pattes sont garnis de petites écailles qui suffiraient pour distinguer les tupinambis des autres grands lézards à queue plate : elles sont ovales, dures, un peu élevées, presque toutes entourées d'un cercle de petits grains durs; placées à côté les unes des autres, et disposées en bandes circulaires et transversales; leur grand diamètre est à peu près d'une demi-ligne dans l'individu envoyé du cap de Bonne-Espérance au Cabinet du Roi[2]. La manière dont elles sont colorées donne au tupinambis une sorte de beauté : son corps présente de grandes ta-

[1] *Principales dimensions du tupinambis.*

	Pieds.	Pouces.	Lignes.
Longueur totale	3	8	2
Contour de la gueule	»	4	8
Circonférence du corps à l'endroit le plus gros	1	1	3
Longueur des pattes de devant jusqu'au bout des doigts	»	5	9
Longueur des pattes de derrière jusqu'au bout des doigts	»	6	9
Longueur de la queue	1	10	6
Circonférence de la queue à son origine	1	7	10

[2] L'on peut voir, dans la collection du Cabinet du Roi, un tupinambis mâle. Il a deux pieds huit pouces de longueur totale.

ches ou bandes irrégulières d'un blanc assez éclatant qui le font paraître comme marbré, et forment même sur les côtés une espèce de dentelle. Mais, en le revêtant de cette parure agréable, la Nature ne lui a fait qu'un présent funeste : elle l'a placé trop près du crocodile, son ennemi mortel, pour lequel sa couleur doit être comme un signe qui le fait reconnaître de loin. Il a, en effet, trop peu de force pour se défendre contre les grands animaux. Il n'attaque point l'homme : il se nourrit d'œufs d'oiseaux, de lézards beaucoup plus petits que lui, ou de poissons qu'il va chercher au fond des eaux. Mais, n'ayant pas la même grandeur, les mêmes armes, ni par conséquent la même puissance que le crocodile, et pouvant manquer de proie bien plus souvent, il ne doit pas être si difficile dans le choix de sa nourriture : il doit d'ailleurs chasser avec d'autant plus de crainte, que le crocodile, auquel il ne peut résister, est en très-grand nombre dans les pays qu'il habite; on rapporte même que la présence des caïmans inspire une si grande frayeur au tupinambis, qu'il fait entendre un sifflement très-fort. Ce sifflement d'effroi est une espèce d'avertissement pour les hommes qui se baignent dans les environs; il les garantit, pour ainsi dire, de la dent meurtrière du crocodile; et c'est de là qu'est venu au tupinambis le nom de *sauve-garde* ou *sauveur*, qui lui a été donné par plusieurs voyageurs et naturalistes. Il dépose ses œufs, comme les caïmans, dans des trous qu'il creuse dans le sable sur le bord de quelque rivière; le soleil les fait éclore. Ils sont assez gros et ovales, et les Indiens s'en nourrissent sans peine. La chair du tupinambis est aussi très-succulente pour ces mêmes Indiens, et plusieurs Européens qui en avaient mangé, tant en Amérique qu'en Afrique, m'ont dit l'avoir trouvée délicate.

Cet animal produit des bézoards, ainsi que le crocodile et d'autres lézards. Ces concrétions ressemblent aux bézoards des crocodiles, quant à leur forme extérieure; elles sont de la grosseur d'un œuf de pigeon, et d'une couleur cendrée claire, tachetée de noir. On leur a attribué les mêmes vertus chimériques qu'aux autres bézoards, et particulièrement à ceux du crocodile et de l'iguane.

La disette que le tupinambis éprouve fréquemment a dû altérer ses goûts, tant la faim et la misère dénaturent les habitudes. Il se nourrit souvent de corps infects et de substances à demi-pourries; et lorsque cet aliment abject lui manque, il le remplace par des mouches et par des fourmis. Il va chasser ces insectes au milieu des bois qu'il fréquente, ainsi que les bords des eaux. La conformation de ses pieds, dont les doigts sont très-séparés les uns des autres, lui donne une grande facilité de grimper sur les arbres, où il cherche des œufs dans les nids, mais où il ne peut souvent que vivre misérablement, en poursuivant avec fatigue des animaux bien plus agiles que lui. Le seul quadrupède ovipare qu'on a cru devoir appeler *sauve-garde* souffre donc une faim cruelle, ne peut se procurer qu'avec peine et inquiétude la nourriture dégoûtante à laquelle il est fréquemment réduit, et finit presque toujours par être la victime du plus fort.

Le tupinambis est le même animal que le lézard du Brésil, appelé *tejuguacu* et *temapara-tupinambis*, et dont Ray ainsi que d'autres auteurs ont parlé. Marcgrave en a vu un vivre sept mois sans rien manger. Quelqu'un ayant marché sur la queue de ce tupinambis, et en ayant brisé une partie, elle repoussa de deux doigts. Au reste, il est important de remarquer que ces noms de *tejuguacu* et de *temapara* ont été donnés à plusieurs lézards d'espèces différentes; ce qui n'a pas peu augmenté la confusion qui a régné dans l'histoire des quadrupèdes ovipares.

Le Sourcilleux.

On trouve dans l'île de Ceylan, dans celle d'Amboine, et vraisemblablement dans d'autres régions des grandes Indes, dont la température ne diffère pas beaucoup de celle de ces îles, un lézard auquel on a donné le nom de *sourcilleux*, parce que sa tête est relevée au-dessus des yeux par une arête saillante, garnie de petites écailles en forme de sourcils. Cet animal est aussi remarquable par une crête composée d'écailles ou de petites lames droites, qui orne le derrière de sa tête, et qui se prolonge en forme de peigne ou de dentelure, jusqu'au bout de la queue. Les yeux sont grands, ainsi que les ouvertures des oreilles; le museau est pointu, la gueule large, la queue aplatie et beaucoup plus longue que le corps. Ce lézard a les doigts très-séparés les uns des autres, et très-longs, surtout ceux des pieds de derrière, dont le quatrième doigt égale la tête en longueur; les ongles sont forts et crochus. Les écailles dont tout le corps est recouvert sont très-petites, inégales en grandeur, mais toutes relevées par une arête longitudinale, et placées les unes au-dessus des autres, comme les écailles de plusieurs poissons. La couleur générale des sourcilleux est d'un brun clair, tacheté de rouge plus ou moins foncé. La longueur totale de l'individu que l'on conserve au Cabinet du Roi, est d'un pied. Comme les doigts de ces lézards sont très-longs et très-divisés, leurs habitudes doivent approcher, à beaucoup d'égards, de celles de la dragonne. On dit qu'ils poussent des cris qui leur servent à se rallier.

Au reste, ce caractère très-apparent d'écailles relevées, cette sorte d'armure qui donne un air distingué au lézard qui en est revêtu, et que nous trouvons ici pour la seconde fois, n'a pas été uniquement accordé au sourcilleux et à la dragonne. Il en est de ce caractère comme de tous les autres, dont chacun est presque toujours exprimé avec plus ou moins de force dans plusieurs espèces différentes. Cette crête que nous venons de remarquer dans le sourcilleux sert aussi à défendre ou parer la tête-fourchue, l'iguane, le basilic, etc. Non-seulement même elle a des formes différentes dans chacun de ces lézards, non-seulement elle présente tantôt des rayons allongés, tantôt des lames aiguës, larges et très-courtes, etc., mais encore elle varie par sa position : elle s'élève en rayons sur tout le corps du basilic, depuis le sommet de la tête jusqu'à l'extrémité de la queue; elle orne de même la queue du porte-crête, et garnit ensuite son dos en forme de dentelure; elle revêt non-seulement le corps, mais encore une partie de la membrane du cou de l'iguane; elle s'étend le long du dos du mâle de la salamandre à queue plate; elle paraît comme une crénelure sur celui du plissé; à peine sensible sur le dessous de la gorge du marbré, elle défend, dans la galéote, la tête et la partie antérieure du dos; elle se trouve aussi sur cette partie antérieure dans l'agame; elle se présente, pour ainsi dire, sur chaque écaille dans le stellion, l'azuré, le téguixin; elle règne le long de la tête, du corps et du ventre du caméléon; elle paraît à l'extrémité de la queue du cordyle; et, pour ne pas rapprocher ici un plus grand nombre de quadrupèdes ovipares, elle est composée d'écailles clair-semées sur le lézard appelé *tête-fourchue;* elle occupe le dessus du corps, de la tête et de la queue, dans le sourcilleux, et nous avons vu qu'elle ne s'étendait que sur la queue de la dragonne.

La Tête-fourchue.

Dans l'île d'Amboine, et par conséquent dans le même climat que le sourcilleux, on trouve un lézard qui ressemble beaucoup à ce quadrupède ovipare. Il a, comme lui, depuis la tête jusqu'à l'extrémité de la queue, des aiguillons courts en forme de dentelure, mais qui sont, sur le dos, plus séparés les uns des autres que dans le sourcilleux. La queue, comprimée comme celle du crocodile, est tout au plus de la longueur du corps. Le dessus de la tête, qui est très-courte et très-convexe, présente deux éminences qui ont une sorte de ressemblance avec des cornes. Suivant Seba, la pointe du museau est garnie d'un gros tubercule entouré d'autres tubercules blanchâtres; le cou est goîtreux, et le corps semé de boutons blancs, ronds, élevés, que l'on retrouve encore au-dessous des yeux et de la mâchoire inférieure. Les cuisses, les jambes et les doigts sont longs et déliés. Ce lézard et l'espèce précédente ont trop de caractères extérieurs communs pour ne pas se ressembler beaucoup par leurs habitudes naturelles, d'autant plus qu'ils préfèrent l'un et l'autre les contrées chaudes de l'Inde : aussi leur attribue-t-on à tous les deux la faculté de se rallier par des cris.

Le Large-doigt.

Les caractères distinctifs de ce lézard, qui se trouve dans les Indes, sont d'avoir la queue deux fois plus longue que le corps, comprimée, un peu relevée en carène par-dessus, striée par-dessous, et divisée en plusieurs portions, composées chacune de cinq anneaux de très-petites écailles. Il a sous le cou une membrane assez semblable à celle de l'iguane, mais qui n'est point dentelée. A chaque doigt, tant des pieds de devant que des pieds de derrière, l'avant-dernière articulation est par-dessous plus large que les autres; et c'est de là que M. Daubenton a tiré le nom que nous lui conservons. La tête est plate et comprimée par les côtés; le museau très-délié; les ouvertures des narines sont très-petites, ainsi que les trous des oreilles.

Le Bimaculé.

Nous devons la connaissance de cette nouvelle espèce de lézard à M. Sparrman, savant académicien, de Stockholm, qui en a décrit plusieurs individus envoyés de l'Amérique septentrionale par M. le docteur Acrelius à M. le baron de Geer. Quelques-uns de ces individus avaient le dessus du corps semé de taches noires; tous avaient deux grandes taches de la même couleur sur les épaules, et c'est ce qui leur a fait donner, par M. Sparrman, le nom de *bimaculés*. La tête de ces lézards est aplatie par les côtés; la queue est comprimée et deux fois plus longue que le corps; tous les doigts des pieds de devant et de ceux de derrière, excepté les doigts extérieurs, sont garnis de lobes ou de membranes qui en élargissent la surface, et qui donnent au bimaculé un nouveau rapport avec le large-doigt.

Suivant M. le docteur Acrelius, le bimaculé n'est point méchant; il se tient souvent dans les bois, où il fait entendre un sifflement plus ou moins fréquent. On le prend facilement dans un piége fait avec de la paille qu'on approche de lui en sifflant, et dans lequel il saute et s'engage de lui-même. La femelle dépose ses œufs dans la terre. On le trouve à Saint-Eustache et dans la Pensilvanie. Le fond de sa couleur varie; il est quelquefois d'un bleu noirâtre.

Le Sillonné.

On trouve dans les Indes un assez petit lézard gris, dont nous plaçons ici la notice, parce qu'il a des écailles convexes en forme de tubercules sur les flancs, et parce que sa queue est aplatie par les côtés comme celle du crocodile et des autres lézards dont nous venons de donner l'histoire. Son corps n'est point garni d'aiguillons : il n'a point de crête au-dessous du cou; mais on voit sur son dos deux stries très-sensibles. Il a les deux côtés du corps comme plissés et relevés en arête. Son ventre présente vingt-quatre rangées transversales d'écailles; chaque rangée est composée de six pièces. La queue, à peine plus longue que la moitié du corps, est striée par-dessous, lisse par les côtés, et relevée en dessus par une double saillie.

SECONDE DIVISION.

LÉZARDS

qui ont la queue ronde, cinq doigts à chaque pied, et des écailles élevées sur le dos en forme de crête.

L'Iguane[1].

Dans ces contrées de l'Amérique méridionale où la Nature plus active a fait descendre à grands flots, du sommet des hautes Cordillères, des fleuves immenses, dont les eaux s'étendant en liberté inondent au loin des campagnes nouvelles, et où la main de l'homme n'a jamais opposé aucun obstacle à leur course, sur les rives limoneuses de ces fleuves rapides, s'élèvent de vastes et antiques forêts. L'humidité chaude et vivifiante qui les abreuve devient la source intarissable d'une verdure toujours nouvelle pour ces bois touffus, images sans cesse renaissantes d'une fécondité sans bornes, et où il semble que la Nature, dans toute la vigueur de la jeunesse, se plaît à entasser les germes productifs. Les végétaux ne croissent pas seuls au milieu de ces vastes solitudes; la Nature a jeté sur ces grandes productions la variété, le mouvement et la vie. En attendant que l'homme vienne régner au milieu de ces forêts, elles sont le domaine de plusieurs animaux, qui, les uns par la beauté de leurs écailles, l'éclat de leurs couleurs, la vivacité de leurs mouvements, l'agilité de leur course, les autres par la fraîcheur de leur plumage, l'agrément de leur parure, la rapidité de leur vol, tous par la diversité de leurs formes, font, des vastes contrées du nouveau monde, un grand et magnifique tableau, une scène animée, aussi va-

[1] *Laguana;* en anglais, *the guana.*

riée qu'immense. D'un côté, des ondes majestueuses roulen avec bruit; de l'autre, des flots écumants se précipitent avec fracas de roches élevées, et des tourbillons de vapeur réfléchissent au loin les rayons éblouissants du soleil : ici, l'émail des fleurs se mêle au brillant de la verdure, et est effacé par l'éclat plus brillant encore du plumage varié des oiseaux; là, des couleurs plus vives, parce qu'elles sont renvoyées par des corps plus polis, forment la parure de ces grands quadrupèdes ovipares, de ces gros lézards que l'on est tout étonné de voir décorer le sommet des arbres et partager la demeure des habitants ailés.

Parmi ces ornements remarquables et vivants dont on se plaît à contempler dans ces forêts épaisses, la forme agréable et piquante, et dont on suit avec plaisir les divers mouvements au milieu des rameaux et des fleurs, la dragonne et le tupinambis attirent l'attention; mais le lézard dont nous traitons dans cet article se fait distinguer bien davantage par la beauté de ses couleurs, l'éclat de ses écailles et la singularité de sa conformation.

Il est aisé de reconnaître l'iguane à la grande poche qu'il a au-dessous du cou, et surtout à la crête dentelée qui s'étend depuis la tête jusqu'à l'extrémité de la queue, et qui garnit aussi le devant de la gorge. La longueur de ce lézard, depuis le museau jusqu'au bout de la queue, est assez souvent de cinq ou six pieds; celui qui a été envoyé de Cayenne au Cabinet du Roi par M. Sonnini, a quatre pieds de long[1].

La tête est comprimée par les côtés et aplatie par-dessus. Les dents sont aiguës, et assez semblables, par leur forme, à celles des lézards verts de nos provinces méridionales. Le

[1] *Principales dimensions d'un iguane conservé au Cabinet du Roi.*

	Pieds.	Pouces.	Lignes.
Longueur totale	4	»	»
Circonférence dans l'endroit le plus gros du corps.	1	»	4
Circonférence à l'origine de la queue	»	5	9
Contour de la mâchoire supérieure	»	3	3
Longueur de la plus grande écaille des côtés de la tête	»	1	»
Longueur de la poche qui est au-dessous du cou...	»	3	4

museau, l'entre-deux des yeux et le tour des mâchoires sont garnis de larges écailles très-colorées, très-unies et très-luisantes : trois écailles plus larges que les autres sont placées de chaque côté de la tête, au-dessous des oreilles; la plus grande des trois est ovale, et son éclat, semblable à celui des métaux polis, relève la beauté des couleurs de l'iguane. Les yeux sont gros; l'ouverture des oreilles est grande : des tubercules, qui ont la forme de pointes de diamants, sont placés au-dessus des narines sur le sommet de la tête, et de chaque côté du cou. Une espèce de crête, composée de grandes écailles saillantes, et qui par leur figure ressemblent un peu à des fers de lance, s'étend depuis la pointe de la mâchoire inférieure jusque sous la gorge, où elle garnit le devant d'une grande poche, que l'iguane peut gonfler à son gré.

De petites écailles revêtent le corps, la queue et les pattes : celles du dos sont relevées par une arête.

La crête remarquable qui s'étend, ainsi que nous l'avons dit, depuis le sommet de la tête jusqu'à l'extrémité de la queue, est composée d'écailles très-longues, très-aiguës, et placées verticalement : les plus hautes sont sur le dos, et leur élévation diminue insensiblement, à mesure qu'elles sont plus près du bout de la queue, où on les distingue à peine.

La queue est ronde, au lieu d'être aplatie comme celle des crocodiles.

Les doigts sont séparés les uns des autres, au nombre de cinq à chaque pied, et garnis d'ongles forts et crochus. Dans les pieds de devant, le premier doigt, ou le doigt intérieur, n'a qu'une phalange; le second en a deux, le troisième trois, le quatrième quatre, et le cinquième deux. Dans les pieds

	Pieds.	Pouces.	Lignes.
Largeur de la poche	»	1	10
Longueur des plus grandes écailles de la crête	»	1	10
Longueur de la queue	2	7	4
Longueur des pattes de devant jusqu'à l'extrémité des doigts	»	7	1
Lougueur des pattes de derrière	»	9	9
Longueur du plus grand ongle	»	»	8

de derrière, le premier doigt n'a qu'une phalange; le second en a deux, le troisième trois, le quatrième quatre, et le cinquième, qui est séparé comme un pouce, en a trois.

Au-dessous des cuisses s'étend, de chaque côté, un cordon de quinze tubercules creux et percés à leur sommet, comme pour donner passage à quelques sécrétions : nous retrouverons ces tubercules dans plusieurs espèces de lézards; il serait intéressant d'en connaître exactement l'usage particulier.

La couleur générale des iguanes est ordinairement verte, mêlée de jaune, ou d'un bleu plus ou moins foncé; celle du ventre, des pattes et de la queue est quelquefois panachée; la queue de l'individu que nous avons décrit présentait plusieurs couleurs disposées par bandes annulaires et assez larges; mais les teintes de l'iguane varient suivant l'âge, le sexe et le pays [1].

Ce lézard est très-doux, il ne cherche point à nuire; il ne se nourrit que de végétaux et d'insectes. Il n'est cependant pas surprenant que quelques voyageurs aient trouvé son aspect effrayant, lorsque agité par la colère, et animant son regard, il a fait entendre son sifflement, secoué sa longue queue, gonflé sa gorge, redressé ses écailles, et relevé sa tête hérissée de callosités.

C'est environ deux mois après la fin de l'hiver que les iguanes femelles descendent des montagnes, ou sortent des bois, pour aller déposer leurs œufs sur le sable du bord de la mer. Ces œufs sont presque toujours en nombre impair, depuis treize jusqu'à vingt-cinq. Ils ne sont pas plus gros, mais plus longs que ceux de pigeon; la coque en est blanche et souple, comme celle des œufs des tortues marines, auxquels ils ressemblent plus qu'à ceux des crocodiles; le dedans en est blanchâtre et sans glaire. Ils donnent, disent la plupart des voyageurs qui sont allés en Amérique, un excellent

[1] Nous nous en sommes assuré par l'inspection d'un grand nombre d'individus des deux sexes de différents pays et de différents âges; et c'est ce qui explique les différences que l'on trouve dans les descriptions que les voyageurs et les naturalistes ont données de l'iguane.

goût à toutes les sauces, et valent mieux que ceux de poule.

L'iguane, suivant plusieurs auteurs, a de la peine à nager, quoiqu'il fréquente de préférence les rivages de la mer ou des fleuves. Catesby rapporte que, lorsqu'il est dans l'eau, il ne se conduit presque qu'avec la queue, et qu'il tient ses pattes collées contre son corps. Cela s'accorde fort bien avec la difficulté qu'il éprouve pour se mouvoir au milieu des flots ; et cela ne montre-t-il pas combien les quadrupèdes ovipares dont les doigts sont divisés nagent avec peine, ainsi que nous l'avons dit, et combien cette conformation influe sur la nature de leurs habitudes?

Dans le printemps, les iguanes mangent beaucoup de fleurs et de feuilles des arbres auxquels on a donné le nom de *mahots*, et qui croissent le long des rivières : ils se nourrissent aussi d'*anones*, ainsi que de plusieurs autres végétaux : et Catesby a remarqué que leur graisse prend la couleur des fruits qu'ils ont mangés les derniers, ce qui confirme ce que j'ai dit des diverses couleurs que donne à la chair des tortues de mer l'aliment qu'elles préfèrent.

Les iguanes descendent souvent des arbres pour aller chercher des vers de terre, des mouches et d'autres insectes.

Quoique pourvus de fortes mâchoires, ils avalent ce qu'ils mangent presque sans le mâcher.

Ils se retirent dans des creux de rocher, ou dans des trous d'arbre. On les voit s'élancer avec une agilité surprenante jusqu'au plus haut des branches, autour desquelles ils s'entortillent, de manière à cacher leur tête au milieu des replis de leur corps. Lorsqu'ils sont repus, ils vont se reposer sur les rameaux qui avancent au-dessus de l'eau. C'est ce moment que l'on choisit au Brésil pour leur donner la chasse. Leur douceur naturelle, jointe peut-être à l'espèce de torpeur à laquelle les lézards sont sujets, ainsi que les serpents, lorsqu'ils ont avalé une grande quantité de nourriture, leur donne cette sorte d'apathie et de tranquillité remarquée par les voyageurs, et avec laquelle ils voient approcher le danger, sans chercher à le fuir, quoiqu'ils soient naturellement très-agiles. On a de la peine à les tuer même à coups de fusil : mais on les fait périr très-vite, en enfonçant un poinçon ou seulement un tuyau de paille dans leurs naseaux; on en voit sortir quelques gouttes de sang, et l'animal expire.

La stupidité que l'on a reprochée aux iguanes, ou plutôt leur confiance aveugle presque toujours le partage de ceux qui ne font point de mal, va si loin, qu'il est très-facile de les saisir en vie. Dans plusieurs contrées de l'Amérique, on les chasse avec des chiens dressés à les poursuivre; mais on peut aussi les prendre aisément au piége. Le chasseur qui va à la recherche du lézard porte une perche, au bout de laquelle est une petite corde nouée en forme de lacs.

Lorsqu'il découvre un iguane étendu sur des branches et s'y pénétrant de l'ardeur du soleil, il commence à siffler : le lézard, qui semble prendre plaisir à l'entendre, avance la tête; peu à peu le chasseur s'approche, et en continuant de siffler il chatouille avec le bout de sa perche les côtés et la gorge de l'iguane, qui non-seulement souffre sans peine cette sorte de caresse, mais se retourne doucement, et paraît en jouir avec volupté. Le chasseur le séduit, pour ainsi dire, en sifflant et en le chatouillant, au point de l'engager à porter sa tête hors des branches, assez avant pour embarrasser son cou dans le lacs : aussitôt il lui donne une violente secousse, qui le fait tomber à terre; il le saisit à l'origine de la queue; il lui met un pied sur le corps; et ce qui prouve bien que la stupidité de l'iguane n'est pas aussi grande qu'on le dit, c'est que, lorsque sa confiance est trompée et qu'il se sent pris, il a recours à la force, dont il n'avait pas voulu user. Il s'agite avec violence, il ouvre la gueule, il roule des yeux étincelants, il gonfle sa gorge : mais ses efforts sont inutiles; le chasseur, en le tenant sous ses pieds, et en l'accablant du poids de tout son corps parvient bientôt à lui attacher les pattes et à lui lier la gueule de manière que ce malheureux animal ne puisse ni se défendre ni s'enfuir.

On peut le garder plusieurs jours en vie sans lui donner aucune nourriture[1]. La contrainte semble d'abord le révolter;

[1] Brown dit avoir gardé chez lui un iguane adulte pendant plus de deux mois. Dans le commencement il était fier et méchant; mais au bout de quelques jours il devint plus doux : à la fin il passait la plus grande partie du jour sur un lit; mais il courait toujours pendant la nuit.

il est fier, il paraît méchant : mais bientôt il s'apprivoise. Il demeure dans les jardins, il passe même la plus grande partie du jour dans les appartements; il court pendant la nuit, parce que ses yeux, comme ceux des chats, peuvent se dilater de manière que la plus faible lumière lui suffise, et parce qu'il prend aisément alors les insectes dont il se nourrit. Quand il se promène, il darde souvent sa langue. Il vit tranquille; il devient familier.

On ne doit pas être surpris de l'acharnement avec lequel on poursuit cet animal doux et pacifique, qui ne recherche que quelques feuilles inutiles ou quelques insectes malfaisants; qui n'a besoin pour son habitation que de quelques trous de rocher, ou de quelques branches presque sèches, et que la Nature a placé dans les grandes forêts pour en faire l'ornement. Sa chair est excellente à manger, surtout celle des femelles, qui est plus tendre et plus grasse[1]. Les habitants de Bahama en faisaient même une espèce de commerce; ils le portaient en vie à la Caroline et dans d'autres contrées, où ils le faisaient saler pour leur usage. Dans certaines îles où ils sont rares, on les réserve pour les meilleures tables ; et l'homme ne s'est jamais tant exercé à détruire les animaux nuisibles qu'à faire sa proie de ceux qui peuvent flatter son appétit. D'ailleurs on trouve quelquefois dans le corps de l'iguane, ainsi que dans les crocodiles et dans les tupinambis, des concrétions semblables aux bézoards des quadrupèdes vivipares, et particulièrement à ceux qu'on a nommés *bézoards occidentaux*. M. Dombey a apporté de l'Amérique méridionale au Cabinet du Roi un de ces bézoards d'iguane. Cette concrétion représente assez exactement la moitié d'un ovoïde un peu creux ; elle est composée de couches polies, formées de petites aiguilles, et qui présentent, comme d'autres bézoards, une espèce de cristallisation. Elle est convexe d'un côté et concave de l'autre ; elle ne doit cependant pas être regardée comme la moitié d'un bézoard plus considérable, les couches qui la composent étant

[1] On dit que la chair de l'iguane est nuisible à ceux dont le sang n'est point pur, et M. de la Borde la croit difficile à digérer.

placées les unes au-dessus des autres sur les bords de la cavité, ainsi que sur la partie convexe. Le noyau qui a servi à former ce bézoard devait donc avoir à peu près la même forme que cette concrétion. La surface de la cavité qu'elle présente n'est point polie comme celle des parties relevées, qui ont pu subir un frottement plus ou moins considérable. Le grand diamètre de ce bézoard est de quinze lignes, et le petit diamètre à peu près de quatorze.

Seba avait dans sa collection plusieurs bézoards d'iguane, de la grosseur d'un œuf de pigeon, et d'un jaune cendré avec des taches foncées. Ces concrétions sont appelées *beguan* par les Indiens, qui les estiment plus que beaucoup d'autres bézoards. Elles peuvent avoir été connues des anciens, l'iguane habitant dans les Indes orientales, ainsi qu'en Amérique; et comme cet animal n'a point été particulièrement indiqué par Aristote ni par Pline, et que les anciens n'en ont vraisemblablement parlé que sous le nom de *lézard vert*, ne pourrait-on pas croire que la pierre appelée par Pline *sauritin*, à cause du mot *saurus* (lézard), et que l'on regardait, du temps de ce naturaliste, comme se trouvant dans le corps d'un lézard vert, n'est autre chose que le bézoard de l'iguane, et qu'elle n'était précieuse que parce qu'on lui attribuait les fausses propriétés des autres bézoards? Ce qui confirme notre opinion à ce sujet, c'est que ce mot *sauritin* n'a été appliqué par les anciens ni par les modernes à aucun autre corps tant du règne animal que du règne minéral.

Les iguanes sont très-communs à Surinam, ainsi que dans les bois de la Guiane aux environs de Cayenne, et dans la Nouvelle-Espagne. Ils sont assez rares aux Antilles, parce qu'on y en a détruit un grand nombre, à cause de la bonté de leur chair. On trouve aussi l'iguane dans l'ancien continent, en Afrique, ainsi qu'en Asie. Il est partout confiné dans les climats chauds. Ses couleurs varient suivant le sexe, l'âge et les diverses régions qu'il habite; mais il est toujours remarquable par ses habitudes, sa forme et l'émail de ses écailles.

Le Basilic.

L'ERREUR s'est servie de ce nom de *basilic* pour désigner un animal terrible, qu'on a tantôt représenté comme un serpent, tantôt comme un petit dragon, et dont le regard perçant donnait la mort. Rien de plus fabuleux que cet animal, au sujet duquel on a répandu tant de contes ridicules, qu'on a doué de tant de qualités merveilleuses, et dont la réputation sert encore à faire admirer entre les mains des charlatans, par un peuple ignorant et crédule, une peau de raie desséchée, contournée d'une manière bizarre, et que l'on décore du nom fameux de cet animal chimérique.

Nous ne conserverions pas ce nom de *basilic*, dont on a tant abusé, à l'animal réel dont nous parlons, de peur que l'existence d'un lézard appelé *basilic* ne pût faire croire à la vérité de quelques-unes des fables attachées à ce nom, si elles n'étaient aussi absurdes que risibles, si par là nous n'étions bien rassuré sur la croyance qu'on leur accorde, et d'ailleurs si ce nom de *basilic* n'avait pas été donné au lézard dont il est question dans cet article, par tous les naturalistes qui s'en sont occupés.

Le lézard basilic habite l'Amérique méridionale. Aucune espèce n'est aussi facile à distinguer, à cause d'une crête très-exhaussée qui s'étend depuis le sommet de la tête jusqu'au bout de la queue, et qui est composée d'écailles en forme de rayons, un peu séparées les unes des autres. Il a d'ailleurs une sorte de capuchon qui couronne sa tête; et c'est de là que lui vient son nom de *basilic*, qui signifie *petit roi*. Cet animal parvient à une taille assez considérable; il a souvent plus de trois pieds de longueur, en comptant celle de la queue. Ses doigts, au nombre de cinq à chaque pied, ne sont réunis par aucune membrane. Il vit sur les arbres, comme presque tous les lézards, qui, ayant les doigts divisés, peuvent y grimper avec facilité, et en saisir aisément les branches. Non-seulement il peut y courir assez vite, mais, remplissant d'air son espèce de capuchon, déployant sa crête, augmentant son volume et devenant par là plus léger, il saute et voltige, pour ainsi dire, avec agilité, de branche en branche. Son séjour n'est cependant pas borné au milieu des bois : il va à l'eau sans peine ; et lorsqu'il veut nager, il enfle également son capuchon et étend ses membranes.

La crête qui distingue le basilic, et qui peut lui servir d'une petite arme défensive, est encore pour lui un bel ornement. Bien loin de tuer par son regard, comme l'animal fabuleux dont il porte le nom, il doit être considéré avec plaisir, lorsque animant la solitude des immenses forêts de l'Amérique, il s'élance avec rapidité de branche en branche, ou bien lorsque dans son attitude de repos, et tempérant sa vivacité naturelle, il témoigne une sorte de satisfaction à ceux qui le regardent, se pare, pour ainsi dire, de sa couronne, agite mollement sa belle crête, la baisse, la relève, et, par les différents reflets de ses écailles, renvoie aux yeux de ceux qui l'examinent de douces ondulations de lumière[1].

Le Porte-Crête[2].

Nous conservons à ce lézard le nom de *porte-crête* qui lui a été donné par M. Daubenton. Cet animal présente en effet une crête qui s'étend depuis la tête jusqu'à l'extrémité de la queue. Le plus souvent elle est composée sur le dos de soixante-dix petites écailles plates, longues et pointues, et à l'origine de la queue, elle s'élève et représente une nageoire très-longue, très-large, formée de quatorze ou quinze rayons cartilagineux, et garnie à son bord supérieur de petites écailles aiguës, penchées souvent en arrière. C'est dans l'île d'Amboine et dans l'île de Java qu'on trouve le porte-crête. M. Schlosser est le premier naturaliste qui en ait parlé.

[1] C'est à tort qu'on traduit le ℣. 12 du psaume 90, par : *Vous marcherez sur l'aspic et le basilic*... Les mots hébreux *sahal* et *pethen* désignent un quadrupède carnassier et un serpent dangereux. C'est ce dernier, que la traduction nomme *basilic*, qui pourrait être *l'aspic*. (N. E.)

[2] *Bin jawacok jancur eckor*, par les Malais.

Ce lézard est, dans l'Asie, le représentant du basilic qui habite le nouveau continent; il a aussi de grands rapports avec la dragonne et les autres grands lézards à queue comprimée, dont le dos paraît dentelé, en ce que sa tête est presque quadrangulaire, aplatie, revêtue de tubercules et de grandes écailles. Il a les yeux grands et les narines élevées; les ouvertures des oreilles laissent voir la membrane nue du tympan ; le dessous de la tête présente une sorte de poche aplatie et très-plissée, à laquelle on a donné le nom de *collier*. La langue est épaisse, charnue et légèrement fendue ; les dents sont serrées, pointues, et d'autant plus grandes qu'elles sont plus éloignées du devant des mâchoires, où l'on en rencontre huit en haut et six en bas, arrondies, courtes, aiguës, tournées obliquement en dehors, et séparées par un petit intervalle des plus grosses ou des molaires. Le porte-crête en a ainsi deux sortes comme la dragonne, à laquelle il ressemble encore par la forme et la disposition des dents.

Les cinq doigts de chaque pied sont garnis d'ongles, et présentent de chaque côté un rebord aigu, dentelé comme une scie. La queue est près de trois fois plus longue que le corps. La couleur de la tête et du collier est verdâtre, avec des lignes blanches; la crête et le dos sont d'un fauve plus ou moins foncé; le ventre est d'un gris blanchâtre, et chaque côté du corps présente des taches ou bandes blanches, qui s'étendent jusque sur les pieds. Il paraît que, dans plusieurs individus, la couleur générale du porte-crête est verdâtre, avec des raies noires, et le ventre blanchâtre. Le mâle diffère de la femelle par une crête beaucoup plus élevée et par des couleurs plus vives.

Ce lézard n'est pas seulement beau; il est assez grand, puisqu'il a quelquefois trois ou quatre pieds de long. Sa gueule et ses doigts sont bien armés; son dos et sa queue présentent une sorte de défense; ses pieds, conformés de manière à lui permettre de grimper sur les arbres, laissent moins de ressources à sa proie pour lui échapper; sa tête tuberculeuse et garnie de grandes écailles, paraît être à l'abri des blessures.

D'après tous ces attributs, on croirait que le porte-crête

est vorace, carnassier, et dangereux pour plusieurs petits animaux. Mais nous avons encore ici un exemple de la réserve avec laquelle on doit juger de l'ensemble du naturel d'après les caractères particuliers de la conformation extérieure : tant l'organisation interne, et même un concours de circonstances locales, plus ou moins constantes, agissent quelquefois avec force sur les habitudes.

Le porte-crête habite de préférence sur le bord des grands fleuves, mais ce n'est point en embuscade qu'on l'y trouve : il ne fait point la guerre aux animaux plus faibles que lui, il se nourrit tout au plus de quelques petits vers. Il passe tranquillement sa vie sur les rives peu fréquentées ; il dépose ses œufs sur les bancs de sable et les petites îles, comme s'il cherchait à les y mettre en sûreté. Il grimpe sur les arbres qui s'élèvent au bord de l'eau, et y cherche en paix les fruits et les graines dont il fait sa principale nourriture. Il n'a donc usé presque jamais de toute sa force, qui peut-être même n'est pas très-considérable ; aussi s'alarme-t-il aisément. Il fuit au moindre bruit, sans chercher à se défendre, comme si l'habitude de la défense tenait le plus souvent à celle de l'attaque. Il se jette dans l'eau lorsqu'il redoute quelque ennemi ; il nage avec d'autant plus de vitesse que la membrane élevée de sa queue lui sert à frapper l'eau avec facilité, et il se cache à la hâte sous les roches.

Les fruits dont ce lézard se nourrit lui donnent un naturel doux et paisible, et communiquent à sa chair une saveur supérieure à celle qu'il aurait s'il choisissait un aliment moins pur. Malheureusement pour cet innocent lézard, le bon goût de sa chair, qu'on dit être préférable à celle de l'iguane, est assez connu des habitants des contrées qu'il habite, pour qu'on le poursuive jusqu'au milieu des eaux et sous les roches avancées qui lui servent de dernier asile ; il s'y laisse même prendre à la main, sans jeter aucun cri, sans faire le moindre mouvement pour se défendre. Cette espèce d'abandon de sa vie ne provient peut-être que du naturel tranquille de cet animal frugivore, qui n'a jamais essayé ses armes, ni senti tout ce qu'il peut pour sa conservation. On a cependant donné à sa douceur le nom de *stupidité :* mais combien de fois n'a-t-on pas désigné par un nom de mépris les qualités paisibles et peu brillantes !

Le Galéote[1].

Ce lézard a, depuis la tête jusqu'au milieu du dos, une crête produite par des écailles séparées l'une de l'autre, grandes, minces et terminées en pointe; quelques écailles semblables s'élèvent d'ailleurs sur le derrière de la tête, au-dessous des ouvertures des oreilles : mais cette crête hérissée ne s'étend pas sur la gorge, et depuis le sommet de la tête jusqu'à l'extrémité de la queue, comme dans l'iguane. Toutes les autres écailles qui revêtent le galéote présentent une arête saillante et aiguë qui le fait paraître couvert d'une multitude de stries disposées dans le sens de sa longueur.

La tête est aplatie, très-large par derrière, et assez semblable par là à celle du caméléon; les yeux sont gros, les ouvertures des oreilles grandes; la gorge est un peu renflée, ce qui lui donne un petit trait de ressemblance avec l'iguane; les pattes sont assez longues, ainsi que les doigts, qui sont très-séparés les uns des autres; le dos des ongles est noir; la queue est effilée et plus de trois fois aussi longue que le corps. L'individu qui est conservé au Cabinet du Roi, a trois pouces dix lignes depuis le bout du museau jusqu'à l'anus. La queue a quatorze pouces de longueur. Quelquefois la couleur du dos est azurée et celle du ventre blanchâtre.

Le galéote se trouve dans les contrées chaudes de l'Asie, particulièrement dans l'île de Ceylan, en Arabie, en Espagne, etc. Il court dans les maisons et sur les toits, où il donne la chasse aux araignées : on prétend même qu'il est assez fort pour faire sa proie de petits rats, contre les dents desquels il pourrait être un peu défendu par ses écailles aiguës et par la crête qui règne le long de son dos. Ce qui est bien certain, c'est que ses longs doigts, très-divisés, doivent lui donner beaucoup de facilité pour se cramponner sur les toits

[1] Par les Latins, *ophiomachus*.

et y poursuivre les rats et les araignées. Il se bat contre les petits serpents, ainsi que le lézard vert et plusieurs autres lézards.

L'Agame.

On trouve en Amérique un lézard qui a beaucoup de rapports avec le galéote. Le derrière de la tête et le cou sont garnis d'écailles aiguës. Celles qui couvrent le dessus du corps, et surtout celles qui revêtent la queue, sont relevées en carêne, et terminées par une épine; ce qui donne une forme anguleuse à la queue, qui d'ailleurs est menue et longue. Le dos présente vers sa partie antérieure une crête composée d'écailles droites, plates et aiguës. Le dessous de la gueule est couvert d'une peau lâche, en forme de petit fanon. Ce qui le distingue principalement du galéote, avec lequel il est aisé de le confondre, c'est que ses couleurs paraissent plus pâles, que son ventre semble moins strié, que les écailles qui garnissent le derrière de la tête sont comme renversées et tournées vers le museau. Le mâle ne diffère de la femelle qu'en ce que sa crête est composée d'écailles plus grandes, et se prolonge davantage sur le dos. D'ailleurs il n'y a point d'épines latérales sur le cou de la femelle; mais on en voit de très-petites sur les côtés du corps, et celles qui défendent la queue et les parties antérieures du dos sont plus aiguës que sur le mâle. Suivant Seba, ce lézard se plaît au milieu des eaux. Nous présumons que c'est à cette espèce qu'il faut rapporter le lézard représenté dans l'ouvrage de Sloane, planche CCLXXIII, figure 2, ainsi que celui que Brown a dit être commun à la Jamaïque, et dont il fait une cinquième espèce. Nous croyons devoir encore regarder comme un agame le lézard bleu d'Edwards[1]; et ces trois lézards ne nous paraissent

[1] Le lézard décrit par Edwards ayant été apporté dans de l'esprit-de-vin de l'île de Nevis, dans les Indes occidentales, il ne serait pas surprenant que sa couleur eût été altérée, et de verte fût devenue bleue : j'ai vu souvent la couleur de plusieurs lézards conservés dans de l'esprit-de-vin, changer ainsi du vert au bleu.

être tout au plus que des variétés de celui dont il est question dans cet article.

TROISIÈME DIVISION.

LÉZARDS

dont la queue est ronde, qui ont cinq doigts aux pieds de devant, et des bandes écailleuses sous le ventre.

Le Lézard gris[1].

Le lézard gris paraît être le plus doux, le plus innocent et l'un des plus utiles des lézards. Ce joli petit animal, si commun dans le pays où nous écrivons, et avec lequel tant de personnes ont joué dans leur enfance, n'a pas reçu de la Nature un vêtement aussi éclatant que plusieurs autres quadrupèdes ovipares; mais elle lui a donné une parure élégante : sa petite taille est svelte; son mouvement agile; sa course si prompte, qu'il échappe à l'œil aussi rapidement que l'oiseau qui vole. Il aime à recevoir la chaleur du soleil; ayant besoin d'une température douce, il cherche les abris; et lorsque, dans un beau jour de printemps, une lumière pure éclaire vivement un gazon en pente, ou une muraille qui augmente la chaleur en la réfléchissant, on le voit s'étendre sur ce mur ou sur l'herbe nouvelle, avec une espèce de volupté. Il se pénètre avec délices de cette chaleur bienfaisante; il marque son plaisir par de molles ondulations de sa queue déliée; il

[1] *Lagartija* et *sargantana*, en Espagne; *langrola*, aux environs de Montpellier.

fait briller ses yeux vifs et animés; il se précipite comme un trait pour saisir une petite proie, ou pour trouver un abri plus commode. Bien loin de s'enfuir à l'approche de l'homme, il paraît le regarder avec complaisance ; mais au moindre bruit qui l'effraie ; à la chute seule d'une feuille, il se roule, tombe et demeure pendant quelques instants comme étourdi par sa chute; ou bien il s'élance, disparaît, se trouble, revient, se cache de nouveau, reparaît encore, décrit en un instant plusieurs circuits tortueux que l'œil a de la peine à suivre, se replie plusieurs fois sur lui-même, et se retire enfin dans quelque asile jusqu'à ce que sa crainte soit dissipée[1].

Sa tête est triangulaire et aplatie ; le dessus est couvert de grandes écailles, dont deux sont situées au-dessus des yeux, de manière à représenter quelquefois des paupières fermées. Son petit museau arrondi présente un contour gracieux; les ouvertures des oreilles sont assez grandes; les deux mâchoires égales et garnies de larges écailles; les dents fines, un peu crochues, et tournées vers le gosier.

Il a à chaque pied cinq doigts déliés, et garnis d'ongles recourbés, qui lui servent à grimper aisément sur les arbres et à courir avec agilité le long des murs; et ce qui ajoute à la vitesse avec laquelle il s'élance, même en montant, c'est que les pattes de derrière, ainsi que dans tous les lézards, sont un peu plus longues que celles de devant. Le long de l'intérieur des cuisses, règne un petit cordon de tubercules, semblables par leur forme à ceux que nous avons remarqués sur l'iguane : le nombre de ces petites éminences varie, et on en compte quelquefois plus de vingt.

Tout est délicat et doux à la vue dans ce petit lézard. La couleur grise que présente le dessus de son corps est variée par un grand nombre de taches blanchâtres, et par trois bandes presque noires qui parcourent la longueur du dos; celle du milieu est plus étroite que les deux autres. Son ventre est peint de vert changeant en bleu; il n'est aucune de ses écailles dont le reflet ne soit agréable; et pour ajouter à cette

[1] C'est principalement dans les pays chauds que le lézard gris est très-agile, et qu'il exécute les divers mouvements que nous venons de décrire.

simple mais riante parure, le dessous du cou est garni d'un collier composé d'écailles, ordinairement au nombre de sept, un peu plus grandes que les voisines, et qui réunissent l'éclat et la couleur de l'or. Au reste, dans ce lézard comme dans tous les autres, les teintes et la distribution des couleurs sont sujettes à varier suivant l'âge, le sexe et le pays : mais le fond de ces couleurs reste à peu près le même[1]. Le ventre est couvert d'écailles beaucoup plus grandes que celles qui sont au-dessus du corps; elles y forment des bandes transversales, ainsi que dans tous les lézards que nous avons compris dans la troisième division.

Il a ordinairement cinq ou six pouces de long, et un demi-pouce de large : et quelle différence entre ce petit animal et l'énorme crocodile! Aussi ce prodigieux quadrupède ovipare n'est-il presque jamais aperçu qu'avec effroi, tandis qu'on voit avec intérêt le petit lézard gris jouer innocemment parmi les fleurs avec ceux de son espèce, et, par la rapidité de ses agréables évolutions, mériter le nom d'*agile* que Linné lui a donné. On ne craint point ce lézard doux et paisible; on l'observe de près. Il échappe communément avec rapidité, lorsqu'on veut le saisir : mais lorsqu'on l'a pris, on le manie sans qu'il cherche à mordre; les enfants en font un jouet, et, par une suite de la grande douceur de son caractère, il devient familier avec eux. On dirait qu'il cherche à leur rendre caresse pour caresse ; il approche innocemment sa bouche de leur bouche; il suce leur salive avec avidité. Les anciens l'ont appelé *l'ami de l'homme;* il aurait fallu l'appeler *l'ami de l'enfance*. Mais cette enfance, souvent ingrate ou du moins trop inconstante, ne rend pas toujours le bien pour le bien à ce faible animal; elle le mutile; elle lui fait perdre une partie de sa queue très-fragile, et dont les tendres vertèbres peuvent aisément se séparer.

Cette queue, qui va toujours en diminuant de grosseur, et qui se termine en pointe, est à peu près deux fois aussi longue que le corps , elle est tachetée de blanc et d'un noir peu foncé, et les petites écailles qui la couvrent forment des an-

[1] Nous avons décrit le lézard gris d'après des individus vivants.

neaux assez sensibles, souvent au nombre de quatre-vingts. Lorsqu'elle a été brisée par quelque accident, elle repousse quelquefois ; et suivant qu'elle a été divisée en plus ou moins de parties, elle est remplacée par deux et même quelquefois par trois queues plus ou moins parfaites, dont une seule renferme des vertèbres; les autres ne contiennent qu'un tendon.

Le tabac en poudre est presque toujours mortel pour le lézard gris : si l'on en met dans sa bouche, il tombe en convulsion, et le plus souvent il meurt bientôt après. Utile autant qu'agréable, il se nourrit de mouches, de grillons, de sauterelles, de vers de terre, de presque tous les insectes qui détruisent nos fruits et nos grains ; aussi serait-il très-avantageux que l'espèce en fût plus multipliée : à mesure que le nombre des lézards gris s'accroîtrait, nous verrions diminuer les ennemis de nos jardins ; ce serait alors qu'on aurait raison de les regarder, ainsi que certains Indiens les considèrent, comme des animaux d'heureux augure, et comme des signes assurés d'une bonne fortune.

Pour saisir les insectes dont ils se nourrissent, les lézards gris dardent avec vitesse une langue rougeâtre, assez large, fourchue, et garnie de petites aspérités à peine sensibles, mais qui suffisent pour les aider à retenir leur proie ailée. Comme les autres quadrupèdes ovipares, ils peuvent vivre beaucoup de temps sans manger, et on en a gardé pendant six mois dans une bouteille, sans leur donner aucune nourriture, mais aussi sans leur voir rendre aucun excrément.

Plus il fait chaud, et plus les mouvements du lézard gris sont rapides : à peine les premiers beaux jours du printemps viennent-ils réchauffer l'atmosphère, que le lézard gris sortant de la torpeur profonde que le grand froid lui fait éprouver, et renaissant, pour ainsi dire, à la vie, avec les zéphyrs et les fleurs, reprend son agilité et recommence ces espèces de joutes et de jeux.

La femelle ne couve pas ses œufs, qui sont presque ronds, et n'ont pas quelquefois plus de cinq lignes de diamètre : mais comme ils sont pondus dans le temps où la température commence à être très-douce, ils éclosent par la seule chaleur de l'atmosphère, avec d'autant plus de facilité que la femelle a le soin de les déposer dans les abris les plus chauds, et, par exemple, au pied d'une muraille tournée vers le midi.

Le lézard gris se dépouille au printemps. Il se dépouille aussi lorsque l'hiver arrive; il passe tristement cette saison du froid dans des trous d'arbre ou de muraille ou dans quelques creux sous terre : il y éprouve un engourdissement plus ou moins grand, suivant le climat qu'il habite et la rigueur de la saison; et il ne quitte communément cette retraite que lorsque le printemps ramène la chaleur. Cet animal ne conserve cependant pas toujours la douceur de ses habitudes; M. Edwards rapporte, dans son *Histoire naturelle*, qu'il surprit un jour un lézard gris attaquant un petit oiseau qui réchauffait dans son nid des petits nouvellement éclos. C'était contre un mur que le nid était placé. L'approche de M. Edwards fit cesser l'espèce de combat que l'oiseau soutenait pour défendre sa jeune famille; l'oiseau s'envola; le lézard se laissa tomber : il aurait peut-être, dit M. Edwards, dévoré les petits, s'il avait pu les tirer de leur nid. Mais ne nous pressons pas d'attribuer une méchanceté, qui peut n'être qu'un défaut individuel et ne dépendre que de circonstances passagères, à une espèce faible que l'on a reconnue pour innocente et douce.

On a fait usage des lézards gris en médecine; on les a employés, aux environs de Madrid, dans des maladies graves[1] : la Société royale a reçu des individus de l'espèce dont se servent les médecins espagnols; ils ont été examinés par MM. Daubenton et Mauduit, et un de ces lézards a été déposé au Cabinet du Roi : il ne diffère du lézard gris de nos provinces que par des nuances de couleur très-légères, et qui sont la suite presque nécessaire de la diversité des climats de la France et de l'Espagne.

Il paraît qu'on doit regarder comme une variété du lézard

[1] On a vanté les propriétés des lézards gris, principalement contre les maladies de la peau, les cancers, les maux qui demandent que le sang soit épuré. Voyez à ce sujet les avis et instructions publiés par la Société royale de Médecine de Paris.

gris un petit lézard très-agile, et qui lui ressemble par la conformation générale du corps, par celle de la queue, par des écailles, disposées sous la gorge en forme de collier, et par des tubercules placés sur la face intérieure des cuisses. M. Pallas l'a appelé *lézard véloce* dans le supplément latin du Voyage qu'il a publié en langue russe. Ce petit lézard est d'une couleur cendrée, rayée longitudinalement, semée de points roux sur le dos et bleuâtres sur les côtés, où l'on voit aussi des taches noires. On le rencontre parmi les pierres, auprès du lac d'Inderskoi, et dans les lieux les plus déserts et les plus chauds; il s'élance, suivant M. Pallas, avec la rapidité d'une flèche.

Addition à l'article du Lézard gris.

M. de Sept-Fontaines, que nous avons déjà cité plusieurs fois, et qui ne cesse de concourir à l'avancement de l'histoire naturelle, nous a communiqué l'observation suivante, relativement à la reproduction des lézards gris. Le 17 juillet 1783, il partagea un de ces animaux avec un instrument de fer; c'était une femelle, et à l'instant il sortit de son corps sept jeunes lézards, longs depuis onze jusqu'à treize lignes, entièrement formés, et qui coururent avec autant d'agilité que les lézards adultes. La portée était de douze; mais cinq petits lézards avaient été blessés par l'instrument de fer, et ne donnèrent que de légers signes de vie.

M. de Sept-Fontaines avait bien voulu joindre à sa lettre un lézard de l'espèce de la femelle sur laquelle il avait fait son observation, et cet individu ne différait en rien des lézards gris que nous avons décrits.

On peut donc croire qu'il en est des lézards gris comme des salamandres terrestres; que quelquefois les femelles pondent leurs œufs et les déposent dans des endroits abrités, ainsi que l'ont écrit plusieurs naturalistes, et que d'autres fois les petits éclosent dans le ventre de la mère.

Le Lézard vert[1].

La nature, en formant le lézard vert, paraît avoir suivi les mêmes proportions que pour le légard gris : mais elle a travaillé d'après un module plus considérable; elle n'a fait, pour ainsi dire, qu'agrandir le lézard gris, et le revêtir d'une parure plus belle.

C'est dans les premiers jours du printemps que le lézard vert brille de tout son éclat, lorsqu'ayant quitté sa vieille peau, il expose au soleil son corps émaillé des plus vives couleurs. Les rayons qui rejaillissent de dessus ses écailles les dorent par reflets ondoyants : elles étincellent du feu de l'émeraude; et si elles ne sont pas diaphanes comme les cristaux, la réflexion d'un beau ciel qui se peint sur ces lames luisantes et polies compense l'effet de la transparence par un nouveau jeu de lumière. L'œil ne cesse d'être réjoui par le vert qu'offre le lézard dont nous écrivons l'histoire; il se remplit, pour ainsi dire, de son éclat, sans jamais en être ébloui. Autant la couleur de cet animal attire la vue par la beauté de ses reflets, autant elle l'attache par leur douceur; on dirait qu'elle se répand sur l'air qui l'environne, et qu'en s'y dégradant par des nuances insensibles elle se fond de manière à ne jamais blesser, et à toujours enchanter par une variété agréable, séduisant également, soit qu'elle resplendisse avec mollesse au milieu de grands flots de lumière, ou que, ne renvoyant qu'une faible clarté, elle présente des teintes aussi suaves que délicates.

Le dessus du corps de ce lézard est d'un vert plus ou moins

[1] *Krauthun*, aux environs de Vienne en Autriche; *lagarto* et *fardacho*, en Espagne; *lazer*, aux environs de Montpellier.

Linnæus ne regarde le lézard vert que comme une variété du lézard gris; mais, indépendamment d'autres raisons, la grande différence qui se trouve entre les dimensions de ces deux lézards, et les observations que nous avons faites plusieurs fois sur ces animaux vivants, ne nous permettent pas de les rapporter à la même espèce.

mêlé de jaune, de gris, de brun, et même quelquefois de rouge; le dessous est toujours plus blanchâtre. Les teintes de ce quadrupède ovipare sont sujettes à varier; elles pâlissent dans certains temps de l'année, et surtout après la mort de l'animal : mais c'est principalement dans les climats chauds qu'il se montre avec l'éclat de l'or et des pierreries; c'est là qu'une lumière plus vive anime ses couleurs et les multiplie. C'est aussi dans ces pays moins éloignés de la zone torride qu'il est plus grand, et qu'il parvient quelquefois jusqu'à la longueur de trente pouces[1]. L'individu qui a été envoyé de Provence au Cabinet du Roi, a vingt pouces de longueur, en y comprenant celle de la queue, qui est presque égale à celle du corps et de la tête; le diamètre du corps est de deux pouces dans l'endroit le plus gros. Le dessus de la tête, comme dans le lézard gris, est couvert de grandes écailles arrangées symétriquement et placées à côté l'une de l'autre. Les bords des mâchoires sont garnis d'un double rang de grandes écailles. Les ouvertures des oreilles sont ovales; leur grand diamètre est de quatre lignes, et elles laissent apercevoir la membrane du tympan. L'espèce de collier qu'a le lézard vert, ainsi que le lézard gris, est formée, dans l'individu envoyé de Provence au Cabinet du Roi, par onze grandes écailles. Celles qui couvrent le dos sont les plus petites de toutes : elles sont hexagones; mais les angles en étant peu sensibles, elles paraissent presque rondes. Les écailles qui sont sous le ventre sont grandes, hexagones, beaucoup plus allongées, et forment trente demi-anneaux ou bandes transversales.

Treize tubercules s'étendent le long de la face intérieure de chaque cuisse; ils sont creux, et nous avons vu à leur extrémité un mamelon très-apparent, et qui s'élève au-dessus des bords de la petite cavité du tubercule dont il paraît sortir. La fente qui forme l'anus occupe une très-grande partie de la largeur du corps. La queue diminue de grosseur depuis l'ori-

[1] Note communiquée par M. de la Tour-d'Aigues, président à mortier au parlement de Provence, et dont les lumières sont aussi connues que son zèle pour l'avancement des sciences.

gine jusqu'à la pointe ; elle est couverte d'écailles plus longues que larges, plus grandes que celles du dos, et qui forment ordinairement plus de quatre-vingt-dix anneaux.

La beauté du lézard vert fixe les regards de tous ceux qui l'aperçoivent : mais il semble rendre attention pour attention ; il s'arrête lorsqu'il voit l'homme ; on dirait qu'il l'observe avec complaisance, et qu'au milieu des forêts qu'il habite il a une sorte de plaisir à faire briller à ses yeux ses couleurs dorées, comme dans nos jardins le paon étale avec orgueil l'émail de ses belles plumes. Les lézards verts jouent avec les enfants, ainsi que les gris : lorsqu'ils sont pris et qu'on les excite les uns contre les autres, ils s'attaquent et se mordent quelquefois avec acharnement.

Plus fort que le lézard gris, le vert se bat contre les serpents : il est rarement vainqueur. L'agitation qu'il éprouve et le bruit qu'il fait lorsqu'il en voit approcher ne viennent que de sa crainte : mais on s'est plu à tout ennoblir dans cet être distingué par la beauté de ses couleurs ; on a regardé ses mouvements comme une marque d'attention et d'attachement ; et l'on a dit qu'il avertissait l'homme de la présence des serpents qui pouvaient lui nuire. Il recherche les vers et les insectes ; il se jette avec une sorte d'avidité sur la salive qu'on vient de cracher, et Gesner a vu un lézard vert boire de l'urine des enfants. Il se nourrit aussi d'œufs de petits oiseaux, qu'il va chercher au haut des arbres, où il grimpe avec assez de vitesse.

Quoique plus bas sur ses pattes que le lézard gris, il court cependant avec agilité, et part avec assez de promptitude pour donner un premier mouvement de surprise et d'effroi, lorsqu'il s'élance au milieu des broussailles ou des feuilles sèches. Il saute très-haut ; et comme il est plus fort, il est aussi plus hardi que le lézard gris : il se défend contre les chiens qui l'attaquent. L'habitude de saisir par l'endroit le plus sensible, et par conséquent par les narines, les diverses espèces de serpents avec lesquelles il est souvent en guerre, fait qu'il se jette au museau des chiens, et les y mord avec tant d'obstination, qu'il se laisse emporter et même tuer plutôt que de desserrer les dents : mais il paraît qu'il ne faut point le regarder comme venimeux, au moins dans les pays tempérés; et qu'on lui a attribué faussement des morsures mortelles ou dangereuses.

Ses habitudes sont d'ailleurs assez semblables à celles du lézard gris, et ses œufs sont ordinairement plus gros que ceux de ce dernier.

Les Africains se nourrissent de la chair des lézards verts. Mais ce n'est pas seulement dans les pays chauds des deux continents qu'on trouve ces lézards; ils habitent aussi les contrées très-tempérées, et même un peu septentrionales, quoiqu'ils y soient moins nombreux et moins grands. Ils ne sont point étrangers aux parties méridionales de la Suède, non plus qu'au Kamtschatka, où, malgré leur beauté, un préjugé superstitieux fait qu'ils inspirent l'effroi. Les Kamtschadales les regardent comme des envoyés des puissances infernales : aussi s'empressent-ils, lorsqu'ils en rencontrent, de les couper par morceaux; et s'ils les laissent échapper, ils redoutent si fort le pouvoir des divinités dont ils les regardent comme les représentants, qu'à chaque instant ils croient qu'ils vont mourir, et meurent même quelquefois, disent quelques voyageurs, à force de le craindre.

On trouve aux environs de Paris une variété du lézard vert, distingué par une bande qui règne depuis le sommet de la tête jusqu'à l'extrémité de la queue, et qui s'étend un peu au-dessus des pattes, surtout celles de derrière. Cette bande est d'un gris fauve, tachetée d'un brun foncé parsemée de points jaunâtres, et bordée d'une petite ligne blanchâtre. Nous avons examiné deux individus vivants de cette variété; ils paraissaient jeunes, et cependant ils étaient déjà de la taille des lézards gris qui ont atteint presque tout leur développement.

En Italie on a donné au lézard vert le nom de *stellion*, que l'on a aussi attribué à la salamandre terrestre, ainsi qu'à d'autres lézards. C'est à cause des taches de couleurs plus ou moins vives dont est parsemé le dessus du corps de ces animaux, et qui les font paraître comme étoilés, qu'on leur a transporté un nom que nous réservons uniquement, avec M. Linné et le plus grand nombre des naturalistes, à un lézard d'Afrique, très-différent du lézard vert, et qui a toujours été appelé *stellion*[1].

Nous plaçons ici la notice d'un lézard[2] que l'on rencontre en Amérique, et qui a quelques rapports avec le lézard vert. Catesby en a parlé sous le nom de *lézard vert de la Caroline;* Rochefort, et, après lui, Ray, l'ont désigné par celui de *gobe-mouches*. Ce joli petit animal n'a guère que cinq pouces de long; quelques individus mêmes de cette espèce, et les femelles surtout, n'ont que la longueur et la grosseur du doigt : mais s'il est inférieur par sa taille à notre lézard vert, il ne lui cède pas en beauté. La plupart de ces gobe-mouches sont d'un vert très-vif; il y en a qui paraissent éclatants d'or et d'argent; d'autres sont d'un vert doré, ou peints de diverses couleurs aussi brillantes qu'agréables. Ils deviennent très-utiles en délivrant les habitations des mouches, des ravets et des autres insectes nuisibles. Rien n'approche de l'industrie, de la dextérité, de l'agilité avec lesquelles ils les cherchent, les poursuivent et les saisissent. Aucun animal n'est plus patient que ces charmants petits lézards; ils demeurent quelquefois immobiles pendant une demi-journée, en attendant leur proie; dès qu'ils la voient, ils s'élancent comme un trait du haut des arbres, où ils se plaisent à grimper. Les œufs qu'ils pondent sont de la grosseur d'un pois; ils les couvrent d'un peu de terre, et la chaleur du soleil les fait éclore. Ils sont si familiers, qu'ils entrent hardiment dans les appartements; ils courent même partout si librement et sont si peu craintifs, qu'ils montent sur les tables pendant les repas; et s'ils aperçoivent quelque insecte, ils sautent sur lui, et passent, pour l'atteindre, jusque sur les habits des convives; mais ils sont si propres et si jolis, qu'on les voit sans peine traverser les plats et toucher les mets. Rien ne manque donc au lézard gobe-mouches pour plaire; parure, beauté,

[1] On trouve dans la description du muséum de Kircher une notice et une figure relatives à un lézard pris dans un bois des Alpes, et appelé *stellion d'Italie*, qui nous paraît être une variété du lézard vert. *Rerum naturalium Historia, existentium in museo Kircheriano;* Romæ, 1771, page 40. Stellion d'Italie.

[2] *Oulla ouna*, par les Caraïbes.

utilité, agilité, patience, industrie, il a tout reçu pour charmer l'œil et intéresser en sa faveur. Mais il est aussi délicat que richement coloré; il ne se montre que pendant l'été aux latitudes un peu élevées, et il y passe la saison de l'hiver dans des crevasses et des trous d'arbre où il s'engourdit. Les jours chauds et sereins, qui brillent quelquefois pendant l'hiver, le raniment au point de le faire sortir de sa retraite; mais le froid, revenant tout d'un coup, le rend si faible, qu'il n'a pas la force de rentrer dans son asile, et qu'il succombe à la rigueur de la saison. Quelque agile qu'il soit, il n'échappe qu'avec beaucoup de peine à la poursuite des chats et des oiseaux de proie. Sa peau ne peut cacher entièrement les altérations intérieures qu'il subit; sa couleur change comme celle du caméléon, suivant l'état où il se trouve, ou, pour mieux dire, suivant la température qu'il éprouve. Dans un jour chaud, il est d'un vert brillant; et si le lendemain il fait froid, il paraît d'une couleur brune. Aussi, lorsqu'il est mort, l'éclat et la fraîcheur de ses couleurs disparaissent, et sa peau devient pâle et livide.

Les couleurs se ternissent et changent ainsi dans plusieurs autres espèces de lézards; c'est ce qui produit cette grande diversité dans les descriptions des auteurs qui se sont trop attachés aux couleurs des quadrupèdes ovipares, et c'est ce qui a répandu une grande confusion dans la nomenclature de ces animaux. Il y a quelque ressemblance entre les habitudes du gobe-mouches et celles d'un autre petit lézard du nouveau monde, auquel on a donné le nom d'*anolis*, qu'on a appliqué aussi à beaucoup d'autres lézards. Nous rapportons ce dernier au goîtreux qui vit dans les mêmes contrées[1]. Comme nous n'avons pas vu le gobe-mouches, nous ne savons si l'on ne doit pas le regarder de même, comme de la même espèce que le goîtreux, au lieu de le considérer comme une variété de lézard vert.

M. François Cetti, dans son *Histoire des amphibies et des poissons de la Sardaigne*, parle d'un lézard vert très-commun dans cette île, et qu'on y nomme en certains endroits *tili-*

[1] Voyez l'article du *Goîtreux*.

guerta et *caliscertula* : il ne ressemble entièrement ni au lézard vert de cet article, ni à l'améiva, dont nous allons traiter[1]. M. Cetti présume que cette tiliguerta est une espèce nouvelle, intermédiaire entre ces deux lézards : il nous paraît cependant, d'après ce qu'en dit cet habile naturaliste, qu'on pourrait le regarder comme une variété du lézard vert, s'il a au-dessous du cou une espèce de demi-collier composé de grandes écailles, ou comme une variété de l'améiva, s'il n'a point ce demi-collier.

Le Cordyle.

On trouve en Afrique et en Asie un lézard auquel M. Linné a appliqué exclusivement le nom de *cordyle*, qui lui a été donné par quelques voyageurs, mais dont on s'est aussi servi pour désigner la dragonne, ainsi que nous l'avons dit. Il paraît qu'il habite quelquefois dans l'Europe méridionale, et Ray dit l'avoir rencontré auprès de Montpellier. Nous allons le décrire d'après les individus conservés au Cabinet du Roi.

La tête est très-aplatie, élargie par derrière et triangulaire; de grandes écailles en revêtent le dessus et les côtés; les deux mâchoires sont couvertes d'un double rang d'autres grandes écailles, et armées de très-petites dents égales, fortes et aiguës.

Les trous des narines sont petits; les ouvertures des oreilles

[1] Il est important d'observer que la longueur de la queue des lézards, sa forme étagée ou verticillée, ainsi que le nombre des bandes écailleuses qui recouvrent le ventre de ces animaux, sont des caractères variables ou sans précision. Nous nous en sommes convaincu par l'inspection d'un grand nombre d'individus de plusieurs espèces : aussi n'avons-nous pas cru devoir les employer pour distinguer les divisions des lézards l'une d'avec l'autre : nous ne nous en sommes servi pour la distinction des espèces que lorsqu'ils ont indiqué des différences très-considérables : et d'ailleurs nous n'avons jamais assigné à la rigueur telle ou telle proportion, ni tel ou tel nombre, pour une marque constante d'une diversité d'espèce, et nous avons déterminé au contraire rigoureusement et avec précision la forme et l'arrangement des écailles de la queue.

étroites, et situées aux deux bouts de la base du triangle, dont le museau est la pointe.

Le corps est très-aplati; le ventre est revêtu d'écailles presque carrées et assez grandes, qui y forment des demi-anneaux, ou des bandes transversales; les écailles du dos sont aussi presque carrées, mais plus grandes; celles des côtés, étant relevées en carène, font paraître les flancs hérissés d'aiguillons.

La queue est d'une longueur à peu près égale à celle du corps; les écailles qui la revêtent présentent une arête saillante, qui se termine en forme d'épine allongée et garnie, des deux côtés, d'un très-petit aiguillon; ces écailles, étant longues et très-relevées par le bout, forment des anneaux très-sensibles, festonnés, assez éloignés les uns des autres, et qui font paraître la queue comme étagée. Nous en avons compté dix-neuf sur un individu femelle dont la queue était entière.

Les écailles des pattes sont aiguës, et relevées par une arête. Il y a cinq doigts garnis d'ongles aux pieds de devant et à ceux de derrière.

La couleur des écailles est bleue, et plus ou moins mêlée de châtain, par taches ou par bandes.

M. Linné dit que le corps du cordyle n'est point hérissé (*corpore lævigato*); cela ne doit s'entendre que du dos et du ventre, qui en effet ne le paraissent pas, lorsqu'on les compare avec les pattes, les côtés, et surtout avec la queue. Le long de l'intérieur des cuisses, règnent des tubercules comme dans l'iguane, le lézard gris, le lézard vert, etc. Une variété de cette espèce a les écailles du corps beaucoup plus petites que celles des autres cordyles.

L'Hexagone.

M. Linné a fait connaître ce lézard, qui habite en Amérique. Ce qui forme un des caractères distinctifs de l'hexagone, c'est que sa queue, plus longue de moitié que le corps, est comprimée de manière à présenter six côtés et six arêtes très-vives. Il est aussi fort reconnaissable par sa tête, qui paraît comme tronquée par derrière, et dont la peau forme plusieurs rides. Les écailles dont son corps est revêtu sont pointues et relevées en forme de carène, excepté celles du ventre; il les redresse à volonté, il paraît alors hérissé de petites pointes ou d'aiguillons; sous sa gueule sont deux grandes écailles rondes; sa couleur tire sur le roux. Nous n'avons pas vu ce lézard, et nous pouvons seulement présumer que son ventre est couvert de bandes transversales et écailleuses. Si cela n'est point, il faudra le placer parmi les lézards de la division suivante.

L'Améiva.

C'est un des quadrupèdes ovipares dont l'histoire a été le plus obscurcie : premièrement, parce que ce nom d'*améiva* ou *améira* a été donné à des lézards d'espèces différentes de celle dont il s'agit ici; secondement, parce que le vrai améiva a été nommé diversement en différentes contrées; il a été appelé tantôt *témapara*, tantôt *tatelec*, tantôt *tamacolin*, noms qui ont été en même temps attribués à des espèces différentes de l'améiva, particulièrement à l'iguane; et troisièmement enfin, parce que cet animal étant très-sujet à varier par ses couleurs, suivant les saisons, l'âge et les pays, divers individus de cette espèce ont été regardés comme formant autant d'espèces distinctes. Pour répandre de la clarté dans ce qui concerne cet animal, nous conservons uniquement ce nom d'*améiva* à un lézard qui se trouve dans l'Amérique tant septentrionale que méridionale, et qui a beaucoup de rapports avec les lézards gris et les lézards verts de nos contrées tempérées; on peut même, au premier coup d'œil, le confondre avec ces derniers : mais pour peu qu'on l'examine, il est aisé de l'en distinguer. Il en diffère en ce qu'il n'a point au-dessous du cou cette espèce de demi-collier, formé de grandes écailles, et qu'ont tous les lézards gris, ainsi que les lézards verts; au contraire, la peau, revêtue de très-petites écailles, y forme un ou deux plis. Ce caractère a été fort bien saisi par M. Linné; mais nous devons ajouter à cette différence celles que nous avons remarquées dans les divers individus que nous avons vus, et qui sont conservés au Cabinet du Roi.

Le tête de l'améiva est, en général, plus allongée et plus comprimée par les côtés; le dessus en est plus étroit et le museau plus pointu. Secondement, la queue est ordinairement plus longue en proportion du corps. Les améivas parviennent d'ailleurs à une taille presque aussi considérable que les lézards verts de nos provinces méridionales. L'individu que nous décrivons, et qui a été envoyé de Cayenne par M. Léchevin, a vingt et un pouces de longueur totale, c'est-à-dire, depuis le bout du museau jusqu'à l'extrémité de la queue, dont la longueur est d'un pied six lignes; la circonférence du corps, à l'endroit le plus gros, est de quatre pouces neuf lignes; les mâchoires sont fendues jusque derrière les yeux, garnies d'un double rang de grandes écailles, comme dans le lézard vert, et armées d'un grand nombre de dents très-fines, dont les plus petites sont placées vers le bout du museau, et qui ressemblent un peu à celles de l'iguane; le dessus de la tête est couvert de grandes lames, comme dans les lézards verts et dans les lézards gris.

Le dessus du corps et des pattes est garni d'écailles à peine sensibles; mais celles qui revêtent le dessous du corps sont grandes, carrées, et rangées en bandes transversales. La queue est entourée d'anneaux composés d'écailles, dont la figure est celle d'un carré long. Le dessous des cuisses présente un rang de tubercules. Les doigts, longs et séparés les uns des autres, sont garnis d'ongles assez forts.

La couleur de l'améiva varie beaucoup, suivant le sexe, le pays, l'âge, et la température de l'atmosphère, ainsi que nous l'avons dit; mais il paraît que le fond en est toujours vert ou grisâtre, plus ou moins diversifié par des taches ou des raies de couleurs plus vives, et qui, étant quelquefois arrondies de manière à le faire paraître œillé, ont fait donner le nom d'*argus* à l'améiva, ainsi qu'au lézard vert. Peut-être l'améiva forme-t-il, comme le lézard de nos contrées, une petite famille, dans laquelle on devrait distinguer les gris d'avec les verts; mais on n'a point fait assez d'observations pour que nous puissions rien établir à ce sujet.

Ray et Rochefort ont parlé de lézards qu'ils ont appelés *anolis* ou *anoles*, qui pendant le jour sont dans un mouvement continuel, et se retirent pendant la nuit dans des creux, d'où ils font entendre une strideur plus forte et plus insupportable que celle des cigales. Comme ce nom d'*anolis* ou d'*anoles* a été donné à plusieurs sortes de lézards, et que Ray ni Rochefort n'ont point décrit, de manière à ôter toute équivoque, ceux dont ils ont fait mention, nous invitons les voyageurs à observer ces animaux, sur l'espèce desquels on ne peut encore rien dire. Nous devons ajouter seulement que Gronovius a décrit, sous le nom d'*anolis*, un lézard de Surinam, évidemment de la même espèce que l'améiva de Cayenne, dont nous venons de donner la description.

L'améiva se trouve non-seulement en Amérique, mais encore dans l'ancien continent. J'ai vu un individu de cette espèce qui avait été apporté des grandes Indes par M. le Cor, et dont la couleur était d'un très-beau vert plus ou moins mêlé de jaune.

Le Lézard-Lion.

Voici l'emblème de la force appliqué à la faiblesse, et le nom du roi des animaux donné à un bien petit lézard. On peut cependant le lui conserver, parce que ce nom est aussi souvent pris pour le signe de la fierté que pour celui de la puissance. Le lézard-lion redresse presque toujours sa queue en la tournant en rond. Il a l'air de la hardiesse, et c'est apparemment ce qui lui a fait donner par les Anglais le surnom de *lion*, que plusieurs naturalistes lui ont conservé. Il se trouve dans la Caroline. Son espèce ne diffère pas beaucoup de celle de notre lézard gris. Trois lignes blanches et autant de lignes noires règnent de chaque côté du dos, dont le milieu est blanchâtre; il a deux rides sous le cou; le dessous des cuisses est garni d'un rang de petits tubercules, comme dans l'iguane, le lézard gris, le lézard vert, l'améiva, etc.; la queue se termine insensiblement en pointe.

Le lézard-lion n'est point dangereux; il se tient souvent

dans des creux de rocher, sur les bords de la mer. Ce n'est pas seulement dans la Caroline qu'on le rencontre, mais encore à Cuba, à Saint-Domingue, et dans d'autres îles voisines. Ayant les jambes allongées, il est très-agile, comme le lézard gris, et court avec une très-grande vitesse; mais ce joli et innocent lézard n'en est pas moins la proie des grands oiseaux de mer, à la poursuite desquels la rapidité de sa course ne peut le dérober.

Le Galonné.

Ce lézard habite dans l'ancien continent, où on le trouve aux Indes et en Guinée; il est aussi en Amérique, et il y a au Cabinet du Roi deux individus de cette espèce qui ont été envoyés de la Martinique. C'est avec raison que M. Linné assure que le galonné a un grand nombre de rapports avec l'améiva; il est beaucoup moins grand; mais les écailles qui revêtent le dessous du corps forment également des bandes transversales dans ces deux lézards. Le dessous des cuisses est garni d'un rang de tubercules, comme dans l'iguane, le lézard gris, le lézard vert, le cordyle, l'améiva, etc. Il a la queue menue et plus longue que le corps. Il est d'un vert plus ou moins foncé, et le long de son dos s'étendent huit raies blanchâtres, suivant M. Linné. Nous en avons compté neuf sur les deux individus qui sont au Cabinet du Roi. Les pattes sont mouchetées de blanc.

Il paraît que ce lézard est sujet à varier par le nombre et la disposition des raies qui règnent le long du dos. M. d'Antic a eu la bonté de nous faire voir un petit quadrupède ovipare qui lui a été envoyé de Saint-Domingue, et qui est une variété du galonné. Ce lézard est d'une couleur très-foncée; il a sur le dos onze raies d'un jaune blanchâtre, qui se réunissent de manière à n'en former que sept du côté de la tête, et dix vers l'origine de la queue, sur laquelle ces raies se perdent insensiblement. Ce sont là les seules différences qui le distinguent du galonné. Sa longueur totale est de six pouces, et celle de la queue de quatre pouces une ligne.

Le Lézard Cornu.

Ce lézard, qui se trouve à Saint-Domingue, a les plus grands rapports avec l'iguane ; il lui ressemble par la grandeur, par les proportions du corps, des pattes et de la queue, par la forme des écailles, par celle des grandes pièces écailleuses qui forment sur son dos et sur la partie supérieure de sa queue une crête semblable à celle de l'iguane. Sa tête est conformée comme celle de ce dernier lézard; elle montre également, sur les côtés, des tubercules très-gros, très-saillants, et finissant en pointe[1]. Les dents ont leurs bords divisés en plusieurs petites pointes, comme celles des iguanes un peu gros. Mais le lézard cornu diffère de l'iguane, en ce qu'il n'a pas sous la gorge une grande poche garnie d'une membrane et d'une sorte de crête écailleuse; d'ailleurs la partie supérieure de sa tête présente, entre les narines et les yeux, quatre tubercules de nature écailleuse, assez gros et placés au devant d'une corne osseuse, conique, et revêtue d'une écaille d'une seule pièce[2]. L'amateur distingué qui a bien voulu nous donner un lézard de cette espèce ou variété nous a assuré qu'on la trouvait en très-grand nombre à Saint-Domingue. Nous avons nommé ce lézard *le cornu*, jusqu'à ce que de nouvelles observations aient prouvé qu'il forme une espèce distincte, ou qu'il n'est qu'une variété de l'iguane. M. l'abbé Bonnaterre nous a le premier indiqué ce lézard[3].

[1] J'ai vu deux lézards cornus : l'un de ces deux individus n'avait pas de gros tubercules sur les côtés de la tête.

[2] L'un des deux lézards cornus que j'ai examinés, et qui font maintenant partie de la collection du Roi, a trois pieds sept pouces de longueur totale, et sa corne est haute de six lignes.

[3] Si le lézard cornu forme une espèce distincte, il faudra le placer dans la troisième division du genre des lézards, à la suite de l'iguane.

La Tête-Rouge[1].

Cette espèce de lézard se trouve dans l'île de Saint-Christophe; et c'est M. Badier qui a bien voulu nous en communiquer la description. La tête-rouge a cinq doigts à chaque pied, et le dessous du ventre garni de demi-anneaux écailleux, et par conséquent elle doit être comprise dans la troisième division du genre des lézards[2]. Elle est d'un vert très-foncé et mêlé de brun; les côtés et une partie du dessus de la tête sont rouges, ainsi que les côtés du cou; la gorge est blanche, la poitrine noire; le dos présente plusieurs raies noires, transversales et ondées; sur les côtés du corps s'étend une bande longitudinale, composée de plusieurs lignes noires transversales; le ventre est coloré par bandes longitudinales, en noir, en bleu et en blanchâtre.

Le dessus de la tête est couvert d'écailles plus grandes que celles qui garnissent le dos; on voit sous les cuisses une rangée de petits tubercules, comme sur le lézard gris et plusieurs autres lézards.

L'individu décrit par M. Badier avait un pouce de diamètre dans l'endroit le plus gros du corps: et un pied un pouce onze lignes de longueur totale; la queue était entourée d'anneaux écailleux, et longue de sept pouces huit lignes; les jambes de derrière mesurées jusqu'au premier article des doigts, avaient deux pouces une ligne de longueur.

Suivant M. Badier, la tête-rouge parvient à une grandeur trois fois plus considérable. Elle se nourrit d'insectes.

[1] *Pilori*, *tête-rouge*. *Anolis de terre*. Ce nom d'*anolis* a été donné en Amérique à plusieurs lézards, ainsi que nous l'avons vu dans l'*Histoire naturelle des quadrupèdes ovipares*.

[2] Voyez notre Table méthodique des quadrupèdes ovipares.

Le Lézard Quetz-Daléo.

Tel est le nom que porte au Brésil cette espèce de lézard, dont M. l'abbé Nollin, directeur des pépinières du Roi, a bien voulu m'envoyer un individu. Ce quadrupède ovipare est représenté dans Seba (tome I, planche XCVII, fig. 4), et M. Laurent en a fait mention sous le nom de *cordyle du Brésil* (page 52); mais nous n'avons pas voulu en parler avant d'en avoir vu un individu, et d'avoir pu déterminer nous-même s'il formait une espèce ou une variété distincte du cordyle, avec lequel il a beaucoup de rapports, particulièrement par la conformation de sa queue. Nous sommes assuré maintenant qu'il appartient à une espèce très-différente de celle du cordyle; il n'a point le dos garni d'écailles grandes et carrées comme le cordyle, ni le ventre couvert de demi-anneaux écailleux : il doit donc être compris dans la quatrième division des lézards, tandis que l'espèce du cordyle fait partie de la troisième. Sa tête est aplatie par-dessus, comprimée par les côtés, d'une forme un peu triangulaire, et revêtue de petites écailles[1] : celles du dos et du dessus des jambes sont encore plus petites; et comme elles sont placées à côté les unes des autres, elles font paraître la peau chagrinée. Le ventre et le dessous des pattes présentent des écailles un peu plus grandes, mais placées de la même manière, et assez dures. Plus de quinze tubercules percés à leur extrémité garnissent le dessous des cuisses; d'autres tubercules, plus élevés, très-forts, très-pointus et de grandeur très-inégale, sont répandus sur la face extérieure des jambes de derrière : on en voit aussi quelques-uns très-durs, mais moins hauts, le long des reins de l'animal, et sur les jambes de devant auprès des pieds.

La queue de ce lézard est revêtue de très-grandes écailles, relevées par une arête, très-pointues, très-piquantes, et dis-

[1] Les dents du quetz-daléo sont plus petites à mesure qu'elles sont plus près du museau. J'en ai compté plus de trente à chaque mâchoire. Elles sont assez carrées.

posées en anneaux larges et très-distincts les uns des autres. Cette forme qui lui est commune avec le cordyle, jointe à celle des écailles qui revêtent le dessus et le dessous de son corps, suffisent pour le faire distinguer d'avec les autres lézards déjà connus.

L'individu que M. l'abbé Nollin m'a fait parvenir avait plus d'un pied cinq pouces de longueur totale, et sa queue était longue de plus de huit pouces. Le dessus de son corps était gris, le dessous blanchâtre, et la queue d'un brun très-foncé.

QUATRIÈME DIVISION.

LÉZARDS

qui ont cinq doigts aux pieds de devant, sans bandes transversales sous le corps.

Le Caméléon[1].

Le nom du caméléon est fameux. On l'emploie métaphoriquement, depuis longtemps, pour désigner la vile flatterie. Peu de gens savent cependant que le caméléon est un lézard; et moins de personnes encore connaissent les traits qu'il présente et les qualités qui le distinguent. On a dit que le caméléon changeait souvent de forme, qu'il n'avait point de couleur en propre, qu'il prenait celle de tous les objets dont il approchait, qu'il en était par là une sorte de miroir fidèle, qu'il ne se nourrissait que d'air. Les anciens se sont plu à

[1] *Chamæleo*, en latin; *taïlah* ou *bouiah*, en Barbarie, suivant M. Shaw.

le répéter; ils ont cru voir dans cet être qui n'était pas le caméléon, mais un animal fantastique produit et embelli par l'erreur, une image assez ressemblante de plusieurs de ceux qui fréquentent les cours : ils s'en sont servis comme d'un objet de comparaison pour peindre ces hommes bas et rampants qui, n'ayant jamais d'avis à eux, sachant se plier à toutes les formes, embrasser toutes les opinions, ne se repaissent que de fumée et de vains projets. Les poëtes surtout se sont emparés de toutes les images fournies par des rapports qui, n'ayant rien de réel, pouvaient être aisément étendus : ils ont paré des charmes d'une imagination vive les diverses comparaisons tirées d'un animal qu'ils ont regardé comme faisant par crainte ce que l'on dit que tant de courtisans font par goût. Ces images agréables ont été copiées, multipliées, animées par les beaux génies des siècles les plus éclairés. Aucun animal ne réunit, sans doute, les propriétés imaginaires auxquelles nous devons tant d'idées riantes; mais une fiction spirituelle ne peut qu'ajouter au charme des ouvrages où sont répandues ces peintures gracieuses. Le caméléon des poëtes n'a point existé pour la Nature; mais il pourra exister à jamais pour le génie et pour l'imagination.

Lorsque cependant nous aurons écarté les qualités fabuleuses attribuées au caméléon, et lorsque nous l'aurons peint tel qu'il est, on devra le regarder encore comme un des animaux les plus intéressants aux yeux des naturalistes, par la singulière conformation de ses diverses parties, par les habitudes remarquables qui en dépendent, et même par des propriétés qui ne sont pas très-différentes de celles qu'on lui a faussement attribuées [1].

On trouve des caméléons de plusieurs tailles assez différentes les unes des autres. Les plus grands n'ont guère plus de quatorze pouces de longueur totale. L'individu qui est conservé avec beaucoup d'autres au Cabinet du Roi, a un pied deux pouces trois lignes, depuis le bout du museau jusqu'à

[1] On peut voir dans Pline les vertus chimériques que les anciens attribuaient au caméléon. On trouvera aussi dans Gesner tous les contes ridicules qu'ils ont publiés au sujet de cet animal.

l'extrémité de la queue, dont la longueur est de sept pouces. Celle des pattes, y compris les doigts, est de trois pouces.

La tête, aplatie par-dessus, l'est aussi par les côtés : deux arêtes élevées partent du museau, passent presque immédiatement au-dessus des yeux, en suivent à peu près la courbure, et vont se réunir en pointe derrière la tête ; elles y rencontrent une troisième saillie qui part du sommet de la tête, et deux autres qui viennent des coins de la gueule ; elles forment, toutes cinq ensemble, une sorte de capuchon, ou, pour mieux dire, de pyramide à cinq faces, dont la pointe est tournée en arrière. Le cou est très-court. Le dessous de la tête et la gorge sont comme gonflés, et représentent une espèce de poche, mais moins grande de beaucoup que celle de l'iguane.

La peau du caméléon est parsemée de petites éminences comme le chagrin : elles sont très-lisses, plus marquées sur la tête, et environnées de grains presque imperceptibles. Un rang de petites pointes coniques règne en forme de dentelure sur les saillies de la tête, sur le dos, sur une partie de la queue et au-dessous du corps, depuis le museau jusqu'à l'anus.

Sur le bout du museau, qui est un peu arrondi, sont placées les narines, qui doivent servir beaucoup à la respiration de l'animal ; car il a souvent la bouche fermée si exactement, qu'on a peine à distinguer la séparation des deux lèvres. Le cerveau est très-petit et n'a qu'une ligne ou deux de diamètre. La tête du caméléon ne présente aucune ouverture particulière pour les oreilles, et MM. de l'Académie des Sciences, qui disséquèrent cet animal, crurent qu'il était privé de l'organe de l'ouïe, qu'ils n'aperçurent point dans ce lézard, mais que M. Camper vient d'y découvrir. C'est une nouvelle preuve de la faiblesse de l'ouïe dans les quadrupèdes ovipares, et vraisemblablement c'est une des causes qui concourent à produire l'espèce de stupidité que l'on a attribuée au caméléon.

Les deux mâchoires sont composées d'un os dentelé qui tient lieu de véritables dents[1]. Presque tout est particulier

[1] Nous nous sommes assuré de l'existence de cet os dentelé par l'inspection des squelettes de caméléons que l'on a au Cabinet du Roi. Prosper Alpin a nié, en quelque sorte, l'existence de cet os

dans le caméléon : les lèvres sont fendues même au delà des mâchoires, où leur ouverture se prolonge en bas : les yeux sont gros et très-saillants ; et ce qui les distingue de ceux des autres quadrupèdes, c'est qu'au lieu d'une paupière qui puisse être levée et baissée à volonté, ils sont recouverts par une membrane chagrinée, attachée à l'œil, et qui en suit tous les mouvements. Cette membrane est divisée par une fente horizontale, au travers de laquelle on aperçoit une prunelle vive, brillante, et comme bordée de couleur d'or.

Les lézards et tous les quadrupèdes ovipares, en général, ont les yeux très-bons. Le sens de la vue, ainsi que nous l'avons dit, paraît être le premier de tous dans ces animaux, de même que dans les oiseaux. Mais les caméléons doivent jouir par excellence de cette vue exquise : il semble que leur sens de la vue est si fin et si délicat, que, sans la membrane qui revêt leurs yeux, ils seraient vivement offensés par la lumière éclatante qui brille dans les climats qu'ils habitent. Cette précaution qu'on dirait que la Nature a prise pour eux, ressemble à celle des Lapons et d'autres habitants du Nord, qui portent au devant de leurs yeux une petite planche de sapin fendue, pour se garantir de l'éclat éblouissant de la lumière fortement réfléchie par les neiges de leurs campagnes : ou plutôt ce n'est point pour conserver la finesse de leur vue qu'il leur a été donné des membranes ; mais c'est parce qu'ils ont reçu ces membranes préservatives que leurs yeux, moins usés, moins vivement ébranlés, doivent avoir une force plus grande et plus durable.

Non-seulement le caméléon a les yeux enveloppés d'une manière qui lui est particulière, mais ils sont mobiles indépendamment l'un de l'autre : quelquefois il les tourne de manière que l'un regarde en arrière, et l'autre en avant ; ou bien de l'un il voit les objets placés au-dessus de lui, tandis que de l'autre il aperçoit ceux qui sont situés au-dessous. Il peut par là considérer à la fois un plus grand espace ; et, sans cette propriété singulière, il serait presque privé de la vue malgré la bonté de ses yeux, sa prunelle pouvant uniquement admettre les rayons lumineux qui passent par la fente très-courte et très-étroite que présente la membrane chagrinée.

Le caméléon est donc unique dans son ordre, par plusieurs caractères très-remarquables : mais ceux dont nous venons de parler ne sont pas les seuls qu'il présente; sa langue, dont on a comparé la forme à celle d'un ver de terre, est ronde, longue communément de cinq ou six pouces, terminée par une sorte de gros nœud, creuse, attachée à une espèce de stylet cartilagineux qui entre dans sa cavité et sur lequel l'animal peut la retirer, et enduite d'une sorte de vernis visqueux qui sert au caméléon à retenir les mouches, les scarabées, les sauterelles, les fourmis et les autres insectes dont il se nourrit, et qui ne peuvent lui échapper, tant il la darde et la retire avec vitesse.

Le caméléon est plus élevé sur ses jambes que le plus grand nombre des lézards; il a moins l'air de ramper lorsqu'il marche : Aristote et Pline l'avaient remarqué. Il a, à chaque pied, cinq doigts très-longs presque égaux, et garnis d'ongles forts et crochus; mais la peau des jambes s'étend jusqu'au bout des doigts, et les réunit d'une manière qui est encore particulière à ce lézard. Non-seulement cette peau attache les doigts les uns aux autres, mais elle les enveloppe, et en forme comme deux paquets, l'un de trois doigts, et l'autre de deux; et il y a cette différence entre les pieds de devant et ceux de derrière, que, dans les premiers, le paquet extérieur est celui qui ne contient que deux doigts, tandis que c'est l'opposé dans les pieds de derrière[1].

Nous avons vu, à l'article de la dragonne, combien une membrane de moins entre les doigts influait sur les mœurs de ce lézard, et, en lui donnant la facilité de grimper sur les arbres, rendait ses habitudes différentes de celles du crocodile, qui a les pieds palmés. Nous avons observé, en général, qu'un léger changement dans la conformation des pieds devrait produire de très-grandes dissemblances entre les mœurs des divers quadrupèdes. Si l'on considère, d'après cela, les

[1] Quelques auteurs ont écrit qu'il y avait des espèces de caméléons dont les cinq doigts de chaque pied étaient séparés les uns des autres. Ils auront certainement pris pour des caméléons d'autres lézards, et, par exemple, des *tapayes*, dont la tête ressemble en effet un peu à celle du caméléon.

pieds du caméléon réunis d'une manière particulière, recouverts par une continuation de la peau des jambes, et divisés en deux paquets, où les doigts sont rapprochés et collés, pour ainsi dire, les uns contre les autres, on ne sera pas étonné de l'extrême différence qu'il y a entre les habitudes naturelles du caméléon et celles de plusieurs lézards. Les pieds du caméléon ne pouvant guère lui servir de rames, ce n'est pas dans l'eau qu'il se plaît : mais les deux paquets de doigts allongés qu'ils présentent sont placés de manière à pouvoir saisir aisément les branches sur lesquelles il aime à se percher; il peut empoigner ces rameaux, en tenant un paquet de doigts devant et l'autre derrière, de même que les pies, les coucous, les perroquets, et d'autres oiseaux, saisissent les branches qui les soutiennent, en mettant deux doigts devant et deux derrière. Ces deux paquets de doigts, placés comme nous venons de le dire, ne fournissent pas au caméléon un point d'appui bien stable lorsqu'il marche sur la terre : c'est ce qui fait qu'il habite de préférence sur les arbres, où il a d'autant plus de facilité à grimper et à se tenir, que sa queue est longue et douée d'une assez grande force. Il la replie, ainsi que les sapajous; il en entoure les petites branches, et s'en sert comme d'une cinquième main pour s'empêcher de tomber, ou passer avec facilité d'un endroit à un autre. Belon prétend que les caméléons se tiennent ainsi perchés sur les haies pour échapper aux vipères et aux cérastes, qui les avalent tout entiers lorsqu'ils peuvent les atteindre : mais ils ne peuvent pas se dérober de même à la mangouste, et aux oiseaux de proie qui les recherchent.

Voilà donc le caméléon que l'on peut regarder comme l'analogue du sapajou, dans les quadrupèdes ovipares. Mais si sa conformation lui donne une habitation semblable à celle de ce léger animal, s'il passe de même sa vie au milieu des forêts et sur les sommets des arbres, il n'en a ni l'élégante agilité, ni l'activité pétulante. On ne le voit pas s'élancer comme un trait de branche en branche, et imiter, par la vitesse de sa course et la grandeur de ses sauts, la rapidité du vol des oiseaux : mais c'est toujours avec lenteur qu'il va d'un rameau à un autre, et il est plutôt dans les bois en embuscade sous les feuilles pour retenir les insectes ailés qui peuvent tomber sur sa langue gluante, qu'en mouvement de chasse pour aller les surprendre[1].

La facilité avec laquelle il les saisit le rend utile aux Indiens, qui voient avec grand plaisir dans leurs maisons cet innocent lézard. Il est en effet si doux, qu'on peut, suivant Alpin, lui mettre le doigt dans la bouche, et l'enfoncer très-avant, sans qu'il cherche à mordre; et M. Desfontaines, savant professeur du Jardin du Roi, qui a observé les caméléons en Afrique, et qui en a nourri chez lui, leur attribue la même douceur qu'Alpin.

Soit que le caméléon grimpe le long des arbres, soit que, caché sous les feuilles, il y attende paisiblement les insectes dont il se nourrit, soit enfin qu'il marche sur la terre, il paraît toujours assez laid ; il n'offre, pour plaire à la vue, ni proportions agréables, ni taille svelte, ni mouvements rapides. Ce n'est qu'avec une sorte de circonspection qu'il ose se remuer. S'il ne peut pas embrasser les branches sur lesquelles il veut grimper, il s'assure, à chaque pas qu'il fait, que ses ongles sont bien entrés dans les fentes de l'écorce : s'il est à terre, il tâtonne; il ne lève un pied que lorsqu'il est sûr du point d'appui des autres trois. Par toutes ces précautions, il donne à sa démarche une sorte de gravité, pour ainsi dire ridicule, tant elle contraste avec la petitesse de sa taille et l'agilité qu'on croit trouver dans un animal assez semblable à des lézards fort lestes. Ce petit animal, dont l'enveloppe et la mobilité des yeux, la forme des pieds, et presque toute la conformation, méritent l'attention des physiciens, n'arrêterait donc les regards de ceux qui ne jettent qu'un coup d'œil superficiel, que pour faire naître le rire et une sorte de mépris : il aurait été bien éloigné d'être l'objet chéri de tant de voyageurs et de tant de poëtes; son nom n'aurait pas été répété par tant de bouches, et, perdu sous les rameaux où il se cache, il n'aurait été connu que des naturalistes, si la faculté de présenter, suivant ses différents états, des couleurs plus ou moins variées,

[1] Hasselquist a trouvé dans l'estomac d'un caméléon des restes de papillons et d'autres insectes.

n'avait attiré sur lui depuis longtemps une attention particulière.

Ces diverses teintes changent en effet avec autant de fréquence que de rapidité; elles paraissent d'ailleurs dépendre du climat, de l'âge ou du sexe. Il est donc assez difficile d'assigner quelle est la couleur naturelle du caméléon. Il paraît cependant qu'en général ce lézard est d'un gris plus ou moins foncé, ou plus ou moins livide.

Lorsqu'il est à l'ombre et en repos depuis quelque temps, les petits grains de sa peau sont quelquefois d'un rouge pâle; le dessous de ses pattes est d'un blanc un peu jaunâtre : mais lorsqu'il est exposé à la lumière du soleil, sa couleur change; la partie de son corps qui est éclairée devient souvent d'un gris plus brun; et la partie sur laquelle les rayons du soleil ne tombent point directement offre des couleurs plus éclatantes, et des taches qui paraissent isabelles par le mélange du jaune pâle que présentent alors les petites éminences, et du rouge clair du fond de la peau. Dans les intervalles des taches, les grains offrent du gris mêlé de verdâtre et de bleu, et le fond de la peau est rougeâtre. D'autres fois le caméléon est d'un beau vert tacheté de jaune; lorsqu'on le touche, il paraît souvent couvert tout d'un coup de taches noirâtres assez grandes, mêlées d'un peu de vert; lorsqu'on l'enveloppe dans un linge ou dans une étoffe, de quelque couleur qu'elle soit, il devient quelquefois plus blanc qu'à l'ordinaire : mais il est démontré, par les observations les plus exactes, qu'il ne prend point la couleur des objets qui l'environnent, que celles qu'il montre accidentellement ne sont point répandues sur tout son corps, comme le pensait Aristote, et qu'il peut offrir la couleur blanche, ce qui est contraire à l'opinion de Plutarque et de Solin.

Il n'a reçu presque aucune arme pour se défendre : ne marchant que très-lentement, ne pouvant point échapper par la fuite à la poursuite de ses ennemis, il est la proie de presque tous les animaux qui cherchent à le dévorer : il doit par conséquent être très-timide, se troubler aisément, éprouver souvent des agitations intérieures plus ou moins considérables. On croyait, du temps de Pline, qu'aucun animal n'était aussi craintif que le caméléon, et que c'était à cause de sa crainte habituelle qu'il changeait souvent de couleur. Ce trouble et cette crainte peuvent en effet se manifester par les taches dont il paraît tout d'un coup couvert à l'approche des objets nouveaux. Sa peau n'est point revêtue d'écailles, comme celle de beaucoup d'autres lézards ; elle est transparente, quoique garnie des petits grains dont nous avons parlé ; elle peut aisément transmettre à l'extérieur, par des taches brunes et par une couleur jaune ou verdâtre, l'expression des divers mouvements que la présence des objets étrangers doit imprimer au sang et aux humeurs du caméléon. Hasselquist, qui l'a observé en Égypte et qui l'a disséqué avec soin, dit que le changement de la couleur de ce lézard provient d'une sorte de maladie, d'une *jaunisse* que cet animal éprouve fréquemment, surtout lorsqu'il est irrité. De là vient, suivant le même auteur, qu'il faut presque toujours que le caméléon soit en colère pour que ses teintes changent du noir au jaune ou au vert. Il présente alors la couleur de sa bile, que l'on peut apercevoir aisément, lorsqu'elle est très-répandue dans le corps, à cause de la ténuité des muscles, et de la transparence de la peau. Il paraît d'ailleurs que c'est au plus ou moins de chaleur dont il est pénétré qu'il doit les changements de couleur qu'il éprouve de temps en temps. En général, ses couleurs sont plus vives lorsqu'il est en mouvement, lorsqu'on le manie, lorsqu'il est exposé à la lumière du soleil très-chaud dans les climats qu'il habite : elles deviennent au contraire plus faibles lorsqu'il est à l'ombre, c'est-à-dire, privé de l'influence des rayons solaires, lorsqu'il est en repos, etc. Si ses couleurs se ternissent quelquefois lorsqu'on l'enveloppe dans du linge ou dans quelque étoffe, c'est peut-être parce qu'il est refroidi par les linges ou par l'étoffe dans lesquels on le plie. Il pâlit toutes les nuits, parce que toutes les nuits sont plus ou moins fraîches, surtout en France, où ce phénomène a été observé par M. Perrault. Il blanchit enfin lorsqu'il est mort, parce qu'alors toute chaleur intérieure est éteinte.

La crainte, la colère et la chaleur qu'éprouve le caméléon, nous paraissent donc les causes des diverses couleurs qu'il présente, et qui ont été le sujet de tant de fables.

Il jouit à un degré très-éminent du pouvoir d'enfler les différentes parties de son corps, de leur donner par là un volume plus considérable, et d'arrondir ainsi celles qui seraient naturellement comprimées.

C'est par des mouvements lents et irréguliers, et non point par des oscillations régulières et fréquentes, que lè caméléon se gonfle; il se remplit d'air au point de doubler son diamètre : son enflure s'étend jusque dans les pattes et dans la queue. Il demeure dans cet état quelquefois pendant deux heures, se désenflant un peu de temps en temps, et se renflant de nouveau : mais sa dilatation est toujours plus soudaine que sa compression.

Le caméléon peut aussi demeurer très-longtemps désenflé : il paraît alors dans un état de maigreur si considérable, que l'on peut compter ses côtes, et que l'on distingue les tendons de ses pattes et toutes les parties de l'épine du dos.

C'est du caméléon dans cet état que l'on a eu raison de dire qu'il ressemblait à une peau vivante : car en effet il paraît alors n'être qu'un sac de peau dans lequel quelques os seraient renfermés; et c'est surtout lorsqu'il se retourne qu'il a cette apparence.

Mais il en est de cette propriété de s'enfler et de se désenfler comme de toutes les propriétés des animaux, des végétaux, et même de la matière brute : aucune qualité n'a été, à la rigueur, accordée exclusivement à une substance; ce n'est que faute d'observations que l'on a cru voir des animaux, des végétaux ou des minéraux présenter des phénomènes que d'autres n'offraient point. Quelque propriété qu'on remarque dans un être, on doit s'attendre à la trouver dans un autre, quoiqu'à la vérité à un degré plus haut ou plus bas. Toutes les qualités, tous les effets, se dégradent ainsi par des nuances successives, s'évanouissent ou se changent en qualités et en effets opposés. Et pour ne parler que de la propriété de se gonfler, presque tous les quadrupèdes ovipares, et particulièrement les grenouilles, ont la faculté de s'enfler et de se désenfler à volonté; mais aucun ne la possède comme le caméléon. M. Perrault paraît penser qu'elle dépend du pouvoir qu'a ce lézard de faire sortir de ses poumons l'air qu'il respire, et de le faire glisser entre les muscles et la peau. Cette propriété de filtrer ainsi l'air de l'atmosphère au travers de ses poumons, et ce gonflement de tout son corps, que le caméléon peut produire à volonté, doivent le rendre beaucoup plus léger, en ajoutant à son volume, sans augmenter sa masse. Il peut plus facilement par là s'élever sur les arbres, et y grimper de branche en branche ; et ce pouvoir de faire passer de l'air dans quelques parties de son corps, qui lui est commun avec les oiseaux, ne doit pas avoir peu contribué à déterminer son séjour au milieu des forêts. Les caméléons gonflent aussi leurs poumons, qui sont composés de plusieurs vésicules, ainsi que ceux d'autres quadrupèdes ovipares. Cette conformation explique les contradictions des auteurs qui ont disséqué ces animaux, et qui leur ont attribué les uns de petits et d'autres de grands poumons, comme Pline et Belon. Lorsque ces viscères sont flasques, plusieurs vésicules peuvent échapper ou paraître très-petites aux observateurs et elles occupent au contraire un si grand espace lorsqu'elles sont soufflées, qu'elles couvrent presque entièrement toutes les parties intérieures.

Le battement du cœur du caméléon est si faible, que souvent on ne peut le sentir en mettant la main au-dessus de ce viscère.

Cet animal, ainsi que les autres lézards, peut vivre près d'un an sans manger, et c'est vraisemblablement ce qui a fait dire qu'il ne se nourrissait que d'air. Sa conformation ne lui permet pas de pousser de véritables cris, mais lorsqu'il est sur le point d'être surpris, il ouvre la gueule et siffle comme plusieurs autres quadrupèdes ovipares et les serpents.

Le caméléon se retire dans des trous de rochers, ou d'autres abris, où il se tient caché pendant l'hiver, au moins dans les pays un peu tempérés, et où il y a apparence qu'il s'engourdit. Ce fait était connu d'Aristote et de Pline.

La ponte de cet animal est de neuf à douze œufs ; nous en avons compté dix dans le ventre d'une femelle envoyée du Mexique au Cabinet du Roi. Ils sont ovales, revêtus d'une membrane mollasse comme ceux des tortues marines, des iguanes, etc. Ils ont à peu près sept ou huit lignes dans leur plus grand diamètre.

Lorsqu'on transporte le caméléon en vie dans les pays un peu froids, il refuse presque toute nourriture; il se tient immobile sur une branche, tournant seulement les yeux de temps en temps, et il périt bientôt.

On trouve le caméléon dans tous les climats chauds, tant de l'ancien que du nouveau continent, au Mexique, en Afrique, au cap de Bonne-Espérance, dans l'île de Ceylan, dans celle d'Amboine, etc. La destinée de cet animal paraît avoir été d'intéresser de toutes les manières. Objet, dans les pays anciennement policés, de contes ridicules, de fables agréables, de superstitions absurdes et burlesques, il jouit de beaucoup de vénération sur le bord du Sénégal et de la Gambie. La religion des nègres du cap de Monté leur défend de tuer les caméléons, et les oblige à les secourir lorsque ces petits animaux, tremblants le long des rochers dont ils cherchent à descendre, s'attachent avec peine par leurs ongles, se retiennent avec leur queue, et s'épuisent, pour ainsi dire, en vains efforts : mais quand ces animaux sont morts, ces mêmes nègres font sécher leur chair et la mangent.

Il y a au Cabinet du Roi deux caméléons, l'un du Sénégal et l'autre du cap de Bonne-Espérance, qui n'ont pas sur le derrière de la tête cette élévation triangulaire, cette sorte de casque qui distingue non-seulement les caméléons d'Égypte et des grandes Indes, mais encore ceux du Mexique. Les caméléons diffèrent aussi quelquefois les uns des autres par le plus ou le moins de prolongation de la petite dentelure qui s'étend le long du dos et du dessous du corps. On a, d'après cela, voulu séparer les uns des autres, comme autant d'espèces distinctes, les caméléons d'Égypte, ceux d'Arabie, ceux du Mexique, ceux de Ceylan, ceux du cap de Bonne-Espérance, etc.; mais ces légères différences, qui ne changent rien aux caractères d'après lesquels il est aisé de reconnaître les caméléons, non plus qu'à leurs habitudes, ne doivent pas nous empêcher de regarder l'espèce du caméléon comme la même dans les diverses contrées qu'il fréquente, quoiqu'elle soit quelquefois un peu altérée par l'influence du climat, ou par d'autres circonstances, et qu'elle se montre avec quelque variété dans sa forme ou dans sa grandeur, suivant l'âge et le sexe des individus.

M. Parsons a donné, dans les *Transactions philosophiques*, la figure et la description d'un caméléon qui avait été rapporté à un de ses amis, parmi d'autres objets d'histoire naturelle, et dont il ignorait le pays natal. Cet animal ne différait, d'une manière remarquable, des autres caméléons tant de l'ancien que du nouveau monde que par la forme du casque que nous avons décrit. Cette partie saillante ne s'étendait pas seulement sur le derrière de la tête dans le caméléon de M. Parsons, mais elle se divisait par devant en deux protubérances crénelées qui s'élevaient obliquement et s'avançaient jusqu'au-dessus des narines. Ce ne sera qu'après de nouvelles observations sur des individus semblables que l'on pourra déterminer si le caméléon très-bien décrit par M. Parsons appartenait à une race constante, ou ne formait qu'une variété individuelle.

La Queue-Bleue.

La queue-bleue habite principalement la Caroline. Ce lézard se retire souvent dans les creux des arbres. Il n'a qu'environ six pouces de longueur. Il est brun; son dos présente cinq raies jaunâtres et longitudinales; et ce qui sert surtout à le distinguer, c'est la couleur bleue de sa queue menue et communément plus longue que le corps. Catesby dit que plusieurs habitants de la Caroline prétendent qu'il est venimeux; mais il assure n'avoir été témoin d'aucun fait qui pût le prouver.

On devrait peut-être rapporter à cette espèce un lézard du Brésil dont Ray parle d'après Marcgrave, et qui se nomme *americima*. Suivant la description que Ray en donne, il est long de deux pouces; son dos est couvert d'écailles gris cendré; sa tête, ses côtés, ses cuisses, le sont d'écailles jaunes; et sa queue l'est d'écailles bleues. Les Brésiliens le regardent comme venimeux.

L'Azuré.

L'AZURÉ se trouve en Afrique; ses écailles pointues le font paraître hérissé de petits piquants. Un caractère d'après lequel il est aisé de le reconnaître, et qui lui a fait donner le nom qu'il porte, est la couleur bleue dont le dessus de son corps est peint, et qui forme une espèce de manteau azuré. Sa queue est courte.

Le Grison.

IL est aisé de distinguer ce lézard, qui se trouve dans les contrées orientales, par des verrues qui sont distribuées, sans aucun ordre, sur son corps, par sa couleur grise tachetée de roussâtre, et par sa queue à peine plus longue que le corps, et que des bandes disposées avec une sorte d'irrégularité rendent inégalement étagée.

L'Umbre.

L'UMBRE, qui se trouve dans plusieurs contrées chaudes de l'Amérique, a la tête très-arrondie; l'occiput est chargé d'une callosité assez grande et dénuée d'écailles; la peau qui est sur la gorge forme un pli profond. La couleur du corps est nébuleuse. Les écailles étant relevées en arête, et leur sommet étant aigu, le dos paraît strié. La queue est ordinairement plus longue que le corps.

Le Plissé.

LE plissé a l'occiput calleux comme l'umbre; mais la peau qui est sur la gorge forme deux plis au lieu d'un. Il diffère encore de l'umbre par plusieurs traits : des écailles coniques font paraître sa peau chagrinée; le dessus des yeux est comme à demi-crénelé; derrière les oreilles sont deux verrues garnies de pointes; sur la partie antérieure du dos règne une petite dentelure formée par des écailles plus grandes que les voisines, et qui lie le plissé avec le galéote et l'agame; une ride élevée s'étend de chaque côté du cou jusque sur les pattes de devant, et se replie sur le milieu du dos; les doigts sont allongés, garnis d'ongles aplatis, et couverts par-dessous d'écailles aiguës; la queue est ronde, et ordinairement plus longue que le corps. Le plissé se trouve dans les Indes.

C'est à ce lézard qu'il paraît qu'on doit rapporter celui que M. Pallas a nommé *hélioscope* dans le supplément latin de son *Voyage en différentes parties de l'empire de Russie*. Il habite les provinces les moins froides de ce vaste empire; on le trouve communément sur les collines dont la température est la plus chaude, exposé aux rayons du soleil, la tête élevée, et souvent tournée vers cet astre. Sa course est très-rapide.

L'Algire.

Il n'est souvent que de la longueur du doigt; les écailles du dos relevées en carêne, le font paraître un peu hérissé. Sa queue diminue de grosseur jusqu'à l'extrémité, qui se termine en pointe. Il est jaune sous le corps, et d'une couleur plus sombre sur le dos, le long duquel s'étendent quatre raies jaunes. Il n'a point sous le ventre de bandes transversales.

L'espèce de l'algire n'est pas réduite à ces petites dimensions par défaut de chaleur, puisque c'est dans la Mauritanie et dans la Barbarie qu'il habite. C'est de ces contrées de l'Afrique qu'il fut envoyé par M. Brander à M. Linné, qui l'a fait connaître; et l'on ne peut pas dire que, les côtes septentrionales de l'Afrique étant plus échauffées qu'humides, l'ardente sécheresse des contrées où l'on trouve l'algire influe sur son volume, et qu'il n'a une très-petite taille que parce qu'il manque de cette humidité si nécessaire à plusieurs quadrupèdes ovipares, puisque l'on conserve au Cabinet du Roi un algire entièrement semblable aux lézards de son espèce, et qui cependant a été envoyé de la Louisiane, où l'humidité est aussi grande que la chaleur est vive.

M. Shaw a écrit que l'on trouve très-fréquemment en Barbarie, sur les haies et dans les grands chemins, un lézard nommé *zermouméah*. Il n'indique point la grandeur de cet animal : il dit seulement que sa queue est longue et menue, que le fond de sa couleur est d'un brun clair, qu'il est rayé d'un bout à l'autre, et qu'il présente particulièrement trois ou quatre raies jaunes. Peut-être ce lézard est-il un algire.

Au reste, il paraît que l'algire se trouve aussi dans les contrées méridionales de l'empire de Russie, et que l'on doit regarder comme une variété de ce lézard celui que M. Pallas a nommé *lézard ensanglanté* ou *couleur de sang*, qui ressemble presque en tout à l'algire, et qui a quatre raies blanches sur le dos, mais dont la queue, cendrée par-dessus, et blanchâtre à l'extrémité, est par-dessous d'un rouge écarlate.

Le Stellion[1].

La queue de ce lézard est communément assez courte, et diminue de grosseur jusqu'à l'extrémité. Les écailles qui la couvrent sont aiguës et disposées par anneaux; d'autres écailles petites et pointues revêtent le dessus et le dessous du corps, qui d'ailleurs est garni, ainsi que la tête, de tubercules aigus ou de piquants plus ou moins grands. Bien loin d'avoir une forme agréable, le stellion ressemble un peu au crapaud, surtout par la tête, de même que le tapaye, avec lequel il a beaucoup de rapports, et dont quelques auteurs lui ont donné les divers noms. Mais si ses proportions déplaisent, ses couleurs charment ordinairement la vue; il présente le plus souvent un doux mélange de blanc, de noir, de gris, et quelquefois de vert, dont il est comme marbré.

Il habite l'Afrique, et il n'y est pas confiné dans les régions les plus chaudes, puisqu'il est également au cap de Bonne-Espérance et en Égypte[2]. On le rencontre aussi dans les con-

[1] *Stellione tarentole*, en plusieurs endroits d'Italie; *pistilloni* en plusieurs autres endroits du même pays.

[2] L'individu que nous avons décrit a été apporté d'Égypte au Cabinet du Roi.

trées orientales et dans les îles de l'Archipel, ainsi qu'en Judée et en Syrie, où il paraît, d'après Belon, qu'il devient très-grand. M. François Cetti dit qu'il est assez commun en Sardaigne, et qu'il y habite dans les maisons : on l'y nomme *tarentole*, ainsi que dans plusieurs provinces d'Italie; et c'est une nouvelle preuve de l'emploi qu'on a fait, pour plusieurs espèces de lézards, de ce nom de *tarentole*, donné, ainsi que nous l'avons dit, à une variété du lézard vert. Mais c'est surtout aux environs du Nil que les stellions sont en grand nombre. On en trouve beaucoup autour des pyramides et des anciens tombeaux qui subsistent encore sur l'antique terre d'Égypte. Ils s'y logent dans les intervalles que laissent les différents lits de pierre et ils s'y nourrissent de mouches et d'insectes ailés.

On dirait que ces pyramides, ces éternels monuments de la puissance et de la vanité humaines, ont été destinées à présenter des objets extraordinaires en plus d'un genre. C'est en effet dans ces vastes mausolées qu'on va recueillir avec soin les excréments du petit lézard dont nous traitons dans cet article. Les anciens, qui en faisaient usage, ainsi que les Orientaux modernes, leur donnaient le nom de *crocodilea*, apparemment parce qu'ils pensaient qu'ils venaient du crocodile, et peut-être ces excréments n'auraient-ils pas été aussi recherchés, si l'on avait su que l'animal qui les produit n'était ni le plus grand ni le plus petit des lézards; tant il est vrai que les extrêmes en imposent presque toujours à ceux dont les regards ne peuvent pas embrasser la chaîne entière des objets.

Les modernes, mieux instruits, ont rapporté ces excréments au stellion, à un lézard qui n'a rien de très-remarquable; mais déjà le sort de cette matière abjecte était décidé, et sa valeur vraie ou fausse était établie. Les Turcs en ont fait une grande consommation; ils s'en fardaient le visage, et il faut que les stellions aient été bien nombreux en Égypte, puisque pendant longtemps on trouvait presque partout, et en très-grande abondance, cette matière que l'on nommait *stercus lacerti* ainsi que *crocodilea*.

Le Scinque[1].

Ce lézard est fameux depuis longtemps. Les paysans d'Égypte prennent un grand nombre de scinques, qu'ils portent au Caire et à Alexandrie, d'où on les répand dans différentes contrées de l'Asie. Lorsqu'ils viennent d'être tués, on en tire une sorte de jus dont on se sert dans les maladies; et quand ils ont été desséchés, on les réduit en poudre, qu'on emploie dans les mêmes vues que les sucs de leur chair.

Il n'est pas surprenant que ceux qui n'ont vu le scinque que de loin, et qui l'ont aperçu sur le bord des eaux, l'aient pris pour un poisson; il en a un peu l'apparence par sa tête, qui semble tenir immédiatement au corps, et par ses écailles assez grandes, lisses, d'une forme semblable, tant au-dessus qu'au-dessous du corps, et qui se recouvrent comme les ardoises sur les toits. La mâchoire de dessus est plus avancée que celle de dessous; la queue est courte et comprimée par le bout.

La couleur du scinque est d'un roux plus ou moins foncé, blanchâtre sous le corps, et traversée sur le dos par des bandes brunes. Mais il en est de ce lézard comme de tous les autres animaux dont la couverture est trop faible ou trop mince pour ne point participer aux différentes altérations que l'intérieur de l'animal éprouve. Les couleurs du scinque se ternissent et blanchissent lorsqu'il est mort; et dans l'état de dessiccation et d'une sorte de salaison où on l'apporte en Europe, il paraît d'un jaune blanchâtre et comme argenté. Au reste, les couleurs de ce lézard, ainsi que celles du plus grand nombre des animaux, sont toujours plus vives dans les pays chauds que dans les pays tempérés : et leur éclat ne doit-il pas augmenter en effet avec l'abondance de la lumière, la vraie et l'unique source première de toutes sortes de couleurs?

M. Linné a écrit que les scinques n'avaient point d'ongles. Tous les individus que nous avons examinés paraissaient en

[1] *Scincus*, en latin.

avoir; mais comme ces animaux étaient desséchés, nous ne pouvons rien assurer à ce sujet. Au reste, notre présomption se trouve confirmée par celle d'un bon observateur, M. François Cetti.

On trouve le scinque dans presque toutes les contrées de l'Afrique, en Égypte, en Arabie, en Libye, où on dit qu'il est plus grand qu'ailleurs, dans les Indes, et peut-être même dans la plupart des pays très-chauds de l'Europe. Non-seulement son habitation de choix doit être déterminée par la chaleur du climat, mais encore par l'abondance des plantes aromatiques dont on dit qu'il se nourrit. C'est peut-être à cet aliment plus exalté, et par conséquent plus actif, qu'il doit cette vertu stimulante qu'on a pu employer pour soulager quelques maux[1].

Le scinque vit dans l'eau ainsi qu'à terre. On l'a cependant appelé *crocodile terrestre*, et certainement c'est un grand abus des dénominations que l'application du nom de cet énorme animal à un petit lézard qui n'a que sept ou huit pouces de longueur. Aussi Prosper Alpin pense-t-il que le scinque des modernes n'est pas le lézard désigné sous le nom de *crocodile terrestre* par les anciens, particulièrement par Hérodote, Pausanias, Dioscoride, et célébré pour ses vertus actives et stimulantes : il croit qu'ils avaient en vue un plus grand lézard, que l'on trouve, ajoute-t-il, au-dessus de Memphis, dans des lieux secs, et dont il donne la figure. Mais cette figure ni le texte n'indiquant point de caractère très-précis, nous ne pouvons rien déterminer au sujet de ce lézard mentionné par Alpin. Au reste, la forme et la brièveté de sa queue empêchent qu'on ne le regarde comme de la même espèce que la dragonne, ou le tupinambis, ou l'iguane.

[1] Pline dit que le scinque a été regardé comme un remède contre les blessures faites par des flèches empoisonnées.

Le Mabouya.

Le lézard dont il est ici question a une très-grande ressemblance avec le scinque ; il n'en diffère bien sensiblement à l'extérieur, que parce que ses pattes sont plus courtes en proportion du corps, et parce que sa mâchoire supérieure ne recouvre pas la mâchoire inférieure comme celle du scinque. Il n'est point le seul quadrupède ovipare auquel le nom de *mabouya* ait été donné ; les voyageurs ont appelé de même un assez grand lézard, dont nous parlerons sous le nom de *doré*, et qui a aussi beaucoup de ressemblance avec le scinque, mais qui est distingué de notre mabouya en ce que sa queue est plus longue que le corps, tandis qu'elle est beaucoup plus courte dans le lézard dont nous traitons.

Le mabouya paraît être d'ailleurs plus petit que le doré. Leurs habitudes diffèrent à beaucoup d'égards ; et comme ils habitent dans le même pays, on ne peut pas les regarder comme deux variétés dépendantes du climat : nous les considérerons donc comme deux espèces distinctes, jusqu'à ce que de nouvelles observations détruisent notre opinion à ce sujet. Ce nom de *mabouya*, tiré de la langue des sauvages de l'Amérique septentrionale, désigne tout objet qui inspire du dégoût ou de l'horreur ; et à moins qu'il ne soit relatif aux habitudes du lézard dont il est ici question, ainsi qu'à celles du doré, il ne nous paraît pas devoir convenir à ces animaux, leur conformation ne présentant rien qui doive rappeler des images très-désagréables. Nous l'adoptons cependant, parce que sa vraie signification peut être regardée comme nulle, peu de gens sachant la langue des sauvages d'où il a été tiré, et parce qu'il faut éviter avec soin de multiplier sans nécessité les noms donnés aux animaux. Nous le conservons de préférence au lézard dont nous parlons, parce qu'il n'en a jamais reçu d'autre, et que le grand mabouya a été nommé *le doré* par M. Linné et par d'autres naturalistes.

La tête du mabouya paraît tenir immédiatement au corps, dont la grosseur diminue insensiblement du côté de la tête et de celui de la queue. Il est tout couvert par-dessus et par-dessous d'écailles rhomboïdales semblables à celles des poissons : le fond de leur couleur est d'un jaune doré; plusieurs de celles qui garnissent le dos sont quelquefois d'une couleur très-foncée, avec une petite ligne blanche au milieu. Les écailles noirâtres forment de chaque côté du corps une bande longitudinale; la couleur du fond s'éclaircit le long du côté intérieur de ces deux bandes, et on y voit régner deux autres bandes presque blanches. Au reste, la couleur de ces écailles varie suivant l'habitation des mabouyas : ceux qui demeurent au milieu des bois pourris, dans les endroits marécageux, ainsi que dans les vallées profondes et ombragées, où les rayons du soleil ne peuvent point parvenir, sont presque noirs; et peut-être leurs couleurs justifient-elles alors, jusqu'à un certain point, ce qu'on a dit de leur aspect, que l'on a voulu trouver hideux. Leurs écailles paraissent enduites d'huile, ou d'une sorte de vernis.

Le museau des mabouyas est obtus; les ouvertures des oreilles sont assez grandes; les ongles crochus; la queue est grosse, émoussée, et très-courte. L'individu conservé au Cabinet du Roi a huit pouces de long. Les mabouyas décrits par Sloane étaient beaucoup plus petits, parce qu'ils n'avaient pas encore atteint leur entier développement.

Les mabouyas grimpent sur les arbres, ainsi que sur le faîte et les chevrons des cases des Nègres et des Indiens : mais ils se logent communément dans les crevasses des vieux bois pourris; ce n'est ordinairement que pendant la chaleur qu'ils en sortent. Lorsque le temps menace de la pluie, on les entend faire beaucoup de bruit, et on les voit même quelquefois quitter leurs habitations. Sloane pense que l'humidité qui règne dans l'air, aux approches de la pluie, gonfle les bois, et en diminue par conséquent les intervalles au point d'incommoder les mabouyas, et de les obliger à sortir. Indépendamment de cette raison, que rien ne force à rejeter, ne pourrait-on pas dire que ces animaux sont naturellement sensibles à l'humidité ou à la sécheresse, de même que les grenouilles, avec lesquelles la plupart des lézards ont de grands rapports, et que ce sont les impressions que les mabouyas reçoivent de l'état de l'atmosphère, qu'ils expriment par leurs mouvements et par le bruit qu'ils font? Les Américains les croient venimeux ainsi que *le doré*, avec lequel il doit être aisé, au premier coup d'œil, de les confondre; mais cependant Sloane et Brown disent qu'ils n'ont jamais pu avoir une preuve certaine de l'existence de leur venin. Il arrive seulement quelquefois qu'ils se jettent avec hardiesse sur ceux qui les irritent, et qu'ils s'y attachent assez fortement pour qu'on ait de la peine à s'en débarrasser.

C'est principalement aux Antilles qu'on les rencontre. Lorsqu'ils sont très-petits, ils deviennent quelquefois la proie d'animaux qui ne paraissent pas au premier coup d'œil devoir être bien dangereux pour eux. Sloane prétend en avoir vu un à demi dévoré par une de ces grosses araignées qui sont si communes dans les contrées chaudes de l'Amérique. On trouve aussi le mabouya dans l'ancien monde : il est très-commun dans l'île de Sardaigne, où il a été observé par M. François Cetti, qui ne l'a désigné que par les noms sardes de *tiligugu* et *tilingoni*. Ce naturaliste a fort bien saisi ses traits de ressemblance et de différence avec le scinque; et comme il ne connaissait point le mabouya d'Amérique mentionné dans Sloane, Rochefort et du Tertre, et qui est entièrement semblable au lézard de Sardaigne, qu'il a comparé au scinque, il n'est pas surprenant qu'il ait pensé que son lézard n'avait encore été indiqué par aucun auteur.

M. Thunberg, savant professeur d'Upsal, vient de donner la description d'un lézard qu'il a vu dans l'île de Java, et qu'il compare, avec raison, au doré, ainsi qu'au scinque, en disant cependant qu'il diffère de l'un et de l'autre, et surtout du premier, dont il est distingué par la grosseur et la brièveté de sa queue. Cet animal ne nous paraît être qu'une variété du mabouya, qui dès lors se trouve en Asie, ainsi qu'en Europe et en Amérique. L'individu vu par M. Thunberg était gris cendré sur le dos, qui présentait quatre rangs de taches noires mêlées de taches blanches, et de chaque côté duquel s'étendait une raie noire. M. Afzelius, autre savant Suédois, a vu dans la collection de Bættiger, à Vesteras, un lézard qui ne différait de celui que M. Thunberg a décrit que parce qu'il n'avait pas de taches sur le dos, et que les raies latérales étaient plus noires et plus égales.

Le Doré.

C'est M. Linné qui a donné à ce lézard le nom que nous lui conservons ici. Ce quadrupède ovipare est très-commun en Amérique, où il a été appelé, par Rochefort, *brochet de terre*, et où il a aussi été nommé *mabouya :* mais comme le premier de ces noms présente une idée fausse, et que le second a été donné à un autre lézard dont nous avons déjà parlé, et auquel il a été attribué plus généralement, nous préférons la dénomination employée par M. Linné. Le doré a beaucoup de rapports, par sa conformation, avec le scinque, et surtout avec le mabouya : il a de même le cou aussi gros que le derrière de la tête; mais il est ordinairement plus grand, et sa queue est beaucoup plus longue que le corps, au lieu qu'elle est plus courte dans le scinque et dans le mabouya. D'ailleurs la mâchoire supérieure n'est pas plus avancée que l'inférieure, comme dans le scinque; les ouvertures des oreilles sont très-grandes et garnies à l'intérieur de petites écailles qui les font paraître un peu festonnées. Ces caractères réunis le séparent de l'espèce du scinque et de celle du mabouya; mais il leur ressemble cependant assez pour avoir été comparé à un poisson, comme ces derniers lézards, et particulièrement pour avoir reçu le nom de *brochet de terre*, ainsi que nous venons de le dire. Il est couvert par-dessus et par-dessous de petites écailles arrondies, striées et brillantes : ses doigts sont armés d'ongles assez forts. La couleur de son corps est d'un gris argenté, tacheté d'orangé, et qui blanchit vers les côtés[1]. Comme celles de tout animal, la vivacité de ses couleurs s'efface lorsqu'il est mort : mais, tandis que la chaleur de la vie les anime, elles brillent d'un

[1] Suivant Brown, sa couleur est souvent sale et rayée transversalement.

éclat très-vif qui donne une couleur d'or au roux dont il est peint; et c'est de là que vient son nom. Ses couleurs paraissent d'autant plus brillantes, que son corps est enduit d'une humeur visqueuse qui fait l'effet d'un vernis luisant. Cette sorte de vernis, joint à la nature de son habitation, l'ont fait appeler *salamandre;* mais nous ne regardons comme de vraies salamandres que les lézards qui n'ont pas plus de quatre doigts aux pieds de devant. Linné a écrit qu'on le trouvait dans l'île de Jersey, près les côtes d'Angleterre. A la vérité, il cite, à ce sujet, Edwards (*tab.* 247); et le lézard qui y est représenté est très-différent du doré. Il vit dans l'île de Chypre : mais c'est principalement en Amérique et aux Antilles qu'il est répandu. Il habite les endroits marécageux; on le rencontre aussi dans les bois. Ses pattes sont si courtes, qu'il ne s'en sert, pour ainsi dire, que pour se traîner, et qu'il rampe comme les serpents, plutôt qu'il ne marche comme les quadrupèdes. Aussi les lézards dorés déplaisent-ils par leur démarche et par tous leurs mouvements, quoiqu'ils attirent les yeux par l'éclat de leurs écailles et la richesse de leurs couleurs. Mais on les rencontre rarement; ils ne se montrent guère que le soir, temps apparemment où ils cherchent leur proie : ils se tiennent presque toujours cachés dans le fond des cavernes et dans les creux des rochers, d'où ils font entendre pendant la nuit une sorte de coassement plus fort et plus incommode que celui des crapauds et des grenouilles. Les plus grands ont à peu près quinze pouces de long. Brown dit qu'il y en a de deux pieds. L'individu que nous avons décrit, et qui est conservé au Cabinet du Roi, a quinze pouces huit lignes de longueur, depuis le bout du museau jusqu'à l'extrémité de la queue, qui est longue de onze pouces une ligne. Les jambes de derrière ont un pouce onze lignes de long; celles de devant sont plus courtes, comme dans les autres lézards.

Suivant Sloane, la morsure du doré est regardée comme très-venimeuse, et on rapporta à ce naturaliste que quelqu'un qui avait été mordu par ce lézard était mort le lendemain. Les habitants des Antilles dirent généralement à Brown qu'il n'y avait point d'animal qui pût échapper à la mort après avoir été mordu par le doré ; mais aucun fait positif à ce sujet ne lui fut communiqué par une personne digne de foi. Peut-être estce le nom de *salamandre* qui a valu au doré, comme au scinque, la réputation d'être venimeux, d'autant plus qu'il a un peu les habitudes des vraies salamandres, vivant, ainsi que ces lézards, sur terre et dans l'eau. Cette réputation l'aura fait poursuivre avec acharnement ; et c'est de la guerre qu'on lui aura faite que sera venue la crainte qui l'oblige à fuir devant l'homme. Il paraît aimer les viandes un peu corrompues ; il recherche communément les petites espèces de crabes de mer ; et la dureté de la croûte qui revêt ces crabes ne doit pas l'empêcher de s'en nourrir, son estomac étant entièrement musculeux. En tout, cet animal, bien plus nuisible qu'avantageux, qui fatigue l'oreille par ses sons lorsqu'il ne blesse pas les yeux par ses mouvements désagréables, n'a pour lui qu'une vaine richesse de couleurs, qu'il dérobe même aux regards en se tenant dans des retraites obscures, et en ne se montrant que lorsque le jour s'enfuit.

Le Tapaye.

Nous conservons à ce lézard le nom de *tapaye* que M. Daubenton lui a donné, par contraction du nom *tapayaxin* par lequel on le désigne au Mexique et dans la Nouvelle-Espagne. Cet animal, qui a de grands rapports avec le stellion, est remarquable par les pointes aiguës dont son dos est hérissé. Son corps, que l'on croirait gonflé, est presque aussi large que long ; et c'est ce qui lui a fait conserver par M. Linné le nom d'*orbiculaire*. Il n'a point de bandes transversales sous le ventre ; la queue est courte ; les doigts sont recouverts d'écailles par-dessus et par-dessous ; le fond de la couleur est d'un gris blanc plus ou moins tacheté de brun ou de jaunâtre. Il y a dans cette espèce une variété distinguée par la forme triangulaire de la tête, assez semblable à celle du caméléon, et par une sorte de bouclier qui en couvre le dessus. On a donné le nom de *tapayaxin* au stellion qui habite en Afrique ;

et comme le stellion et le tapaye ont des piquants plus ou moins grands et plus ou moins aigus, il n'est pas surprenant que des voyageurs aient, à la première vue, donné le même nom à deux animaux assez différents cependant par leur conformation pour constituer deux espèces distinctes. Le tapaye n'est point agréable à voir; il a par la grosseur et presque toutes les proportions de son corps, une assez grande ressemblance avec un crapaud qui aurait une queue, et qui serait armé d'aiguillons : aussi Seba lui en a-t-il donné le nom. Mais sa douceur fait oublier sa difformité, dont l'effet est d'ailleurs diminué par la beauté de ses couleurs. Il semble n'avoir de piquants que pour se défendre; il devient familier; on peut le manier sans qu'il cherche à mordre; il a même l'air de désirer les caresses, et l'on dirait qu'il se plaît à être tourné et retourné. Il est très-sensible dans certaines parties de son corps, comme vers les narines et les yeux; et les voyageurs assurent que, pour peu qu'on le touche dans ces endroits, on y fait couler le sang. Il habite dans les montagnes. Cet animal, qui ne fait point de mal pendant sa vie, est utile après sa mort; on l'emploie avec succès en médecine, séché et réduit en poudre.

Le Strié.

M. Linné a le premier parlé de ce lézard, que l'on trouve à la Caroline, et qui lui avait été envoyé par M. le docteur Garden. La tête de ce quadrupède ovipare est marquée de six raies jaunes, deux entre les yeux, une de chaque côté sur l'œil, et une également de chaque côté au-dessous; le dos est noirâtre; cinq raies jaunes ou blanchâtres s'étendent depuis la tête jusqu'au milieu de la queue. Le ventre est garni d'écailles qui se recouvrent comme les tuiles des toits, et forment des stries. La queue est une fois et demie plus longue que le corps, et n'est point étagée.

Le Marbré.

Le marbré se trouve en Espagne, en Afrique et dans les grandes Indes : il est aussi très-commun en Amérique ; on l'y a nommé très-souvent *temapara*, nom qui a été donné dans le même continent à plusieurs espèces de lézards, ainsi que nous l'avons déjà vu, et que nous ne conservons à aucune, pour ne pas obscurcir la nomenclature. Il paraît que, dans les deux continents, le voisinage de la zone torride lui est très-favorable. Sa tête est couverte de grandes écailles; il a sous la gorge une rangée d'autres écailles plus petites, et relevées en forme de dents, qui s'étend jusque vers la poitrine, et forme une sorte de crête plus sensible dans le mâle que dans la femelle. Le ventre n'est point couvert de bandes transversales ; le dessous des cuisses est garni d'un rang de huit ou dix tubercules disposés longitudinalement, mais moins marqués dans la femelle que dans le mâle. Le marbre a le dessus des ongles noir, ainsi que le galéote. Un des caractères distinctifs est d'avoir la queue beaucoup plus longue en proportion du corps qu'aucun autre lézard. Un individu de cette espèce, envoyé des grandes Indes au Cabinet du Roi par M. Sonnera, a la queue quatre fois plus longue que le corps et la tête. Les écailles dont la queue du marbré est couverte la font paraître relevée par neuf arêtes longitudinales.

La couleur du marbré est verdâtre sur la tête, grisâtre et rayée transversalement de blanc et de noir sur le dessus du corps, elle devient rousse sur les cuisses et les côtés du bas-ventre, où elle est marbrée de blanc et de brun; et l'on voit sur la queue des taches évidées et roussâtres, qui la font paraître tigrée.

L'on devrait peut-être rapporter au marbré le lézard d'Afrique, appelé *warral* par Shaw, et *guaral* par Léon. Suivant le premier de ces auteurs, le warral a quelquefois trente pouces de long (apparemment en y comprenant la queue), sa couleur est ordinairement d'un rouge fort vif, avec des taches noirâtres. Ce rouge n'est pas très-différent du roux que présente le marbré ; d'ailleurs la couleur de ce dernier ressemble bien plus à celle qu'indique Shaw, que celle des autres lézards d'Afrique. Shaw dit qu'il a observé que, toutes les fois que le waral s'arrête, il frappe contre terre avec sa queue. Cette habitude peut très-bien convenir au marbré, qui a la queue extrêmement longue et déliée, et qui, par conséquent, peut l'agiter avec facilité.

Le Roquet.

Nous appelons ainsi un lézard de la Martinique qui a été envoyé au Cabinet du Roi, sous le nom d'*anolis* et de *lézard de jardin*. Il n'est point le vrai anolis de Rochefort et de Ray, que nous avons cru devoir regarder comme une variété de l'améiva. Ce nom d'*anolis* a été plus d'une fois attribué à des espèces différentes l'une de l'autre. Mais si le lézard dont il est question dans cet article n'a point les caractères distinctifs du véritable anolis ou de l'améiva, il a beaucoup de rapports avec ce dernier animal.

Il est semblable au lézard décrit sous le nom de *roquet* par du Tertre et par Rochefort, qui connaissent bien le vrai anolis, et qui avaient observé l'un et l'autre en vie dans le pays natal de ces animaux. Nous avons donc cru devoir adopter l'opinion de ces deux voyageurs ; et c'est ce qui nous a engagé à lui conserver le nom de *roquet*, que Ray lui a donné.

Il se rapproche beaucoup, par sa conformation, du lézard gris : mais il en diffère principalement, en ce que le dessous de son corps n'est point garni d'écailles plus grandes que les autres, et disposées en bandes transversales. Il ne devient jamais fort grand : celui qui est au Cabinet du Roi a deux pouces et demi de long, sans compter la queue, qui est une fois plus longue que le corps[1]. Il est d'une couleur de feuille

[1] Le roquet que Sloane a décrit était beaucoup plus petit. Le corps n'avait qu'un pouce de long, et la queue un pouce et demi.

morte, tachetée de jaune et de noirâtre. Les yeux sont brillants, et l'ouverture des narines est assez grande. Il a, presque en tout, les habitudes du lézard gris : il vit comme lui dans les jardins. Il est d'autant plus agile, que ses pattes de devant sont longues, et, en élevant son corps, augmentent sa légèreté. Il a d'ailleurs les ongles longs et crochus, et par conséquent il doit grimper aisément. Il joint à la rapidité des mouvements l'habitude de tenir toujours la tête haute. Cette attitude distinguée ajoute à la grâce de sa démarche, ou plutôt à l'agrément de sa course ; car il ne cesse, pour ainsi dire, de s'élancer avec tant de promptitude, que l'on a comparé la vivacité de ses petits bonds à la vitesse du vol des oiseaux. Il aime les lieux humides; on le trouve souvent parmi les pierres, où il se plaît à sauter de l'une sur l'autre. Soit qu'il coure ou qu'il s'arrête, il tient sa queue presque toujours relevée au-dessus de son dos, comme le lézard de la Caroline, auquel nous avons conservé le nom de *lézard-lion*. Il replie même cette queue, qui est très-déliée, de manière à ce qu'elle forme une espèce de cercle. Malgré sa pétulance, son caractère est doux ; il aime la compagnie de l'homme, comme le lézard gris et le lézard vert. Lorsque ses courses répétées l'ont fatigué, et qu'il a trop chaud, il ouvre la gueule, tire sa langue, qui est large et fendue à l'extrémité, et demeure pendant quelque temps haletant comme les petits chiens. C'est apparemment cette habitude qui, jointe à sa queue retroussée et à sa tête relevée, aura déterminé les voyageurs à lui donner le nom de *lézard-roquet*. Il détruit un grand nombre d'insectes ; il s'enfonce aisément dans les petits trous des terrains qu'il fréquente ; et lorsqu'il y rencontre de petits œufs de lézards ou de tortues, qui, n'étant revêtus que d'une membrane molle, n'opposent pas une grande résistance à sa dent, on a prétendu qu'il s'en nourrissait. Nous avons déjà vu quelque chose de semblable dans l'histoire du lézard gris; et si le roquet présente une plus grande avidité que ce dernier animal, ne doit-on pas penser qu'elle vient de la vivacité de la chaleur bien plus forte aux Antilles, où il a été observé, que dans les différentes contrées de l'Europe où on a étudié les mœurs du lézard gris?

Le Rouge-Gorge.

Le rouge-gorge, que l'on voit, à la Jamaïque. dans les haies et dans les bois, est ordinairement long de six pouces, et de couleur verte ; il a au-dessous du cou une vésicule globuleuse qu'il gonfle très-souvent, particulièrement lorsqu'on l'attaque, ou qu'on l'effraie, et qui paraît alors rouge, ou couleur de rose. Il n'a point de bandes transversales sur le ventre, la queue est ronde et longue. Sa parure est, comme l'on voit, assez jolie ; et c'est avec plaisir qu'on doit regarder l'agréable mélange du beau vert de son corps avec le rose de sa gorge.

Le Goîtreux.

Le goîtreux, qui habite au Mexique et dans l'Amérique méridionale, présente de belles couleurs, mais moins agréables et moins vives que celles du rouge-gorge : il est d'un gris pâle, relevé sur le corps par des taches brunes, et sur le ventre par des bandes d'un gris foncé. La queue est ronde, longue, annelée, d'une couleur livide et verdâtre à son origine. Il a, vers la poitrine, une espèce de goître, dont la surface est couverte de petits grains rougeâtres, et qui s'étend en s'arrondissant et en formant une très-grande bosse.

Ce lézard est fort vif, très-leste, et si familier, qu'il se promène sans crainte dans les appartements, sur les tables, et même sur les convives. Son attitude est gracieuse, son regard fixe : il examine tout avec une sorte d'attention; on croirait qu'il écoute ce qu'on dit. Il se nourrit de mouches, d'araignées et d'autres insectes, qu'il avale tout entiers. Les goîtreux grimpent aisément sur les arbres; ils s'y battent souvent les uns contre les autres. Lorsque deux de ces animaux s'attaquent, c'est toujours avec hardiesse; ils s'avancent avec fierté; ils semblent se menacer en agitant rapidement leur tête ; leur gorge s'enfle ; leurs yeux étincellent ; ils se saisissent ensuite avec fureur, et se battent avec acharnement. D'autres goîtreux sont ordinairement spectateurs de leurs combats. Le plus faible prend la fuite ; son ennemi le poursuit vivement ; il le dévore s'il l'atteint : mais quelquefois il ne peut le saisir que par la queue, qui se rompt dans sa gueule, et qu'il avale ; ce qui donne au lézard vaincu le temps de s'échapper.

On rencontre plusieurs goîtreux privés de queue : il semble que le défaut de cette partie influe sur leur courage, et même sur leur force ; ils sont timides, faibles, languissants. Il paraît que la queue ne repousse pas toujours, et qu'il se forme un calus à l'endroit où elle a été coupée.

Le P. Nicolson, qui a donné plusieurs détails relatifs à l'histoire naturelle du goîtreux, l'appelle *anolis*, nom que l'on a donné à l'améiva et à notre roquet : mais la figure que le P. Nicolson a publiée prouve que le lézard dont il a parlé est celui dont il est question dans cet article.

Le Téguixin.

La couleur de ce lézard est blanchâtre, tirant sur le bleu, diversifiée par des bandes d'un gris sombre semées de points blancs et ovales. Son corps présente un très-grand nombre de stries. La queue se termine en pointe ; elle est beaucoup plus longue que le corps. Les écailles qui la couvrent forment des bandes transversales de deux sortes, placées alternativement : les unes s'étendent en arc sur la partie supérieure de la queue, que les autres bandes entourent en entier. Mais ce qui distingue principalement le téguixin, c'est que plusieurs plis obtus et relevés règnent de chaque côté du corps, depuis la tête jusqu'aux cuisses : on voit aussi trois plis sous la gorge.

C'est au Brésil, suivant l'article de Seba, indiqué par M. Linné, qu'on trouve ce lézard, dont le nom *téguixin* a été donné au tupinambis par quelques auteurs.

Le Triangulaire.

C'est dans l'Egypte qu'habite le lézard à queue triangulaire. Ce qui le distingue des autres, c'est la forme de pyramide à trois faces que sa longue queue présente à son extrémité. Le long de son dos s'étend une bande formée par quatre rangées d'écailles qui diffèrent par leur figure de celles qui les avoisinent. Ces détails suffiront pour faire reconnaître ce lézard par ceux qui l'auront sous leurs yeux. Il vit dans des endroits marécageux et voisins du Nil. Il a beaucoup de rapports, dans sa conformation, avec le scinque. C'est M. Hasselquist qui en a parlé le premier.

Les Egyptiens ont imaginé un conte bien absurde à l'occasion du triangulaire : ils ont dit que les œufs du crocodile renfermaient de vrais crocodiles lorsqu'ils étaient déposés dans l'eau, et qu'ils produisaient les petits lézards dont il est question dans cet article, lorsqu'au contraire ils étaient pondus sur un terrain sec.

La Double-raie.

Ce lézard, que l'on rencontre en Asie, est communément très-petit; la queue est très-longue relativement au corps. Deux raies d'un jaune sale s'étendent de chaque côté du dos, qui présente d'ailleurs six rangées longitudinales de points noirâtres. Ces points sont aussi répandus sur les pieds et sur la queue, et ils forment six autres lignes sur les côtés. Le corps est arrondi et épais. Seba avait reçu de Ceylan un individu de cette espèce. Suivant cet auteur, les œufs de ce lézard sont de la grosseur d'un petit pois.

Le Sputateur.

Nous avons décrit ce lézard d'après un individu envoyé de Saint-Domingue à M. d'Antic, et que ce naturaliste a bien voulu nous communiquer. Sa longueur totale est de deux pouces, et celle de la queue d'un pouce. Il n'a point de demi-anneaux sous le corps. Toutes ses écailles sont luisantes; la couleur en est blanchâtre sous le ventre, et d'un gris varié de brun foncé sur le corps. Quatre bandes transversales d'un brun presque noir règnent sur la tête et sur le dos; une autre petite bande de la même couleur borde la mâchoire supérieure; et six autres bandes semblables forment comme autant d'anneaux autour de la queue. Il n'y a pas d'ouverture apparente pour les oreilles. La langue est plate, large, et un peu fendue à l'extrémité. Le sommet de la tête et le dessus du museau sont blanchâtres, tachetés de noir; les pattes variées de gris, de noir et de blanc. Il y a à chaque pied cinq doigts qui sont garnis par-dessous de petites écailles, et terminés par une espèce de pelote ou de petite plaque écailleuse, sans ongle sensible.

M. Sparman a déjà fait connaître cette espèce de lézard, dont il a trouvé plusieurs individus dans le cabinet d'histoire naturelle de M. le baron de Geer, donné à l'Académie de Stockolm. Ces individus ne diffèrent que très-légèrement les uns des autres, par la disposition de leurs taches ou de leurs bandes. Ils avaient été envoyés, en 1755, à M. de Geer par M. Arcrelius, qui demeurait à Philadelphie, et qui les avait reçus de Saint-Eustache.

M. Arcrelius écrivit à M. Geer que le sputateur habite dans les contrées chaudes de l'Amérique; on l'y rencontre dans les maisons, et parmi les bois de charpente : on l'y nomme *wood-slave*. Ce lézard ne nuit à personne lorsqu'il n'est point inquiété : mais il ne faut l'observer qu'avec précaution, parce qu'on l'irrite aisément. Il court le long des murs, et si quelqu'un, en s'arrêtant pour le regarder, lui inspire quelque crainte, il s'approche autant qu'il peut de celui qu'il prend pour son ennemi; il le considère avec attention, et lance contre lui une espèce de crachat noir, assez venimeux pour qu'une petite goutte fasse enfler la partie du corps sur laquelle elle tombe. On guérit cette enflure par le moyen de l'esprit-de-vin ou de l'eau-de-vie et du sucre mêlés de camphre, dont on se sert aussi en Amérique contre la piqûre des scorpions. Lorsque l'animal s'irrite, on voit quelquefois le crachat noir se ramasser dans les coins de sa bouche. C'est de la faculté qu'a ce lézard de lancer par sa gueule une humeur venimeuse, que M. Sparman a tiré le nom de *sputator* qu'il lui a donné, et qui signifie *cracheur*. Nous avons cru ne devoir pas le traduire, mais le remplacer par le mot *sputateur* qui le rappelle. Ce lézard ne sort ordinairement de son trou que pendant le jour. M. Sparman a fait dessiner de très-petits œufs cendrés, tachetés de brun et de noir, qu'il a regardés comme ceux du sputateur, parce qu'il les a trouvés dans le même local que les individus de cette même espèce qui faisaient partie de la collection de M. le baron de Geer.

Nous croyons devoir parler ici d'un petit lézard semblable au sputateur par la grandeur et par la forme. Nous présumons qu'il n'en est qu'une variété, peut-être même dépendante du sexe. Nous l'avons décrit d'après un individu envoyé de Saint-Domingue à M. d'Antic avec le sputateur; et ce qui peut faire croire que ces deux lézards habitent presque toujours ensemble, c'est que M. Sparman l'a trouvé dans le même bocal que les sputateurs de la collection de M. de Geer : aussi ce savant naturaliste pense-t-il, comme nous, qu'il n'en est peut-être qu'une variété. L'individu que nous avons décrit a deux pouces deux lignes de longueur totale, et la queue quatorze lignes; il a, ainsi que le sputateur, le bout des doigts garni de pelotes écailleuses, que nous n'avons remarquées dans aucun autre lézard. Sa couleur, qui est le seul caractère par lequel il diffère du sputateur, est assez uniforme : le dessous du corps est d'un gris sale, mêlé de couleur de chair, et le dessus d'un gris un peu plus foncé, varié par de très-petites ondes d'un brun noirâtre, qui forme des raies longitudinales. L'individu décrit par M. Sparman différait de celui que nous avons vu, en ce que le bout de la queue était dénué d'écailles, apparemment par une suite de quelque accident.

CINQUIÈME DIVISION.

LÉZARDS

dont les doigts sont garnis par-dessous de grandes écailles, qui se recouvrent comme les ardoises des toits.

Le Gecko[1].

De tous les quadrupèdes ovipares dont nous publions l'histoire, voici le premier qui paraisse renfermer un poison mortel. Nous n'avons vu, en quelque sorte, jusqu'ici les animaux se développer, leurs propriétés augmenter et leurs forces s'accroître, que pour ajouter au nombre des êtres vivants, pour contre-balancer l'action destructive des éléments et du temps : ici la Nature paraît, au contraire, agir contre elle-même; elle exalte, dans un lézard dont l'espèce n'est que trop féconde, une liqueur corrosive, au point de porter la corruption et le dépérissement dans tous les animaux que pénètre cette humeur active; au lieu de sources de reproduction et de vie, on dirait qu'elle ne prépare dans le gecko que des principes de mort et d'anéantissement.

Ce lézard funeste, et qui mérite toute notre attention par ses qualités dangereuses, a quelque ressemblance avec le caméléon : sa tête, presque triangulaire, est grande en comparai-

[1] *Tockaie*, par les Siamois.

son du corps ; les yeux sont gros ; la langue est plate, revêtue de petites écailles, et le bout en est échancré. Les dents sont aiguës, et si fortes, suivant Bontius, qu'elles peuvent faire impression sur des corps très-durs, et même sur l'acier. Le gecko est presque entièrement couvert de petites verrues plus ou moins saillantes ; le dessous des cuisses est garni d'un rang de tubercules élevés et creux, comme dans l'iguane, le lézard gris, le lézard vert, l'améiva, le cordyle, le marbré, le galonné, etc. Les pieds sont remarquables par des écailles ovales plus ou moins échancrées dans le milieu, aussi larges que la surface inférieure de ces mêmes doigts, et disposées régulièrement au-dessus les unes des autres comme les ardoises ou les tuiles des toits; elles revêtent le dessous des doigts, dont les côtés sont garnis d'une petite membrane qui en augmente la largeur, sans cependant les réunir. M. Linné dit que le gecko n'a point d'ongles : mais dans tous les individus conservés au Cabinet du Roi, nous avons vu le second, le troisième, le quatrième et le cinquième doigt de chaque pied garnis d'un ongle très-aigu, très-court et très-recourbé, ce qui s'accorde fort bien avec l'habitude de grimper qu'a le gecko, ainsi qu'avec la force avec laquelle il s'attache aux divers corps qu'il touche.

Il en est donc des lézards comme d'autres animaux bien différents, et, par exemple, des oiseaux : les uns ont les doigts des pieds entièrement divisés; d'autres les ont réunis par une peau plus ou moins lâche ; d'autres, ramassés, en deux paquets; et d'autres enfin ont leurs doigts libres, mais cependant garnis d'une membrane qui en augmente la surface.

La queue du gecko est communément un peu plus longue que le corps; quelquefois cependant elle est plus courte; elle est ronde, menue, et couverte d'anneaux ou de bandes circulaires très-sensibles ; chacune de ces bandes est composée de plusieurs rangs de très-petites écailles, dans le nombre et dans l'arrangement desquelles on n'observe aucune régularité, ainsi que nous nous en sommes assuré par la comparaison de plusieurs individus : c'est ce qui explique les différences qu'on a remarquées dans les descriptions des naturalistes, qui avaient compté trop exactement dans un seul individu les rangs et le nombre de ces très-petites écailles.

Suivant Bontius, la couleur du gecko est d'un vert clair, tacheté d'un rouge très-éclatant. Ce même observateur dit qu'on appelle *gecko* le lézard dont nous nous occupons, parce que ce mot imite le cri qu'il jette lorsqu'il doit pleuvoir, surtout vers la fin du jour. On le trouve en Égypte, dans l'Inde, à Amboine, aux autres îles Moluques, etc. Il se tient de préférence dans les creux des arbres à demi pourris, ainsi que dans les endroits humides; on le rencontre aussi quelquefois dans les maisons, où il inspire une grande frayeur, et où on s'empresse de le faire périr. Bontius a écrit en effet que sa morsure est venimeuse, au point que, si la partie affectée n'est pas retranchée ou brûlée, on meurt avant peu d'heures. L'attouchement seul des pieds du gecko est même très-dangereux, et empoisonne, suivant plusieurs voyageurs, les viandes sur lesquelles il marche : l'on a cru qu'il les infectait par son urine, que Bontius regarde comme un poison des plus corrosifs; mais ne serait-ce pas aussi par l'humeur qui peut suinter des tubercules creux placés sur la face inférieure de ses cuisses? Son sang et sa salive, ou plutôt une sorte d'écume, une liqueur épaisse et jaune, qui s'épanche de sa bouche lorsqu'il est irrité, ou lorsqu'il éprouve quelque affection violente, sont regardés de même comme des affections mortelles, et Bontius, ainsi que Valentyn, rapportent que les habitants de Java s'en servaient pour empoisonner leurs flèches.

Hasselquist assure aussi que les doigts du gecko répandent un poison, que ce lézard recherche les corps imprégnés de sel marin, et qu'en courant dessus il laisse après lui un venin très-dangereux. Il vit, au Caire, trois femmes près de mourir, pour avoir mangé du fromage récemment salé, et sur lequel un gecko avait déposé son poison. Il se convainquit de l'âcreté des exhalaisons des pieds du gecko, en voyant un de ces lézards courir sur la main de quelqu'un qui voulait le prendre : toute la partie sur laquelle le gecko avait passé fut couverte de petites pustules, accompagnées de rougeur, de chaleur, et d'un peu de douleur, comme celle qu'on éprouve quand on a touché des orties. Ce témoignage formel vient à l'appui de ce que Bontius dit avoir vu. Il paraît donc que, dans les contrées chaudes de l'Inde et de l'Égypte, les geckos contiennent un poison dangereux et souvent mortel; il n'est donc pas surprenant qu'on fuie leur approche, qu'on ne les découvre qu'avec horreur, et qu'on s'efforce de les éloigner ou de les détruire. Il se pourrait cependant que leurs qualités malfaisantes variassent suivant les pays, les saisons, la nourriture, la force et l'état des individus [1].

Le gecko, selon Hasselquist, rend un son singulier qui ressemble un peu à celui de la grenouille, et qu'il est surtout facile d'entendre pendant la nuit. Il est heureux que ce lézard, dont le venin est si redoutable, ne soit pas silencieux, comme plusieurs autres quadrupèdes ovipares, et que ses cris très-distincts et particuliers puissent avertir de son approche et faire éviter ses dangereux poisons. Dès qu'il a plu, il sort de sa retraite; sa démarche est assez lente; il va à la chasse des fourmis et des vers. C'est à tort que Wurfbainius a prétendu dans son livre intitulé *Samandrologia*, que les geckos ne pondaient point. Leurs œufs sont ovales, et communément de la grosseur d'une noisette : on peut en voir la figure dans la planche de Seba déjà citée. Les femelles ont soin de les couvrir d'un peu de terre, après les avoir déposés; et la chaleur du soleil les fait éclore.

Les mathématiciens jésuites envoyés dans les Indes orientales par Louis XIV ont décrit et figuré un lézard du royaume de Siam, nommé *tockaie*, et qui est évidemment le même que le gecko. L'individu qu'ils ont examiné avait un pied six lignes de long, depuis le bout du museau jusqu'à l'extrémité de la queue. Les Siamois appellent ce lézard *tockaie*, pour imiter le cri qu'il jette ; ce qui prouve que le cri de ce quadrupède ovipare est composé de deux sons proférés durement, difficiles à rendre, et que l'on a cherché à exprimer, tantôt par *tockaie*, tantôt par *gecko*.

[1] Les Indiens prétendent que la racine de curama (terre mérite ou safran indien) est un très-bon remède contre la morsure du gecko.

Le Geckotte.

Nous conservons ce nom à un lézard qui a une si grande ressemblance avec le gecko, qu'il est très-difficile de ne pas les confondre l'un avec l'autre, quand on ne les examine pas de près. Les naturalistes n'ont même indiqué encore aucun des vrais caractères qui les distinguent. M. Linné seulement a dit que ces deux lézards ont le même port et la même forme, mais que le geckotte, qu'il appelle *le mauritanique,* a la queue étagée, et que le gecko ne l'a point. Cette différence n'est réelle que pendant la jeunesse du geckotte : lorsqu'il est un peu âgé, sa queue est au contraire beaucoup moins étagée que celle du gecko.

Ces deux quadrupèdes ovipares se ressemblent surtout par la conformation de leurs pieds. Les doigts du geckotte sont, comme ceux du gecko, garnis de membranes qui ne les réunissent pas, mais qui en élargissent la surface; ils sont également revêtus par-dessous d'un rang d'écailles ovales, larges, plus ou moins échancrées, et qui se recouvrent comme les ardoises des toits. Mais, en examinant attentivement un grand nombre de geckos et de geckottes de divers pays, conservés au Cabinet du Roi, nous avons vu que ces deux espèces différaient constamment l'une de l'autre par trois caractères très-sensibles : premièrement, le geckotte a le corps plus court et plus épais que le gecko ; secondement, il n'a point au-dessous des cuisses un rang de tubercules comme le gecko ; et troisièmement, sa queue est plus courte et plus grosse. Tant qu'il est encore jeune, elle est recouverte d'écailles, chargées chacune d'un tubercule en forme d'aiguillon, et qui, par leur disposition, la font paraître garnie d'anneaux écailleux : mais à mesure que l'animal grandit, les anneaux les plus voisins de l'extrémité de la queue disparaissent ; bientôt il n'en reste plus que quelques-uns près de son origine, qui s'oblitèrent enfin comme les autres, de telle sorte que quand l'animal est parvenu à peu près à son entier développement, on n'en voit plus aucun autour de la queue : elle est alors beaucoup plus grosse et plus courte en proportion que dans le premier âge; et elle n'est plus couverte que de très-petites écailles, qui ne présentent aucune apparence d'anneaux. Le geckotte est le seul lézard dans lequel on ait remarqué ce changement successif dans les écailles de la queue. Les tubercules, ou aiguillons, qui la revêtent pendant qu'il est jeune, se retrouvent sur le corps de ce lézard, ainsi que sur les pattes : ils sont plus ou moins saillants; et sur certaines parties, telles que le derrière de la tête, le cou, et les côtés du corps, ils son ronds, pointus, entourés de tubercules plus petits, et disposés en forme de rosette.

Le geckotte habite presque les mêmes pays que le gecko; ce qui empêche de regarder ces deux animaux comme deux variétés de la même espèce, produites par une différence de climat. On le trouve dans l'île d'Amboine, dans les Indes, et en Barbarie, d'où M. Brander l'a envoyé à M. Linné. L'on peut voir, au Cabinet du Roi, un très-petit quadrupède ovipare, qui y a été adressé sous le nom de *lézard de Saint-Domingue;* c'est évidemment un geckotte; et peut-être cette espèce se trouve-t-elle en effet dans le Nouveau Monde. On la rencontre vers les contrées tempérées, jusque dans la partie méridionale de la Provence, où elle est très-commune[1].

On l'y appelle *tarente,* nom qui a été donné au stellion et à une variété du lézard vert, ainsi que nous l'avons vu. On le trouve dans les masures et dans les vieilles maisons, où il fuit les endroits frais, bas et humides, et où il se tient communément sous les toits. Il se plaît à une exposition chaude; il aime le soleil : il passe l'hiver dans des fentes et dans des crevasses, sous les tuiles, sans y éprouver cependant un engourdissement parfait; car, lorsqu'on le découvre, il cherche à se sauver en marchant lourdement. Dès les premiers jours de printemps, il sort de sa retraite, et va se réchauffer au soleil; mais il ne s'écarte pas beaucoup de son trou, et il y rentre au moindre bruit. Dans les fortes chaleurs, il se meut fort vite, quoiqu'il n'ait jamais l'agilité de plusieurs autres

[1] Note communiquée par M. Olivier, qui a bien voulu nous faire part des observations qu'il a faites sur les habitudes de cette espèce de lézard.

lézards. Il se nourrit principalement d'insectes. Il se cramponne facilement par le moyen de ses ongles crochus et des écailles qu'il a sous les pieds : aussi peut-il courir, non-seulement le long des murs, mais encore au-dessous des planchers; et M. Olivier, que nous venons de citer, l'a vu demeurer immobile pendant très-longtemps sous la voûte d'une église.

Il ressemble donc au gecko par ses habitudes, autant que par sa forme. On a dit qu'il était venimeux, peut-être à cause de tous ses rapports avec ce dernier quadrupède ovipare, qui suivant un très-grand nombre de voyageurs, répand un poison mortel; M. Olivier assure cependant qu'aucune observation ne le prouve, et que ce lézard cherche toujours à s'échapper lorsqu'on le saisit.

Les geckottes ne sortent point de leur trou lorsqu'il doit pleuvoir : mais jamais ils n'annoncent la pluie par quelques cris, ainsi qu'on l'a dit des geckos; et M. Olivier en a souvent pris avec des pinces, sans qu'ils fissent entendre aucun son.

La Tête-plate.

Nous nommons ainsi un lézard qui n'a encore été indiqué par aucun naturaliste. Peu de quadrupèdes ovipares sont aussi remarquables par la singularité de leur conformation. Il paraît faire la nuance entre plusieurs espèces de lézards : il semble particulièrement tenir le milieu entre le caméléon, le gecko et la salamandre aquatique ; il a les principaux caractères de ces trois espèces. Sa tête, sa peau et la forme générale de son corps, ressemblent à celles du caméléon ; sa queue à celle de la salamandre aquatique, et ses pieds, à ceux du gecko : aussi aucun lézard n'est-il plus aisé à reconnaître, à cause de la réunion de ces trois caractères saillants; il en a d'ailleurs de très-marqués, qui lui sont particuliers.

Sa tête, dont la forme nous a suggéré le nom que nous donnons à ce lézard, est très-aplatie ; le dessous en est entièrement plat. L'ouverture de la gueule s'étend jusqu'au delà des yeux ; les dents sont très-petites et en très-grand nombre;

la langue est plate, fendue, et assez semblable à celle du gecko. La mâchoire inférieure est si mince, qu'au premier coup d'œil on serait tenté de croire que l'animal a perdu une portion de sa tête, et que cette mâchoire lui manque. La tête est d'ailleurs triangulaire, comme celle du caméléon ; mais le triangle qu'elle forme est très-allongé, et elle ne présente point l'espèce de casque ni les dentelures qu'on remarque sur cette dernière ; elle est articulée avec le corps, de manière à former en dessous un angle obtus ; ce qui ne se retrouve pas dans la plupart des autres quadrupèdes ovipares. Elle est très-grande ; sa longueur est à peu près la moitié de celle du corps. Les yeux sont très-gros et très-proéminents ; la cornée laisse apercevoir fort distinctement l'iris, dont la prunelle consiste en une fente verticale, comme celle des yeux du gecko, et qui doit être très-susceptible de se dilater, ou de se contracter, pour recevoir ou repousser la lumière. Les narines sont placées presque au bout du museau, qui est mousse, et qui fait le sommet de l'espèce de triangle allongé formé par la tête. Les ouvertures des oreilles sont très-petites ; elles occupent les deux autres angles du triangle, et sont placées auprès des coins de la gueule. La peau du dessous du cou forme des plis : le dessous du corps est entièrement plat.

Les quatre pieds du lézard à tête plate sont chacun divisés en cinq doigts : ces doigts sont réunis à leur origine par la peau des jambes, qui les recouvre par-dessus et par-dessous ; mais ils sont ensuite très-divisés, surtout ceux de derrière, dont le doigt intérieur est séparé des autres, comme dans beaucoup de lézards, de manière à représenter une sorte de pouce. Vers leur extrémité, ils sont garnis d'une membrane qui les élargit, comme ceux du gecko et du geckotte ; et à cette même extrémité, ils sont revêtus par-dessous de lames ou écailles qui se recouvrent comme les ardoises des toits : elles sont communément au nombre de vingt, et placées sur deux rangs qui s'écartent un peu l'un de l'autre au bout du doigt ; le petit intervalle qui sépare ces deux rangs renferme un ongle très-crochu, très-fort, et replié en dessous.

La queue est menue, et beaucoup plus courte que le corps ; elle paraît très-large et très-aplatie, parce qu'elle est revêtue d'une membrane qui s'étend de chaque côté, et lui donne la forme d'une sorte de rame. Il est aisé cependant de distinguer la véritable queue que cette membrane recouvre, et qui présente par-dessus et par-dessous une petite saillie longitudinale. Cette partie membraneuse n'est point, comme dans la salamandre aquatique, placée verticalement; mais elle forme des deux côtés une large bande horizontale.

La peau qui revêt la tête, le corps, les pattes et la queue du lézard à tête plate, tant dessus que dessous, est garnie d'un très-grand nombre de petis points saillants, plus ou moins apparents, qui se touchent et la font paraître chagrinée; et ce qui constitue un caractère jusqu'à présent particulier au lézard à tête plate, c'est que la partie supérieure de tout le corps est distinguée de la partie inférieure par une prolongation de la peau qui règne en forme de membrane frangée depuis le bout du museau jusqu'à l'origine de la queue, et qui s'étend également sur les quatre pattes, dont elle distingue de même le dessus d'avec le dessous.

Ce lézard n'a encore été trouvé qu'en Afrique; il paraît fort commun à Madagascar, puisque l'on peut voir dans la collection du Cabinet du Roi quatre individus de cette espèce envoyés de cette île. Cette collection en renferme aussi un cinquième que M. Adanson a rapporté du Sénégal; et c'est sur ces cinq individus, dont la conformation est parfaitement semblable, que j'ai fait la description que l'on vient de lire. Le plus grand a de longueur totale huit pouces six lignes, et la queue a deux pouces quatre lignes de longueur. Aucun naturaliste n'a encore rien écrit touchant cet animal : mais il a été vu à Madagascar par M. Bruyères, de la Société royale de Montpellier, qui a bien voulu me communiquer ses observations au sujet de ce quadrupède ovipare. La couleur du lézard à tête plate n'est point fixe, ainsi que celle de plusieurs autres lézards; mais elle varie comme celle du caméléon, et présente successivement ou tout à la fois plusieurs nuances de rouge, de jaune, de vert et de bleu. Ces effets observés par M. Bruyères nous paraissent dépendre des différents états de l'animal, ainsi que dans le caméléon; et ce qui nous le persuade, c'est que la peau du lézard à tête plate est presque entièrement semblable à celle du caméléon. Mais, dans ce dernier, les variations de couleur s'étendent sur la peau du ventre, au lieu que, dans le lézard dont il est ici question, tout le dessous du corps, depuis l'extrémité des mâchoires jusqu'au bout de la queue, présente toujours une couleur jaune et brillante.

M. Bruyères pense avec toute raison, que le lézard que nous nommons *tête plâte* est le même que celui que Flaccourt a désigné par le nom *famocantrata*, et que ce voyageur a vu dans l'île de Madagascar. C'est aussi le *famocantraton* dont Dapper a parlé.

Les Madégasses ne regardent le lézard à tête plate qu'avec une espèce d'horreur : dès qu'ils l'aperçoivent, ils se détournent, se couvrent même les yeux, et fuient avec précipitation. Flaccourt dit qu'il est très-dangereux, qu'il s'élance sur les nègres, et qu'il s'attache si fortement à leur poitrine, par le moyen de la membrane frangée qui règne de chaque côté de son corps, qu'on ne peut l'en séparer qu'avec un rasoir[1]. M. Bruyères n'a rien vu de semblable : il assure que les lézards à tête plate ne sont point venimeux : il en a souvent pris à la main; ils lui serraient les doigts avec leurs mâchoires, sans que jamais il lui soit survenu aucun accident. Il est tenté de croire que la peur que cet animal inspire aux nègres vient de ce que ce lézard ne fuit point à leur approche, et qu'au contraire il va toujours au devant d'eux la gueule béante, quelque bruit que l'on fasse pour le détourner : c'est ce qui l'a fait nommer par des matelots français *le sourd*, nom que l'on a donné aussi dans quelques provinces de France à la salamandre terrestre. Ce lézard vit ordinairement sur les arbres, ainsi que le caméléon; il s'y retire dans des trous, d'où il ne sort que la nuit et dans les temps pluvieux : on le voit alors sauter de branche en branche avec agilité. Sa queue lui sert à se soutenir, quoique courte; il la replie autour des petits rameaux. S'il tombe à terre, il ne peut plus s'élancer; il se traîne jusqu'à l'arbre qui est le plus à sa portée; il y

[1] Le nom de *famocantrata*, que l'on a donné à ce lézard dans l'île de Madagascar, signifie *qui saute sur la poitrine*.

grimpe, et y recommence à sauter de branche en branche. Il marche avec peine, ainsi que le caméléon; et ce qui nous paraît devoir ajouter à la difficulté avec laquelle il se meut quand il est à terre, c'est que ses pattes de devant sont plus courtes que celles de derrière, ainsi que dans les autres lézards, et que cependant sa tête forme par-dessous un angle avec le corps, de telle sorte qu'à chaque pas qu'il fait, il doit donner du nez contre terre. Cette conformation lui est au contraire favorable lorsqu'il s'élance sur les arbres, sa tête pouvant alors se trouver très-souvent dans un plan horizontal. Le lézard à tête plate ne se nourrit que d'insectes : il a presque toujours la gueule ouverte pour les saisir; et elle est intérieurement enduite d'une matière visqueuse, qui les empêche de s'échapper.

Seba a donné la figure d'un lézard qu'il dit fort rare, qui, suivant lui, se trouve en Égypte et en Arabie, et doit avoir beaucoup de rapports avec notre lézard à tête plate : mais si la description et le dessin en sont exacts, ils appartiennent à deux espèces différentes. On s'en convaincra en comparant la description que nous venons de donner avec celle de Seba. En effet, son lézard a, comme le nôtre, les doigts garnis de membranes, ainsi que les deux côtés de la queue : mais il en diffère en ce que sa tête et son corps ne sont point aplatis; qu'il n'a point la membrane frangée dont nous avons parlé; que les pieds de derrière sont presque entièrement palmés; que la queue est ronde, beaucoup plus longue que le corps; et que la membrane qui en garnit les côtés est assez profondément festonnée.

SIXIÈME DIVISION.

LÉZARDS

qui n'ont que trois doigts aux pieds de devant et aux pieds de derrière.

Les Seps[1].

Le seps doit être considéré de près, pour n'être pas confondu avec les serpents. Ce qui en effet distingue principalement ces derniers d'avec les lézards, c'est le défaut de pattes et d'ouvertures pour les oreilles : mais on ne peut remarquer que difficilement l'ouverture des oreilles du seps, et ses pattes sont presque invisibles par leur extrême petitesse. Lorsqu'on le regarde, on croirait voir un serpent qui, par une espèce de monstruosité, serait né avec deux petites pattes auprès de la tête, et deux autres, très-éloignées, situées auprès de l'origine de la queue. On le croirait d'autant plus, que le seps a le corps très-long et très-menu, et qu'il a l'habitude de se rouler sur lui-même comme les serpents. A une certaine distance on serait même tenté de ne prendre ses pieds que pour des appendices informes. Le seps fait donc une des nuances qui lient d'assez près les quadrupèdes ovipares avec les vrais reptiles. Sa forme peu prononcée, son caractère ambigu, doivent contribuer à le faire reconnaître. Ses yeux sont très-petits ; les ouvertures des oreilles bien moins sensibles que dans la plupart des lézards. La queue finit par une pointe très-aiguë ; elle est communément très-

[1] *La cicigna*, en Sardaigne.

courte : cependant elle était aussi longue que le corps dans l'individu décrit par M. Linné, et qui faisait partie de la collection du prince Adolphe. Le seps est couvert d'écailles quadrangulaires, et formant en tous sens des espèces de stries.

La couleur de ce lézard est en général moins foncée sous le ventre que sur le dos, le long duquel s'étendent deux bandes dont la teinte est plus ou moins claire, et qui sont bordées de chaque côté d'une petite raie noire.

La grandeur des seps, ainsi que celle des autres lézards, varie suivant la température qu'ils éprouvent, la nourriture qu'ils trouvent, et la tranquillité dont ils jouissent. C'est donc avec raison que la plupart des naturalistes ont cru ne devoir pas assigner une grandeur déterminée comme un caractère rigoureux et distinctif de chaque espèce : mais il n'en est pas moins intéressant d'indiquer les limites qui, dans les diverses espèces, circonscrivent la grandeur, et surtout d'en marquer les rapports, autant qu'il est possible, avec les différentes contrées, les habitudes, la chaleur, etc. Les seps, qui ne parviennent quelquefois, en Provence et dans les autres provinces méridionales de France, qu'à la longueur de cinq ou six pouces, sont longs de douze ou quinze dans des pays plus conformes à leur nature. Il y en a un au Cabinet du Roi dont la longueur totale est de neuf pouces neuf lignes; sa circonférence est de dix-huit lignes à l'endroit le plus gros du corps; les pattes ont deux lignes de longueur, et la queue est longue de trois pouces trois lignes. Celui que M. François Cetti a décrit en Sardaigne avait douze pouces trois lignes de long (apparemment mesure sarde).

Les pattes du seps sont si courtes, qu'elles n'ont quelquefois que deux lignes de long, quoique le corps ait plus de douze pouces de longueur. A peine paraissent-elles pouvoir toucher à terre, et cependant le seps les remue avec vitesse, et semble s'en servir avec beaucoup d'avantage lorsqu'il marche. Les pieds sont divisés en trois doigts, à peine visibles, et garnis d'ongles, comme ceux de la plupart des autres lézards. M. Linné a compté cinq doigts dans le seps qui faisait partie de la collection du prince Adolphe de Suède;

mais nous n'en avons jamais trouvé que trois dans les individus de différents pays qui sont au Cabinet du Roi, avec quelque attention que nous les ayons considérés, et quoique nous nous soyons servi de très-fortes loupes.

C'est au seps que l'on doit rapporter le lézard indiqué par Ray sous le nom de *seps* ou de *lézard chalcide;* M. Linné nous paraît s'être trompé en appelant ce dernier *lézard chalcide*, et en le séparant du seps. La description que l'on trouve dans Ray convient très-bien à ce dernier animal; les raies noires le long du dos, et la forme rhomboïdale des écailles que Ray attribue à son lézard, sont en effet des caractères distinctifs du seps. Le lézard désigné par Columna sous le nom de *seps* ou de *chalcide*, séparé du seps par M. Linné, et appelé *chalcide* par ce grand naturaliste, est aussi une simple variété du seps, assez voisine de celle que l'on trouve aux environs de Rome, ainsi qu'en Provence, et dont on conserve un individu au Cabinet du Roi. Le lézard de Columna avait, à la vérité, deux pieds de long, tandis que le seps des environs de Rome, que l'on peut voir au Cabinet du Roi, n'a que sept pouces huit lignes de longueur; mais il présentait les caractères qui distinguent les véritables seps.

L'animal que M. Linné a rangé parmi les serpents, qu'il a appelé *anguis quadrupède*, et qu'il dit habiter l'île de Java, est de même un véritable seps; tous les caractères rapportés par M. Linné conviennent à ce dernier lézard, excepté le défaut d'ouvertures pour les oreilles, et les cinq doigts de chaque pied : mais, M. Linné ajoutant que ces doigts sont si petits, qu'on a bien de la peine à les apercevoir, on peut croire que l'on en aura aisément compté deux de trop; d'ailleurs les ouvertures des oreilles du seps sont quelquefois si petites, qu'il paraît en manquer absolument.

C'est également au seps qu'il faut rapporter les lézards nommés *vers serpentiformes d'Afrique*, et dont M. Linné a fait une espèce particulière sous le nom d'*anguina;* il suffit, pour s'en convaincre, de jeter les yeux sur la planche de Seba citée par le naturaliste suédois : la forme de la tête, la longueur du corps, la disposition des écailles, la position et la brièveté des quatre pattes, se retrouvent dans ces prétendus vers comme dans le seps ; et ce n'est que parce qu'on ne les a pas regardés d'assez près, qu'on a attribué des pieds non divisés à ces animaux, que M. Linné s'est cru obligé par là de séparer des autres lézards. Suivant Seba, les Grecs ont connu ces quadrupèdes ; ils ont même cru être informés de leurs habitudes en certaines contrées, puisqu'ils les ont nommés *acheloi* et *elyoi*, pour désigner leur séjour au milieu des eaux troubles et bourbeuses. On les rencontre au cap de Bonne-Espérance, vers la baie de la Table, parmi les rochers qui bordent la rivière. Suivant la figure de Seba, ces seps du cap de Bonne-Espérance ont la queue beaucoup plus longue que le corps.

Columna, en disséquant un seps femelle, en tira quinze fœtus vivants, dont les uns étaient déjà sortis de leurs membranes, et les autres étaient encore enveloppés dans une pellicule diaphane et renfermés dans leurs œufs comme les petits des vipères. Nous remarquerons une manière semblable de venir au jour dans les petits de la salamandre terrestre ; et ainsi non-seulement les diverses espèces de lézards ont entre elles de nouvelles analogies, mais l'ordre entier des quadrupèdes ovipares se lie de nouveau avec les serpents, avec les poissons cartilagineux et d'autres poissons de différents genres, parmi lesquels les petits de plusieurs espèces sortent aussi de leurs œufs dans le ventre même de leur mère.

Plusieurs naturalistes ont cru que le seps était une espèce de salamandre. On a accusé la salamandre d'être venimeuse ; on a dit que le seps l'était aussi. Il y a même longtemps que l'on a regardé ce lézard comme un animal malfaisant ; le nom de *seps* que les anciens lui ont appliqué, ainsi qu'au chalcide, ayant été aussi attribué par ces mêmes anciens, à des serpents très-venimeux, à des millepieds et à d'autres bêtes dangereuses. Ce mot *seps*, dérivé de σηπω (*sepo*, je corromps), peut être regardé comme un nom générique que les anciens donnaient à la plupart des animaux dont ils redoutaient les poisons, à quelque ordre d'ailleurs qu'ils les rapportassent. On peut croire aussi qu'ils ont très-souvent confondu, ainsi que le plus grand nombre des naturalistes venus après eux, le chalcide et le seps, qu'ils ont appelés tous deux non-seulement du nom générique de *seps*, mais encore du nom particulier de *chalcide*.

Quoi qu'il en soit, les observations de M. Sauvage paraissent prouver que le seps n'est point venimeux dans les provinces méridionales de France. Suivant ce naturaliste, la morsure du seps n'a jamais été suivie d'aucun accident : il rapporte en avoir vu manger par une poule sans qu'elle en ait été incommodée. Il ajoute que la poule ayant avalé un petit seps par la tête sans l'écraser, il vit ce lézard s'échapper du corps de la poule, comme les vers de terre de celui des canards. La poule le saisit de nouveau; il s'échappa de même : mais à la troisième fois elle le coupa en deux. M. Sauvage conclut même, de la facilité avec laquelle ce petit lézard se glisse dans les intestins, qu'il produirait un meilleur effet dans certaines maladies que le plomb et le vif argent. M. François Cetti dit aussi que, dans toute la Sardaigne, il n'a jamais entendu parler d'aucun accident causé par la morsure du seps, que tout le monde y regarde comme un animal innocent. Seulement, ajoute-t-il, lorsque les bœufs ou les chevaux en ont avalé avec l'herbe qu'ils paissent, leur ventre s'enfle, et ils sont en danger de mourir, si on ne leur fait pas prendre une boisson préparée avec de l'huile, du vinaigre et du souffre.

Le seps paraît craindre le froid plus que les tortues terrestres et plusieurs autres quadrupèdes ovipares; il se cache plus tôt dans la terre aux approches de l'hiver. Il disparaît en Sardaigne dès le commencement d'octobre, et on ne le trouve plus que dans des creux souterrains; il en sort au printemps pour aller dans les endroits garnis d'herbe, où il se tient encore pendant l'été, quoique l'ardeur du soleil l'ait desséché.

M. Thunberg a donné, dans les *Mémoires de l'Académie de Suède*, la description d'un lézard qu'il nomme *abdominal*, qui se trouve à Java et à Amboine, qui a les plus grands rapports avec le seps, et qui n'en diffère que par la très-grande brièveté de sa queue et le nombre de ses doigts. Mais comme il paraît que M. Thunberg n'a pas vu cet animal vivant, et que, dans la description qu'il en donne, il dit que l'extrémité de la queue était nue et sans écailles, on peut croire que l'individu observé par ce savant professeur avait perdu une partie de sa queue par quelque accident. D'ailleurs nous nous sommes assuré que la longueur de la queue des seps était en général très-variable. D'un autre côté, M. Thunberg avoue qu'on ne peut à l'œil nu distinguer qu'avec beaucoup de peine les doigts de son lézard abdominal. Il pourrait donc se faire que l'animal eût été altéré après sa mort, de manière à présenter l'apparence de cinq petits doigts à chaque pied, quoique réellement il n'y en ait que trois, ainsi que dans les seps, auxquels il faudrait dès lors le rapporter. Si au contraire le lézard abdominal a véritablement cinq doigts à chaque pied, il faudra le regarder comme une espèce distincte du seps, et le comprendre dans la quatrième division, où il pourraît être placé à la suite du sputateur. Au reste personne ne peut mieux éclaircir ce point d'histoire naturelle que M. Thunberg.

Le Chalcide.

Le seps n'est pas le seul lézard qui, par la petitesse de ses pattes à peine visibles, et la grande distance qui sépare celles de devant de celles de derrière, fasse la nuance entre les lézards et les serpents ; le chalcide est également remarquable par la brièveté et la position de ses pattes, de même que par l'allongement de son corps. M. Linné, et plusieurs autres naturalistes, ont regardé, ainsi que nous, le chalcide comme différent du seps, et ils ont dit que ces deux lézards sont distingués l'un de l'autre, en ce que le seps a la queue *verticillée*, tandis que le chalcide l'a ronde, et plus longue que le corps. Quelque sens qu'on attache à cette expression *verticillée*, elle ne peut jamais représenter qu'un caractère vague et peu sensible. D'un autre côté, il n'y a rien de si variable que les longueurs des queues des lézards, et par conséquent toute distinction spécifique fondée sur ces longueurs doit être regardée comme nulle, à moins que leurs différences ne soient très-grandes. Nous avons pensé d'après cela que le lézard appelé *chalcide* par M. Linné pourrait bien n'être qu'une variété du seps, dont plusieurs individus ont la queue à peu près aussi longue que le corps. Nous l'avons pensé d'autant plus qu'il paraît que M. Linné n'a point vu le lézard qu'il nomme *chalcide*. Nous avons en conséquence examiné les divers passages des auteurs cités par M. Linné, relativement à ce quadrupède ovipare ; nous avons comparé ce qu'ont écrit à ce sujet Aldrovande, Columna, Gronovius, Ray et Imperati : nous avons vu que tout ce que rapportent ces auteurs, tant dans leurs descriptions que dans la partie historique, pouvait s'appliquer au véritable seps. Il paraît donc qu'on doit réduire à une seule espèce les deux lézards connus sous le nom de *seps* et de *chalcide*. Mais il y a, au Cabinet du Roi, un lézard qui ressemble au seps par l'allongement de son corps, la petitesse de ses pattes, le nombre de ses doigts, et qui est cependant d'une espèce différente de celle du seps, ainsi que nous allons le prouver. Ce lézard n'a vraisemblablement été connu d'aucun des naturalistes modernes qui ont écrit sur le chalcide : c'est en quelque sorte une espèce nouvelle que nous présentons, et à laquelle nous appliquons ce nom de *chalcide*, qui n'a été donné par M. Linné et les naturalistes modernes qu'à une variété du seps.

Notre chalcide, le seul que nous nommerons ainsi, diffère du seps par un caractère qui doit empêcher de les confondre dans toutes les circonstances. Le dessus et le dessous du corps et de la queue sont garnis dans le seps de petites écailles, placées les unes sur les autres comme les ardoises qui couvrent nos toits ; tandis que, dans le chalcide, les écailles forment des anneaux circulaires très-sensibles, séparés les uns des autres par des espèces de sillons, et qui revêtent non-seulement le corps, mais encore la queue.

Le corps de l'individu conservé au Cabinet du Roi a deux pouces six lignes de longueur ; il est plus court que la queue, et entouré de quarante-huit anneaux. La tête est assez semblable à celle du seps, ainsi que nous l'avons dit : mais il n'y a aucune ouverture pour les oreilles ; ce qui donne au chalcide un rapport de plus avec les serpents. Les pattes sont encore plus courtes que celles du seps, en proportion de la longueur du corps ; elles n'ont qu'une ligne de longueur. Celles de devant sont situées très-près de la tête.

Ce lézard n'a que trois doigts à chaque pied, ainsi que le seps. Il est d'une couleur sombre, qui peut-être est l'effet de l'esprit-de-vin dans lequel il a été conservé, mais qui approche de la couleur de l'airain, que les Grecs ont désignée par le nom de *chalcis* (dérivé de χαλκος, *airain*) lorsqu'ils ont appliqué ce nom à un lézard.

Cet animal, qui doit habiter les contrées chaudes, a par la conformation de ses écailles et leur disposition en anneaux, d'assez grands rapports avec le serpent *orvet* et les autres serpents, que M. Linné a compris sous la dénomination générique d'*anguis*. Il en a aussi par là avec plusieurs espèces de vers, et surtout avec un reptile, dont nous donnerons l'histoire à la suite de celle des quadrupèdes ovipares, et qui lie l'ordre de ces derniers avec celui des serpents encore de plus près que les seps et le chalcide.

Mais si les espèces de lézards dont nous traitons maintenant présentent, en quelque sorte, une conformation intermédiaire entre celle des quadrupèdes ovipares et celle des vrais reptiles, l'espèce suivante donne à ces mêmes quadrupèdes ovipares de nouveaux rapports avec des animaux bien mieux organisés, et particulièrement avec l'ordre des oiseaux, par les espèces d'ailes dont elle a été pourvue.

SEPTIÈME DIVISION.

LÉZARDS

qui ont des membranes en forme d'ailes.

Le Dragon.

A CE nom de *dragon*, l'on conçoit toujours une idée extraordinaire. La mémoire rappelle avec promptitude tout ce qu'on a lu, tout ce qu'on a ouï dire, sur ce monstre fameux; l'imagination s'enflamme par le souvenir des grandes images qu'il a présentées au génie poétique : une sorte de frayeur saisit les cœurs timides, et la curiosité s'empare de tous les esprits. Les anciens, les modernes, ont tous parlé du dragon. Consacré par la religion des premiers peuples, devenu l'objet de leur mythologie, ministre des volontés des dieux, gardien de leurs trésors, servant leur amour et leur haine, soumis au pouvoir des enchanteurs, vaincu par les demi-dieux des temps antiques, entrant même dans les allégories sacrées du plus saint des recueils, il a été chanté par les premiers poëtes, et représenté avec toutes les couleurs qui pouvaient en embellir l'image. Principal ornement des fables pieuses imaginées dans des temps plus récents, dompté par les héros, et même par les jeunes héroïnes, qui combattaient pour une loi divine; adopté par une seconde mythologie, qui plaça les fées sur le trône des anciennes enchanteresses; devenu l'emblème des actions éclatantes des vaillants chevaliers, il a vivifié la poésie moderne, ainsi qu'il avait animé l'ancienne. Proclamé par la voix sévère de l'histoire, partout décrit, partout célébré, partout redouté, montré sous toutes les formes, toujours revêtu de la plus grande puissance, immolant ses victimes par son regard, se transportant au milieu des nuées avec la rapidité de l'éclair, frappant comme la foudre, dissipant l'obscurité des nuits par l'éclat de ses yeux étincelants, réunissant l'agilité de l'aigle, la force du lion, la grandeur du serpent[1], présentant même quelquefois une figure humaine, doué d'une intelligence presque divine, et adoré de nos jours dans de grands empires de l'Orient, le dragon a été tout, et s'est trouvé partout, hors dans la Nature. Il vivra cependant toujours, cet être fabuleux, dans les heureux produits d'une imagination féconde; il embellira longtemps les images hardies d'une poésie enchanteresse : le récit de sa puissance merveilleuse charmera les loisirs de ceux qui ont besoin d'être quelquefois transportés au milieu des chimères, et qui désirent de voir la vérité parée des ornements d'une fiction agréable. Mais à la place de cet être fantastique, que trouvons-nous dans la réalité? un animal aussi petit que faible, un lézard innocent et tranquille, un des moins armés de tous les quadrupèdes ovipares, et qui, par une conformation particulière, a la facilité de se transporter avec agilité, et de voltiger de branche en branche dans les forêts qu'il habite. Les espèces d'ailes dont il a été pourvu, son corps de lézard, et tous ses rapports avec les serpents, ont fait trouver quelque sorte de ressemblance éloignée entre ce petit animal et le monstre imaginaire dont nous avons parlé, et lui ont fait donner le nom de *dragon* par les naturalistes.

Ses ailes sont composées de six espèces de rayons cartilagineux, situés horizontalement de chaque côté de l'épine du dos, et auprès des jambes de devant. Ces rayons sont courbés en arrière; ils soutiennent une membrane, qui s'étend le long du rayon le plus antérieur jusqu'à son extrémité, et va ensuite se rattacher, en s'arrondissant un peu, auprès des jambes de derrière. Chaque aile représente ainsi un triangle, dont la base s'appuie sur l'épine du dos; du sommet d'un triangle à celui de l'autre, il y a à peu près la même distance que des pattes de devant à celles de derrière. La membrane qui recouvre les rayons est garnie d'écailles, ainsi que le corps du

[1] Il y a des serpents qui ont plus de quarante pieds de long.

lézard, que l'on ne peut bien voir qu'en regardant au-dessous des ailes, et dont on ne distingue par-dessus que la partie la plus élevée du dos. Ces ailes sont conformées comme les nageoires des poissons, surtout comme celles dont les poissons volants se servent pour se soutenir en l'air. Elles ne ressemblent pas aux ailes dont les chauves-souris sont pourvues, et qui sont composées d'une membrane placée entre les doigts très-longs de leurs pieds de devant; elles diffèrent encore plus de celles des oiseaux formées de membranes que l'on a appelées leurs bras; elles ont plus de rapport avec les membranes qui s'étendent des jambes de devant à celles de derrière dans le polatouche et dans le taguan, et qui leur servent à voltiger. Voilà donc le dragon qui, placé, comme tous les lézards, entre les poissons et les quadrupèdes vivipares, se rapproche des uns par ses rapports avec les poissons volants, et des autres par ses ressemblances avec les polatouches et les écureuils, dont il est l'analogue dans son ordre.

Le dragon est aussi remarquable par trois espèces de poches allongées et pointues, qui garnissent le dessous de sa gorge, et qu'il peut enfler à volonté pour augmenter son volume, se rendre plus léger, et voler plus facilement. C'est ainsi qu'il peut un peu compenser l'infériorité de ses ailes, relativement à celles des oiseaux, et la facilité avec laquelle ces derniers, lorsqu'ils veulent s'alléger, font parvenir l'air de leurs poumons dans diverses parties de leur corps.

Si l'on ôtait au dragon ses ailes et les espèces de poches qu'il porte sous son gosier, il serait très-semblable à la plupart des lézards. Sa gueule est très-ouverte, et garnie de dents nombreuses et aiguës. Il a sur le dos trois rangées longitudinales de tubercules, plus ou moins saillants, dont le nombre varie suivant les individus. Les deux rangées extérieures forment une ligne courbe, dont la convexité est en dehors. Les jambes sont assez longues; les doigts, au nombre de cinq à chaque pied, sont longs, séparés, et garnis d'ongles crochus. La queue est ordinairement très-déliée, deux fois plus longue que le corps, et couverte d'écailles un peu relevées en carène. La longueur totale du dragon n'excède guère un pied. Le plus grand des individus de cette espèce conservés au Cabinet du

Roi a huit pouces deux lignes de long, depuis le bout du museau jusqu'à l'extrémité de la queue, qui est longue de quatre pouces dix lignes.

Bien différent du dragon de la fable, il passe innocemment sa vie sur les arbres, où il vole de branche en branche, cherchant les fourmis, les mouches, les papillons et les autres insectes dont il fait sa nourriture. Lorsqu'il s'élance d'un arbre à un autre, il frappe l'air avec ses ailes, de manière à produire un bruit assez sensible, et il franchit quelquefois un espace de trente pas. Il habite en Asie, en Afrique et en Amérique. Il peut varier, suivant les différents climats, par la teinte de ses écailles; mais il présente souvent un agréable mélange de couleurs noire, brune, presque blanche ou légèrement bleuâtre, formant des taches ou des raies.

Quoiqu'il ait les doigts très-séparés les uns des autres, il n'est point réduit à habiter la terre sèche et le sommet des arbres; ses poches, qu'il développe, et ses ailes qu'il étend, replie et contourne à volonté, lui servent non-seulement pour s'élancer avec vitesse, mais encore pour nager avec facilité. Les membranes qui composent ses ailes peuvent lui tenir lieu de nageoires puissantes, parce qu'elles sont fort grandes à proportion de son corps; et les poches qu'il a sous la gorge doivent, lorsqu'elles sont gonflées, le rendre plus léger que l'eau. Cet animal privilégié a donc reçu tout ce qui peut être nécessaire pour grimper sur les arbres, pour marcher avec facilité, pour voler avec vitesse, pour nager avec force : la terre, les forêts, l'air, les eaux lui appartiennent également; sa petite proie ne peut lui échapper. D'ailleurs aucun asile ne lui est fermé, aucun abri ne lui est interdit; s'il est poursuivi sur la terre, il s'enfuit au haut des branches, ou se réfugie au fond des rivières : il jouit donc d'un sort tranquille et d'une destinée heureuse; car il peut encore, en s'élevant dans l'air, échapper aux animaux que l'eau n'arrête pas.

M. Linné a compté deux espèces de lézards volants. Il a placé dans la première ceux de l'ancien monde, dont les ailes ne tiennent pas aux pattes de devant, et dans la seconde ceux d'Amérique, dont les ailes y sont attachées. Cette différence ne nous paraît pas suffire pour constituer une espèce distincte.

D'ailleurs ce n'est que sur l'autorité de Seba, dont les figures ne sont pas toujours exactes, que M. Linné a admis l'existence des lézards volants dont les jambes de devant servent de premier rayon aux ailes; il n'en a jamais vu ainsi conformés : nous n'en avons jamais vu non plus; et nous n'avons rien trouvé qui y eût rapport, dans aucun auteur, excepté Seba. Nous croyons donc ne devoir admettre qu'une espèce dans les lézards volants, jusqu'à ce que de nouvelles observations nous obligent à en reconnaître deux[1].

HUITIÈME DIVISION.

LÉZARDS

qui ont trois ou quatre doigts aux pieds de devant, et quatre ou cinq aux pieds de derrière.

La Salamandre terrestre[2].

Il semble que plus les objets de la curiosité de l'homme sont éloignés de lui, et plus il se plaît à leur attribuer des qualités merveilleuses, ou du moins à supposer à des degrés

[1] M. Daubenton n'a compté, comme nous, qu'une espèce de lézard volant.

[2] *Salamandra*, en latin; *salamanguesa* et *salamantegua*, en Espagne; *samabras* ou *saambras*, par les Arabes; *le sourd*, dans plusieurs provinces de France; *blande*, dans le Languedoc et la Provence; *pluvine*, en Dauphiné; *laverne*, dans le Lyonnais; *suisse*, en Bourgogne; *mirtil*, dans le Poitou; *alebrenne* ou *arrassade*, dans plusieurs autres provinces de France; *mouron*, en Normandie; *salemander*, en Flandre; *puntermaal*, en quelques endroits d'Allemagne.

trop élevés celles dont ces êtres, rarement bien connus, jouissent réellement. L'imagination a besoin, pour ainsi dire, d'être de temps en temps secouée par des merveilles. L'homme veut exercer sa croyance dans toute sa plénitude; il lui semble qu'il n'en jouit pas d'une manière assez libre quand il la soumet aux lois de la raison : ce n'est que par les excès qu'il croit en user; et il ne s'en regarde comme véritablement le maître que lorsqu'il la refuse capricieusement à la réalité, ou qu'il l'accorde aux êtres les plus chimériques. Mais il ne peut exercer cet empire de sa fantaisie que lorsque la lumière de la vérité ne tombe que de loin sur les objets de cette croyance arbitraire; que lorsque l'espace, le temps ou leur nature les séparent de nous; et voilà pourquoi parmi tous les ordres d'animaux, il n'en est peut-être aucun qui ait donné lieu à tant de fables que celui des lézards. Nous avons déjà vu des propriétés aussi absurdes qu'imaginaires accordées à plusieurs espèces de ces quadrupèdes ovipares : mais nous voici maintenant à l'histoire d'un lézard pour lequel l'imagination humaine s'est surpassée; on lui a attribué la plus merveilleuse de toutes les propriétés. Tandis que les corps les plus durs ne peuvent échapper à la force de l'élément du feu, on a voulu qu'un petit lézard non-seulement ne fût pas consommé par les flammes, mais parvînt même à les éteindre; et comme les fables agréables s'accréditent aisément, l'on s'est empressé d'accueillir celle d'un petit animal si privilégié, si supérieur à l'agent le plus actif de la nature, et qui doit fournir tant d'objets de comparaison à la poésie, tant de brillantes devises à la valeur. Les anciens ont cru à cette propriété de la salamandre : désirant que son origine fût aussi surprenante que sa puissance, et voulant réaliser les fictions ingénieuses des poëtes, ils ont écrit qu'elle devait son existence au plus pur des éléments, qui ne pouvait la consumer, et ils l'ont dite fille du feu, en lui donnant cependant un corps de glace. Les modernes ont adopté les fables ridicules des anciens, et comme on ne peut jamais s'arrêter quand on a dépassé les bornes de la vraisemblance, on est allé jusqu'à penser que le feu le plus violent pouvait être éteint par la salamandre terrestre. Des charlatans vendaient ce petit lézard, qui, jeté dans le plus grand incendie, devait, disaient-ils, en arrêter les progrès. Il a fallu que des physiciens, que des philosophes prissent la peine de prouver par le fait ce que la raison seule aurait dû démontrer; et ce n'est que lorsque les lumières de la science ont été très-répandues, qu'on a cessé de croire à la propriété de la salamandre.

Ce lézard, qui se trouve dans tant de pays de l'ancien monde, et même à de très-hautes latitudes, a été cependant très-peu observé, parce qu'on le voit rarement hors de son trou, et parce qu'il a, pendant longtemps, inspiré une assez grande frayeur. Aristote même ne paraît en parler que comme d'un animal qu'il ne connaissait presque point.

Il est aisé à distinguer de tous ceux dont nous nous sommes occupé, par la conformation particulière de ses pieds de devant, où il n'a que quatre doigts, tandis qu'il en a cinq à ceux de derrière.

Un des plus grands individus de cette espèce conservés au Cabinet du Roi a sept pouces cinq lignes de longueur, depuis le bout du museau jusqu'à l'origine de la queue, qui est longue de trois pouces huit lignes. La peau n'est revêtue d'aucune écaille sensible, mais elle est garnie d'une grande quantité de mamelons, et percée d'un grand nombre de petits trous, dont plusieurs sont très-sensibles à la vue simple, et par lesquels découle une sorte de lait qui se répand ordinairement de manière à former un vernis transparent au-dessus de la peau naturellement sèche de ce quadrupède ovipare.

Les yeux de la salamandre sont placés à la partie supérieure de la tête, qui est un peu aplatie; leur orbite est saillante dans l'intérieur du palais, et elle y est presque entourée d'un rang de très-petites dents, semblables à celles qui garnissent les mâchoires. Ces dents établissent un nouveau rapport entre les lézards et les poissons, dont plusieurs espèces ont de même plusieurs dents placées dans le fond de la gueule.

La couleur de ce lézard est très-foncée; elle prend une teinte bleuâtre sur le ventre, et présente des taches jaunes assez grandes, irrégulières, et qui s'étendent sur tout le corps, même sur les pieds et sur les paupières. Quelques-unes de ces taches sont parsemées de petits points noirs, et celles qui sont sur le dos se touchent souvent sans interruption, et forment deux longues bandes jaunes. La figure de ces taches a fait donner le nom de *stellion* à la salamandre, ainsi qu'au lézard vert, au véritable stellion, et au geckotte. Au reste, la couleur des salamandres terrestres doit être sujette à varier, et il paraît qu'on en trouve dans les bois humides d'Allemagne qui sont toutes noires par-dessus et jaunes par-dessous. C'est à cette variété qu'il faut rapporter, ce me semble, la salamandre noire que M. Laurenti a trouvée dans les Alpes, qu'il a regardée comme une espèce distincte, et qui me paraît trop ressembler par sa forme à la salamandre ordinaire pour en être séparée.

La queue presque cylindrique paraît divisée en anneaux par des renflements d'une substance très-molle.

La salamandre terrestre n'a point de côtes, non plus que les grenouilles, auxquelles elle ressemble d'ailleurs par la forme générale de la partie antérieure du corps. Lorsqu'on la touche, elle se couvre promptement de cette espèce d'enduit dont nous avons parlé; et elle peut également faire passer très-rapidement sa peau de cet état humide à celui de sécheresse. Le lait qui sort par les petits trous que l'on voit sur sa surface est très-âcre; lorsqu'on en a mis sur la langue, on croit sentir une sorte de cicatrice à l'endroit où il a touché. Ce lait, qui est regardé comme un excellent dépilatoire, ressemble un peu à celui qui découle des plantes appelées *tithymales* et des euphorbes. Quand on écrase, ou seulement quand on presse la salamandre, elle répand d'ailleurs une mauvaise odeur qui lui est particulière.

Les salamandres terrestres aiment les lieux humides et froids, les ombres épaisses, les bois touffus des hautes montagnes, les bords des fontaines qui coulent dans les prés; elles se retirent quelquefois en grand nombre dans le creux des arbres, dans les haies, au-dessous des vieilles souches pourries; et elles passent l'hiver des contrées trop élevées en latitude dans des espèces de terriers où on les trouve rassemblées, et entortillées plusieurs ensemble.

La salamandre étant dépourvue d'ongles, n'ayant que quatre doigs aux pieds de devant, et aucun avantage de conformation ne remplaçant ce qui lui manque, ses mœurs doivent être et sont en effet très-différentes de celles de la plupart des lézards. Elle est très-lente dans sa marche : bien loin de pouvoir grimper avec vitesse sur les arbres, elle paraît le plus souvent se traîner avec peine à la surface de la terre. Elle ne s'éloigne que peu des abris qu'elle a choisis ; elle passe sa vie sous terre, souvent au pied des vieilles murailles. Pendant l'été, elle craint l'ardeur du soleil, qui la dessécherait, et ce n'est ordinairement que lorsque la pluie est prête à tomber, qu'elle sort de son asile secret, comme par une sorte de besoin de se baigner et de s'imbiber d'un élément qui lui est analogue. Peut-être aussi trouve-t-elle alors avec plus de facilité les insectes dont elle se nourrit. Elle vit de mouches, de scarabées, de limaçons et de vers de terre. Lorsqu'elle est en repos elle se replie souvent sur elle-même comme les serpents. Elle peut rester quelque temps dans l'eau sans y périr ; elle s'y dépouille d'une pellicule mince d'un cendré verdâtre. On a même conservé des salamandres, pendant plus de six mois, dans de l'eau de puits : on ne leur donnait aucune nourriture ; on avait seulement le soin de changer souvent l'eau.

On observe que toutes les fois qu'on plonge une salamandre terrestre dans l'eau, elle s'efforce d'élever ses narines au-dessus de la surface, comme si elle cherchait l'air de l'atmosphère ; ce qui est une nouvelle preuve du besoin qu'ont tous les quadrupèdes ovipares de respirer pendant tout le temps où ils ne sont point engourdis[1]. La salamandre terrestre n'a point d'oreilles apparentes ; et en ceci elle ressemble aux serpents. On a prétendu qu'elle n'entendait point ; et c'est ce qui lui a fait donner le nom de *sourd* dans certaines provinces de France : on pourrait le présumer, parce qu'on ne lui a jamais entendu jeter aucun cri, et qu'en général le silence est lié avec la surdité.

Ayant donc peut-être un sens de moins et privée de la faculté de communiquer ses sensations aux animaux de son espèce, même par des sons imparfaits, elle doit être réduite à

[1] Voyez le *Discours sur la nature des quadrupèdes ovipares.*

un bien moindre degré d'instinct : aussi est-elle stupide, et non pas courageuse, comme on l'a écrit. Elle ne brave pas le danger, ainsi qu'on l'a prétendu; mais elle ne l'aperçoit point : quelques gestes qu'on fasse pour l'effrayer, elle s'avance toujours sans se détourner de sa route. Cependant, comme aucun animal n'est privé du sentiment nécessaire à sa conservation, elle comprime, dit-on, rapidement sa peau lorsqu'on la tourmente, et fait rejaillir contre ceux qui l'attaquent, le lait âcre que cette peau recouvre. Si on la frappe, elle commence par dresser sa queue; elle devient ensuite immobile, comme si elle était saisie par une sorte de paralysie : car il ne faut pas, avec quelques naturalistes, attribuer à un animal si dénué d'instinct assez de finesse et de ruse pour contrefaire la morte, ainsi qu'ils l'ont écrit. Au reste, il est difficile de la tuer; elle est très-vivace : mais trempée dans du vinaigre, ou entourée de sel en poudre, elle périt bientôt dans des convulsions ainsi que plusieurs autres lézards et les vers.

Il semble que l'on ne peut accorder à un être une qualité chimérique sans lui refuser en même temps une propriété réelle. On a regardé la froide salamandre comme un animal doué du pouvoir miraculeux de résister aux flammes, et même de les éteindre : mais en même temps on l'a rabaissée autant qu'on l'avait élevée par ce privilége unique. On en a fait le plus funeste des animaux. Les anciens, et même Pline, l'ont dévouée à une sorte d'anathème, en la considérant comme celui dont le poison était le plus dangereux : ils ont écrit qu'en infectant de son venin presque tous les végétaux d'une vaste contrée, elle pouvait donner la mort à des nations entières. Les modernes ont aussi cru pendant longtemps au poison de la salamandre; on a dit que sa morsure était mortelle, comme celle de la vipère; on a cherché et prescrit des remèdes contre son venin : mais enfin on a eu recours aux observations, par lesquelles on aurait dû commencer. Le fameux Bacon avait voulu engager les physiciens à s'assurer de l'existence du venin de la salamandre; Gesner prouva, par l'expérience, qu'elle ne mordait point, de quelque manière qu'on cherchât à l'irriter; et Wurfbainius fit voir qu'on pouvait impunément la toucher, ainsi que boire de l'eau des fontaines qu'elle habite. M. de Maupertuis s'est aussi occupé de ce lézard : en recherchant ce que pouvait être son prétendu poison, il a démontré par l'expérience, l'action des flammes sur la salamandre, comme sur les autres animaux; il a remarqué qu'à peine elle est sur le feu, qu'elle paraît couverte de gouttes de son lait, qui, raréfié par la chaleur, s'échappe par tous les pores de la peau, sort en plus grande quantité sur la tête, ainsi que sur les mamelons, et se durcit sur-le-champ. Mais on n'a certainement pas besoin de dire que ce lait n'est jamais assez abondant pour éteindre le moindre feu.

M. de Maupertuis, dans le cours de ses expériences, irrita en vain plusieurs salamandres : jamais aucune n'ouvrit la bouche, et il fallut la leur ouvrir par force.

Comme les dents de ces lézards sont très-petites, on eut beaucoup de peine à trouver un animal dont la peau fût assez fine pour être entamée par ces dents. Il essaya inutilement de les faire pénétrer dans la chair d'un poulet déplumé ; il pressa en vain les dents contre la peau : elles se dérangèrent plutôt que de l'entamer. Il parvint enfin à faire mordre par une salamandre la cuisse d'un poulet dont il avait enlevé la peau. Il fit mordre aussi par des salamandres récemment prises la langue et les lèvres d'un chien, ainsi que la langue d'un coq d'Inde : aucun de ces animaux n'éprouva le moindre accident. M. de Maupertuis fit avaler ensuite des salamandres entières ou coupées par morceaux à un coq d'Inde et à un chien, qui ne parurent pas en souffrir.

M. Laurenti a fait depuis des expériences dans les mêmes vues : il a forcé des lézards gris à mordre des salamandres et il leur en a fait avaler du lait; les lézards sont morts très-promptement. Le lait de la salamandre pris intérieurement pourrait donc être funeste et même mortel à certains animaux, surtout aux plus petits : mais il ne paraît pas nuisible aux grands animaux.

La manière dont les salamandres viennent à la lumière est remarquable en ce qu'elle diffère de celle dont naissent presque tous les autres lézards, et en ce qu'elle est analogue à celle dont voient le jour les seps ou chalcides, ainsi que les vipères et plusieurs espèces de serpents. La salamandre mérite par là l'attention des naturalistes, bien plus que par la fausse et brillante réputation dont elle a joui si longtemps. M. de Maupertuis, ayant ouvert quelques salamandres, y trouva des œufs, et en même temps des petits tout formés : les œufs étaient divisés en deux grappes allongées, et les petits étaient renfermés dans deux espèces de tuyaux transparents; ils étaient aussi bien conformés et bien plus agiles que les salamandres adultes.

Les petites salamandres sont souvent d'une couleur noire, presque sans taches, qu'elles conservent quelquefois pendant toute leur vie, dans certaines contrées où on les a prises alors pour une espèce particulière, ainsi que nous l'avons dit.

M. Thunberg a donné, dans les *Mémoires de l'Académie de Suède*, la description d'un lézard qu'il nomme *lézard du Japon*, et qui ne paraît différer de notre salamandre terrestre que par l'arrangement de ses couleurs. Cet animal est presque noir, avec plusieurs taches blanchâtres et irrégulières, tant au-dessus du corps qu'au-dessus des pattes. Le dos présente une bande d'un blanc sale, divisée en deux vers la tête, et qui s'étend ensuite irrégulièrement et en se rétrécissant jusqu'à l'extrémité de la queue. Cette bande blanchâtre est semée de très-petits points, ce qui forme un des caractères distinctifs de notre salamandre terrestre. Nous croyons donc devoir considérer le lézard du Japon décrit par M. Thunberg comme une variété constante de notre salamandre terrestre, dont l'espèce aura pu être modifiée par le climat du Japon. C'est dans la plus grande île de cet empire nommée *Niphon* que l'on trouve cette variété : elle y habite dans les montagnes et dans les endroits pierreux; ce qui indique que ses habitudes sont semblables à celles de la salamandre terrestre, et confirme notre conjecture au sujet de l'identité d'espèce de ces deux animaux. Les Japonais lui attribuent les mêmes propriétés que celles dont on a cru pendant longtemps que le scinque était doué, ainsi qu'on les a attribuées en Europe à la salamandre à queue plate; ils la regardent comme un puissant stimulant et un remède très-actif : aussi trouve-t-on aux environs de Jédo un grand nombre de ces salamandres du Japon, séchées et suspendues aux planchers des boutiques.

La Salamandre à queue plate[1].

Ce lézard, ainsi que la salamandre terrestre, peut vivre également sur la terre et dans l'eau : mais il préfère ce dernier élément pour son habitation, au lieu qu'on rencontre presque toujours la salamandre terrestre dans des trous de muraille, ou dans de petites cavités souterraines; et de là vient qu'on a donné à la salamandre à queue plate le nom de *salamandre aquatique*, et que M. Linné l'a appelée *lézard des marais*. Elle ressemble à la salamandre dont nous venons de parler, en ce qu'elle a le corps dépourvu d'écailles sensibles, ainsi que les doigts dégarnis d'ongles, et qu'on ne compte que quatre doigts à ses pieds de devant : mais elle en diffère surtout par la forme de sa queue. Elle varie beaucoup par ses couleurs, suivant l'âge et le sexe. Il paraît d'ailleurs qu'on doit admettre dans cette espèce de salamandre à queue plate plusieurs variétés plus ou moins constantes, qui ne sont distinguées que par la grandeur et par les couleurs, et qui doivent dépendre de la différence des pays, ou même seulement de la nourriture : mais nous ne croyons pas devoir compter, avec M. Dufay, trois espèces de salamandre à queue plate; et si on lit avec attention son Mémoire, on se convaincra sans peine, d'après tout ce que nous avons dit dans cette histoire, que les différences qu'il rapporte pour établir des diversités d'espèces constituent tout au plus des variétés constantes.

Les plus grandes salamandres à queue plate n'excèdent guère la longueur de six à sept pouces. La tête est aplatie; la langue large et courte; la peau est dure, et répand une espèce de lait quand on la blesse. Le corps est couvert de très-petites verrues saillantes et blanchâtres : la couleur générale, plus ou moins brune sur le dos, s'éclaircit sous le ventre, et y devient d'un jaune tirant sur le blanc. Elle présente de petites taches, souvent rondes, foncées, ordinairement plus brunes dans le mâle, bleuâtres et diversement placées dans certaines variétés.

[1] *Tassot*, en vieux français; *marasancola*, en italien; *aak*, en Écosse.

Ce qui distingue principalement le mâle, c'est une sorte de crête membraneuse et découpée, qui s'étend le long du dos, depuis le milieu de la tête jusqu'à l'extrémité de la queue, sur laquelle ordinairement les découpures s'effacent, ou deviennent moins sensibles. Le dessous de la queue est aussi garni dans toute sa longueur d'une membrane en forme de bande, placée verticalement, qui a une blancheur éclatante, et qui fait paraître plate la queue de la salamandre[1].

La femelle n'a pas de crête sur le dos, où l'on voit au contraire un enfoncement qui s'étend depuis la tête jusqu'à l'origine de la queue. Cependant, lorsqu'elle est maigre, l'épine du dos forme quelquefois une petite éminence; elle a sur le bord supérieur de la queue une sorte de crête membraneuse et entière, et le bord inférieur de cette même queue est garni de la bande très-blanche qu'on remarque dans le mâle. En général, les couleurs sont plus pâles et plus égales dans la femelle; elles sont aussi moins foncées dans les jeunes salamandres.

La salamandre à queue plate aime les eaux limoneuses, où elle se plaît à se cacher sous les pierres; on la trouve dans les vieux fossés, dans les marais, dans les étangs; on ne la rencontre presque jamais dans les eaux courantes : l'hiver, elle se retire quelquefois dans les souterrains humides.

Lorsqu'elle va à terre, elle ne marche qu'avec peine et très-lentement. Quelquefois, lorsqu'elle vient respirer au bord de l'eau, elle fait entendre un petit sifflement. Elle perd difficilement la vie; et comme elle n'est ni aussi sourde ni aussi silencieuse que la salamandre terrestre, elle doit, à certains égards, avoir l'instinct moins borné.

Le conte ridicule qu'on a répété pendant tant de temps sur la salamandre terrestre, n'a pas été étendu jusqu'à la salamandre à queue plate. Mais, au lieu de lui attribuer le pouvoir fabuleux de vivre au milieu des flammes, on a reconnu dans cette salamandre une propriété réelle et opposée : elle peut vivre assez longtemps, non-seulement dans une eau très-

[1] Cette description a été faite d'après plusieurs individus conservés au Cabinet du Roi.

froide, mais même au milieu de la glace. Elle est quelquefois saisie par les glaçons qui se forment dans les fossés, dans les étangs qu'elle habite : lorsque ces glaçons se fondent, elle sort de son engourdissement en même temps que sa prison se dissout, et elle reprend tous ses mouvements avec sa liberté.

On a même trouvé, pendant l'été, des salamandres aquatiques renfermées dans des morceaux de glace tirés des glacières, et où elles devaient avoir été sans mouvement et sans nourriture depuis le moment où on avait ramassé l'eau gelée dans les marais pour en remplir ces mêmes glacières. Ce phénomène, en apparence très-surprenant, n'est qu'une suite des propriétés que nous avons reconnues dans tous les lézards et dans tous les quadrupèdes ovipares[1].

La salamandre ne mord point, à moins qu'on ne lui fasse ouvrir la bouche par force; et ses dents sont presque imperceptibles. Elle se nourrit de mouches, de divers insectes qu'elle peut trouver à la surface de l'eau, du frai des grenouilles, etc. Elle est aussi herbivore; car elle mange des lenticules ou lentilles d'eau, qui flottent sur la surface des étangs qu'elle habite.

Un des faits qui méritent le plus d'être rapportés dans l'histoire de la salamandre à queue plate, est la manière dont ses petits se développent. Elle n'est point vivipare, comme la terrestre. Elle pond dans le mois d'avril ou de mai, des œufs, qui, dans certaines variétés, sont ordinairement au nombre de vingt, forment deux cordons, et sont joints ensemble par une matière visqueuse, dont ils sont également revêtus lorsqu'ils sont détachés les uns des autres. Ils se chargent de cette matière gluante dans deux canaux blancs et très-plissés, qui s'étendent depuis les pattes de devant jusque vers l'origine de la queue, un de chaque côté de l'épine du dos, et dans lesquels ils entrent en sortant des deux ovaires. On aperçoit, attachés aux parois de ces ovaires, une multitude de très-petits œufs jaunâtres : ils grossissent insensiblement à l'approche du printemps, et ceux qui sont parvenus à leur

[1] Voyez le *Discours sur la nature des quadrupèdes ovipares.*

maturité descendent dans les tuyaux blancs et plissés dont nous venons de parler, et où ils doivent être fécondés.

Lorsqu'ils sont pondus, ils tombent au fond de l'eau, d'où ils se relèvent quelquefois jusqu'à la surface des marais, parce qu'il se forme dans la matière visqueuse qui les entoure des bulles d'air qui les rendent très-légers ; mais ces bulles se dissipent, et ils retombent sur la vase.

A mesure qu'ils grossissent, l'on distingue au travers de la matière visqueuse, et de la membrane transparente qui en est enduite, la petite salamandre repliée dans la liqueur que contient cette membrane. Cet embryon s'y développe insensiblement; bientôt il s'y meut, et s'y retourne avec une très-grande agilité; et enfin au bout de huit ou dix jours, suivant la chaleur du climat et celle de la saison, il déchire par de petits coups réitérés la membrane, qui est, pour ainsi dire, la coque de son œuf.

Lorsque la jeune salamandre aquatique vient d'éclore, elle a, ainsi que les grenouilles, un peu de conformité avec les poissons. Pendant que ses pattes sont encore très-courtes, on voit de chaque côté, un peu au-dessus de ses pieds de devant, deux petites houppes frangées, qui se tiennent droites dans l'eau, qu'on a comparées à de petites nageoires, et qui ressemblent assez à une plume garnie de barbes.

Ces houppes tiennent à des espèces de demi-anneaux cartilagineux et dentelés, au nombre de quatre de chaque côté, et qui sont analogues à l'organe des poissons que l'on a appelé *ouïes*. Ils communiquent tous à la même cavité; ils sont séparés les uns des autres, et recouverts de chaque côté par un panneau qui laisse passer les houppes frangées. A mesure que l'animal grandit, ces espèces d'aigrettes diminuent et disparaissent; les panneaux s'attachent à la peau sans laisser d'ouverture; les demi-anneaux se réunissent par une membrane cartilagineuse; et la salamandre perd l'organe particulier qu'elle avait étant jeune. Il paraît qu'elle s'en sert, comme les poissons des *ouïes*, pour filtrer l'air que l'eau peut contenir, puisque, quand elle en est privée, elle vient plus souvent respirer à la surface des étangs.

Nous avons vu que les lézards changent de peau une ou

deux fois dans l'année : la salamandre aquatique éprouve dans sa peau des changements bien plus fréquents ; et en ceci elle a un nouveau rapport avec les grenouilles, qui se dépouillent très-souvent, ainsi que nous le verrons. Etant douée de plus d'activité dans l'été et même dans le printemps, elle doit consommer et réparer en moins de temps une grande quantité de force et de substance ; elle quitte alors sa peau tous les quatre ou cinq jours, suivant certains auteurs, et tous les quinze jours ou trois semaines, suivant d'autres naturalistes, dont l'observation doit être aussi exacte que celle des premiers, la fréquence des dépouillements de la salamandre à queue plate devant tenir à la température, à la nature des aliments, et à plusieurs autres causes accidentelles.

Un ou deux jours avant que l'animal change de peau, il est plus paresseux qu'à l'ordinaire. Il ne paraît faire aucune attention aux vers et aux insectes qui peuvent être à sa portée, et qu'il avale avec avidité dans tout autre temps. Sa peau est comme détachée du corps en plusieurs endroits, et sa couleur se ternit. L'animal se sert de ses pieds de devant pour faire une ouverture à sa peau, autour de ses mâchoires ; il la repousse ensuite successivement au-dessus de sa tête, jusqu'à ce qu'il puisse dégager ses deux pattes, qu'il retire l'une après l'autre. Il continue de la rejeter en arrière, aussi loin que ses pattes de devant peuvent atteindre ; mais il est obligé de se frotter contre les pierres et les graviers, pour sortir à demi de sa vieille enveloppe, qui bientôt est retournée, et couvre le derrière du corps et la queue. La salamandre aquatique saisissant alors sa peau avec sa gueule, et en dégageant l'une après l'autre les pattes de derrière, achève de se dépouiller.

Si l'on examine la vieille peau, on la trouve tournée à l'envers ; mais elle n'est déchirée en aucun endroit. La partie qui revêtait les pattes de derrière paraît comme un gant retourné, dont les doigts sont entiers et bien marqués ; celle qui couvrait les pattes de devant est renfermée dans l'espèce de sac que forme la dépouille : mais on ne retrouve pas la partie de la peau qui recouvrait les yeux, comme dans la vieille enveloppe de plusieurs espèces de serpents ; on voit deux trous à la place, ce qui prouve que les yeux de la salamandre ne se dépouillent pas. Après cette opération, qui dure ordinairement une heure et demie, la salamandre aquatique paraît pleine de vigueur, et sa peau est lisse et très-colorée. Au reste, il est facile d'observer toutes les circonstances du dépouillement des salamandres aquatiques, qui a été très-bien décrit par M. Baker, en gardant ces lézards dans des vases de verre remplis d'eau.

M. Dufay a vu sortir par l'anus de quelques salamandres une espèce de tube rond, d'environ une ligne de diamètre, et long à peu près comme le corps de l'animal. La salamandre était un jour entier à s'en délivrer, quoiqu'elle le tirât souvent avec les pattes et avec la gueule. Cette membrane, vue au microscope, paraissait parsemée de petits trous ronds, disposés très-régulièrement : l'un des bouts contenait un petit os pointu, assez dur, que la membrane entourait, et auquel elle était attachée; l'autre bout présentait deux petits bouquets de poils, qui paraissaient au microscope revêtus de petites franges, et qui sortaient par deux trous voisins l'un de l'autre. Il me semble que M. Dufay a conjecturé avec raison que cette membrane pouvait être la dépouille de quelque viscère qui avait éprouvé, ainsi que l'a pensé l'historien de l'Académie, une altération semblable à celle que l'on observe tous les ans dans l'estomac des crustacées.

On trouve souvent la légère dépouille de la salamandre aquatique flottante sur la surface des marais; l'hiver, sa peau éprouve, dans nos contrées, des altérations moins fréquentes; et ce n'est guère que tous les quinze jours que cette salamandre quitte son enveloppe pour en reprendre une nouvelle : ayant moins de force pendant la saison du froid, il n'est pas surprenant que les changements qu'elle subit soient moins prompts, et par conséquent moins souvent répétés. Mais il suffit qu'elle quitte sa peau plus d'une fois pendant l'hiver, à des latitudes assez hautes, et par conséquent qu'elle y en refasse une nouvelle pendant cette saison rigoureuse, pour qu'on doive dire que la plupart des salamandres à queue plate ne s'engourdissent pas toujours pendant les grands froids de nos climats, et que, par une suite de la température un peu plus douce qu'elles peuvent trouver auprès des fontaines, et dans les différents abris qu'elles choisissent, il leur reste assez de mouvement intérieur, et de chaleur dans le sang, pour réparer par de nouvelles productions la perte des anciennes.

L'on ne doit pas être étonné que cette reproduction de la peau des salamandres à queue plate ait lieu si fréquemment. L'élément qu'elles habitent ne doit-il pas en effet ramollir leur peau et contribuer à l'altérer?

M. Dufay dit, dans le Mémoire dont nous avons déjà parlé, que quelquefois les salamandres aquatiques ne pouvant pas dépouiller entièrement une de leurs pattes, la portion de peau qui y reste se corrompt, et pourrit la patte, qui tombe en entier, sans que l'animal en meure. Elles sont très-sujettes, suivant lui, à perdre ainsi quelques-uns de leurs doigts; et ces accidents arrivent plus souvent aux pattes de devant qu'à celles de derrière.

Mathiole dit que, de son temps, on employait dans les pharmacies les salamandres aquatiques à la place des scinques d'Égypte, mais qu'elles ne devaient pas produire les mêmes effets.

Les salamandres aquatiques, jetées sur du sel en poudre, y périssent, comme les salamandres terrestres : elles expriment de toutes les parties de leur corps le suc laiteux dont nous avons parlé; elles tombent dans des convulsions, se roulent, et expirent au bout de trois minutes. Il paraît, d'après les expériences de M. Laurenti, qu'elles ne sont point venimeuses, comme l'ont dit les anciens, et qu'elles ne sont dangereuses, ainsi que la salamandre terrestre, que pour les petits lézards.

Les viscères de la salamandre aquatique ont été fort bien décrits par M. Dufay.

Elle habite dans presque toutes les contrées, non-seulement de l'Asie et de l'Afrique, mais encore du nouveau continent. Elle ne craint même pas la température des pays septentrionaux, puisqu'on la rencontre en Suède, où son séjour au milieu des eaux doit la garantir des effets d'un froid excessif. On aurait donc pu lui donner le nom de *lézard commun*, ainsi qu'on l'a donné au lézard gris, et à un autre lézard désigné sous le nom de *lézard vulgaire* par M. Linné, et qui ne nous paraît être tout au plus qu'une variété de la salamandre à queue plate. Mais ce lézard que M. Linné a nommé *lézard vulgaire*, n'est pas le seul que nous croyons devoir rapporter à la *queue plate :* le *lézard aquatique*, du même naturaliste, nous paraît être aussi de la même espèce. En effet, tous les caractères qu'il attribue à ces deux lézards se retrouvent dans les variétés de la salamandre à queue plate tant mâle que femelle, ainsi que nous nous en sommes assuré en examinant les divers individùs conservés au Cabinet du Roi. On pourrait dire seulement que l'expression de cylindrique (*teres et teretiuscula*) que M. Linné emploie pour désigner la queue du *lézard vulgaire* et celle du *lézard aquatique*, ne peut pas convenir à celle de la *salamandre à queue plate.* Mais il est aisé de répondre à cette objection. 1° Il paraît que M. Linné n'avait pas vu le *lézard aquatique*, et Gronovius, qu'il cite relativement à ce lézard, dit que cet animal est presque entièrement semblable à celui que nous nommons *queue plate;* il ajoute que la queue est un peu épaisse et presque carrée. 2° La figure de Seba citée par M. Linné représente évidemment la *queue plate.* D'ailleurs il y a plusieurs individus femelles dans l'espèce qui fait le sujet de cet article dont la queue paraît ronde, parce que les membranes qui la garnissent par-dessus et par-dessous sont très-peu sensibles. Plusieurs mâles, lorsqu'ils sont très-jeunes, manquent presque absolument de ces membranes, et leur queue est comme cylindrique. A l'égard de la queue du lézard vulgaire, M. Linné ne renvoie qu'à Ray, qui, à la vérité, distingue aussi ce lézard d'avec notre salamandre, mais dont cependant le texte convient entièrement à cette dernière. Nous devons ajouter que toutes les habitudes attribuées à ces deux prétendues espèces de lézards sont celles de notre salamandre à queue plate. Tout concourt donc à prouver qu'elles n'en sont que des variétés ; et ce qui achève de le montrer, c'est que Gronovius lui-même a trouvé une grande ressemblance entre notre salamandre et le lézard aquatique, et qu'enfin l'article et la figure de Gesner, que M. Linné a rapportés à ce prétendu lézard aquatique, ne peuvent convenir qu'à notre salamandre femelle.

C'est donc la femelle de notre salamandre à queue plate, qui, très-différente en effet du mâle, ainsi que nous l'avons vu, aura été nommée *lézard aquatique* par M. Linné et regardée comme une espèce distincte par ce grand naturaliste, ainsi que par Gronovius. Quelques différences dans les couleurs de cette femelle auront même fait croire à quelques naturalistes, et particulièrement à Petivers, qu'ils avaient reconnu le mâle et la femelle ; ce qui aura confirmé l'erreur. Quelque autre variété dans ces mêmes couleurs, ou dans la taille, aura fait établir une troisième espèce sous le nom de *lézard vulgaire*. Mais ce lézard vulgaire et ce lézard aquatique ne sont que la même espèce, ainsi que M. Linné lui-même l'avait soupçonné, puisqu'il se demande si le dernier de ces animaux n'est pas le premier dans son jeune âge ; et ces deux lézards ne sont que la femelle de notre salamandre, ce qui est mis hors de doute par les descriptions auxquelles M. Linné renvoie, ainsi que par les figures qu'il cite, et surtout par celles de Seba et de Gesner. Au reste, nous n'avons adopté l'opinion que nous exposons ici qu'après avoir examiné un grand nombre de salamandres à queue plate, et comparé plusieurs variétés de cette espèce.

C'est peut-être à la salamandre à queue plate qu'appartient l'animal aquatique connu en Amérique, et particulièrement dans la Nouvelle-Espagne, sous le nom mexicain d'*axolott*, et sous le nom espagnol d'*inguete de agua*. Il a été pris pour un poisson, quoiqu'il ait quatre pattes ; mais nous avons vu que le scinque avait été regardé aussi comme un poisson, parce qu'il habite les eaux. L'axolott a, dit-on, la peau fort unie, parsemée sous le ventre de petites taches, dont la grandeur diminue depuis le milieu du corps jusqu'à la queue. Sa longueur et sa grosseur sont à peu près celles de la salamandre à queue plate : ses pieds sont divisés en quatre doigts *comme dans les grenouilles ;* ce qui peut faire présumer que le cinquième doigt ne manque qu'aux pieds de devant, ainsi que dans ces mêmes grenouilles et dans la plupart des salamandres. Il a la tête grosse en proportion du corps, la gueule noire et presque toujours ouverte. Au reste, on dit que sa chair est bonne à manger, et d'un goût qui approche de celui de l'anguille. Si cela était, il devrait former une espèce particulière, ou plutôt on pourrait croire qu'on n'aurait vu à la place de ce prétendu lézard qu'une grenouille qui n'était pas encore développée et qui avait sa queue de têtard. C'est à l'observation à éclaircir ces doutes.

La Ponctuée.

On trouve dans la Caroline une salamandre que nous appelons *la ponctuée*, à cause de deux rangées de points blancs qui varient la couleur sombre de son dos, et qui se réunissent en un seul rang. Ce lézard n'a que quatre doigts aux pieds de devant; tous ses doigts sont sans ongles, et sa queue est cylindrique.

La Quatre-raies.

On rencontre dans l'Amérique septentrionale une salamandre dont le dessus du corps présente quatre lignes jaunes. L'algire a également quatre lignes jaunes sur le dos ; mais on ne peut pas les confondre, parce que ce dernier a cinq doigts aux pieds de devant, et que la quatre-raies n'en a que quatre. La queue de la quatre-raies est longue et cylindrique : on remarque quelque apparence d'ongles au bout des doigts.

La Trois-doigts.

Nous nommons ainsi une nouvelle espèce de salamandre dont aucun auteur n'a encore parlé, et qu'il est très-aisé de distinguer des autres par plusieurs caractères remarquables. Elle n'est point dépourvue de côtes, ainsi que les autres salamandres; elle n'a que trois doigts aux pieds de devant, et quatre doigts aux pieds de derrière; sa tête est aplatie et arrondie par devant; la queue est déliée, plus longue que la tête et le corps, et l'animal la replie facilement. C'est à M. le comte de Mailly, marquis de Nesle, que nous devons la connaissance de cette nouvelle espèce de salamandre, dont il a trouvé un individu sur le cratère même du Vésuve, environné des laves brûlantes que jette ce volcan. C'est une place remarquable pour une salamandre qu'un endroit entouré de matières ardentes vomies par un volcan; beaucoup de gens pourraient même regarder la proximité de ces matières comme une preuve du pouvoir de résister aux flammes que l'on a attribué aux salamandres : nous n'y voyons cependant que la suite de quelques accidents et de quelques circonstances particulières qui auront entraîné l'individu trouvé par M. le marquis de Nesle, auprès des laves enflammées du Vésuve; leur ardeur aurait bientôt consumé la salamandre à trois doigts, ainsi que tout autre animal, si elle n'avait pas été prise avant d'être exposée de trop près, ou pendant trop longtemps, à l'action de ces matières volcaniques, dont la chaleur éloignée aura nui d'autant moins à cette salamandre, que tous les quadrupèdes ovipares se plaisent au milieu de la température brûlante des contrées de la zone torride.

M. le marquis de Nesle a bien voulu nous envoyer la salamandre à trois doigts qu'il a rencontrée sur le Vésuve, et nous saisissons cette occasion de lui témoigner notre reconnaissance pour les services qu'il rend journellement à l'histoire naturelle. L'individu apporté d'Italie par cet illustre amateur, était d'une couleur brune foncée, mêlée de roux sur la tête, les pieds, la queue et le dessous du corps. Il était desséché au point qu'on pouvait facilement compter au travers de la peau les vertèbres et les côtes. La tête avait trois lignes de longueur, le corps neuf lignes, et la queue seize lignes et demie.

Le Sarroubé.

Nous devons entièrement la connaissance de cette nouvelle espèce de la salamandre à M. Bruyères, de la Société royale de Montpellier, qui nous a communiqué la description qu'il en a faite, et ce qu'il a observé touchant cet animal dans l'île de Madagascar, où il l'a vu vivant, et où on le trouve en grand nombre. Aucun voyageur ni naturaliste n'a encore fait mention de cette salamandre; elle est d'autant plus remarquable qu'elle est plus grande que toutes celles que nous venons de décrire. Elle a d'ailleurs des écailles très-apparentes, et ses doigts sont garnis d'ongles, au lieu que dans les quatre salamandres dont nous venons de parler, la peau ne présente que des mamelons à la place d'écailles sensibles; et ce n'est que dans la *quatre-raiès* qu'on aperçoit quelque apparence d'ongles. Nous plaçons cependant le sarroubé à la suite de ces quatre salamandres, attendu qu'il n'a que quatre doigts aux pieds de devant, et qu'il présente par là le caractère distinctif d'après lequel nous avons formé la division dans laquelle ces salamandres sont comprises.

Le sarroubé a ordinairement un pied de longueur totale. Son dos est couvert d'une peau brillante et grenue, qui ressemble au *galuchat;* elle est jaune et tigrée de vert; un double rang d'écailles d'un jaune clair garnit le dessus du cou, qui est très-large; la tête est plate et allongée ; les mâchoires sont grandes, et s'étendent jusqu'au delà des oreilles; elles sont sans dents, mais crénelées ; la langue est enduite d'une humeur visqueuse, qui retient les petits insectes dont le sarroubé fait sa proie ; les yeux sont gros ; l'iris est ovale et fendu verticalement; la peau du ventre est couverte de petites écailles rondes et jaunes ; les bouts des doigts sont garnis, de chaque côté, d'une petite membrane, et par-dessous d'un ongle crochu, placé entre un double rang d'écailles qui se recouvrent comme les ardoises des toits, ainsi que dans le lézard à tête plate, qui vit aussi à Madagascar, et avec lequel le sarroubé a de très-grands rapports. Ces deux derniers lézards se ressemblent encore, en ce qu'ils ont tous les deux la queue plate et ovale : mais ils diffèrent l'un de l'autre, en ce que le sarroubé n'a point la membrane frangée qui s'étend tout autour du corps du lézard à tête plate ; et d'ailleurs il n'a que quatre doigts aux pieds de devant, ainsi que nous l'avons dit.

Le nom de *sarroubé,* qui lui a été donné par les habitants

de Madagascar, paraît à M. Bruyères dérivé du mot de leur langue *sarrout*, qui signifie *colère*. Ces mêmes habitants redoutent le sarroubé autant que le lézard à la tête plate; mais M. Bruyères pense que c'est un animal très-innocent, et qui n'a aucun moyen de nuire. Il paraît craindre la trop grande chaleur : on le rencontre plus souvent pendant la pluie que pendant un temps sec, et les nègres de Madagascar dirent à M. Bruyères qu'on le trouvait en bien plus grand nombre dans les bois pendant la nuit que pendant le jour.

SECONDE CLASSE.

QUADRUPÈDES OVIPARES

QUI N'ONT POINT DE QUEUE.

Il ne nous reste, pour compléter l'histoire des quadrupèdes ovipares, qu'à parler de ceux de ces animaux qui n'ont point de queue. Le défaut de cette partie est un caractère constant et très-sensible, d'après lequel il est aisé de séparer cette seconde classe d'avec la première, dans laquelle nous avons compris les tortues et les lézards, qui tous ont une queue plus ou moins longue. Mais, indépendamment de cette différence, les quadrupèdes ovipares sans queue présentent des caractères d'après lesquels il est facile de les distinguer. Leur grandeur est toujours très-limitée, en comparaison de celle de plusieurs lézards ou tortues : la longueur des plus grands n'excède guère huit ou dix pouces ; leur corps n'est point couvert d'écailles; leur peau, plus ou moins dure, est garnie de verrues ou de tubercules, et enduite d'une humeur visqueuse.

La plupart n'ont que quatre doigts aux pieds de devant, et par ce caractère se lient avec les salamandres; quelques-uns, au lieu de n'avoir que cinq doigts aux pieds de derrière, comme le plus grand nombre des lézards, en ont six, plus ou moins marqués. Les doigts, tant des pattes de devant que de celles de derrière, sont séparés dans plusieurs de ces quadrupèdes ovipares, et réunis dans d'autres par une membrane, comme ceux des oiseaux à pieds palmés, tels que les oies, les canards, les mouettes, etc. Les pattes de derrière sont, dans tous les quadrupèdes ovipares sans queue, beaucoup plus longues que celles de devant : aussi ces animaux ne marchent-ils point, ne s'avancent jamais que par sauts, et ne se servent de leurs pattes de derrière que comme d'un ressort qu'ils plient et qu'ils laissent se débander ensuite pour s'élancer à une distance et à une hauteur plus ou moins grandes. Ces pattes de derrière sont remarquables en ce que le tarse est presque toujours aussi long que la jambe proprement dite.

Tous les animaux qui composent cette classe ont d'ailleurs une charpente osseuse bien plus simple que ceux dont nous venons de parler. Ils n'ont point de côtes, non plus que la plupart des salamandres; ils n'ont pas même de vertèbres cervicales, ou du moins ils n'en ont qu'une ou deux : leur tête est attachée presque immédiatement au corps, comme dans les poissons, avec lesquels ils ont aussi de grands rapports par leurs habitudes. Les petits paraissent pendant longtemps sous une espèce d'enveloppe étrangère, sous une forme particulière, à laquelle on a donné le nom de *têtard*, et qui ressemble plus ou moins à celle des poissons; et ce n'est qu'à mesure qu'ils se développent qu'ils acquièrent la véritable forme de leurs espèces.

Tels sont les faits généraux communs à tous les quadrupèdes ovipares sans queue. Mais si on les examine de plus près, on verra qu'ils forment trois troupes bien distinctes, tant par leurs habitudes que par leur conformation

Les premiers ont le corps allongé, ainsi que la tête, l'un ou l'autre anguleux et relevé en arêtes longitudinales; le bas du ventre presque toujours délié, et les pattes très-longues; le plus souvent la longueur de celles de devant est double du diamètre du corps vers la poitrine, et celles de derrière sont au moins de la longueur de la tête et du corps. Ils présentent des proportions agréables; ils sautent avec agilité. Bien loin de craindre la lumière du jour, ils aiment à s'imbiber des rayons du soleil.

Les seconds, plus petits en général que les premiers, et

plus sveltes dans leurs proportions, ont leurs doigts garnis de petites pelotes visqueuses, à l'aide desquelles ils s'attachent, même sur la face inférieure des corps les plus polis. Pouvant d'ailleurs s'élancer avec beaucoup de force, ils poursuivent les insectes avec vivacité jusque sur les branches et les feuilles des arbres.

Les troisièmes ont, au contraire, le corps presque rond, la tête très-convexe, les pattes de devant très-courtes; celles de derrière n'égalent pas quelquefois la longueur du corps et de la tête; ils ne s'élancent qu'avec peine. Bien loin de rechercher les rayons du soleil, ils fuient toute lumière : ce n'est que lorsque la nuit est venue qu'ils sortent de leurs trous pour aller chercher leur proie. Leurs yeux sont aussi beaucoup mieux conformés que ceux des autres quadrupèdes ovipares sans queue, pour recevoir la plus faible clarté; et lorsqu'on les porte au grand jour, leur prunelle se contracte, et ne présente qu'une fente allongée. Ils diffèrent donc autant des premiers et des seconds, que les hiboux et les chouettes diffèrent des oiseaux de jour.

Nous avons donc cru devoir former trois genres différents des quadrupèdes ovipares sans queue.

Dans le premier, qui renferme la grenouille commune, nous plaçons douze espèces, qui toutes ont la tête et le corps allongés, et l'un ou l'autre anguleux.

Nous comprenons dans le second genre la petite grenouille d'arbre, connue en France sous le nom de *raine* ou de *rainette*, et six autres espèces, qu'il sera aisé de distinguer par les pelotes visqueuses de leurs doigts.

Nous composons enfin le troisième genre, dans lequel se trouve le crapaud commun, de quatorze espèces, dont le corps ni la tête ne sont relevés en arêtes saillantes.

Ces trente-trois espèces, qui forment les trois genres des *grenouilles*, des *raines* et des *crapauds*, sont les seules que nous comptions dans la classe des quadrupèdes ovipares sans queue, et auxquelles nous avons cru, d'après la comparaison exacte des descriptions des auteurs, ainsi que d'après les individus conservés au Cabinet du Roi, devoir réduire toutes celles dont les naturalistes et les voyageurs ont fait mention.

PREMIER GENRE.

Quadrupèdes ovipares sans queue, dont la tête et le corps sont allongés et l'un ou l'autre anguleux.

GRENOUILLES.

La Grenouille commune.

C'est un grand malheur qu'une grande ressemblance avec des êtres ignobles! Les grenouilles communes sont en apparence si conformes aux crapauds, qu'on ne peut aisément se représenter les unes sans penser aux autres; on est tenté de les comprendre tous dans la disgrâce à laquelle les crapauds ont été condamnés, et de rapporter aux premières les habitudes basses, les qualités dégoûtantes, les propriétés dangereuses des seconds. Nous aurons peut-être bien de la peine à donner à la grenouille commune la place qu'elle doit occuper dans l'esprit des lecteurs, comme dans la Nature : mais il n'en est pas moins vrai que s'il n'avait point existé de crapauds, si l'on n'avait jamais eu devant les yeux ce vilain objet de comparaison, qui enlaidit par sa ressemblance autant qu'il salit par son approche, la grenouille nous paraîtrait aussi agréable par sa conformation que distinguée par ses qualités, et intéressante par les phénomènes qu'elle présente dans les diverses époques de sa vie; nous la verrions comme un animal utile dont nous n'avons rien à craindre, dont l'instinct est épuré, et qui, joignant à une forme svelte des membres déliés et souples, est paré des couleurs qui plaisent le plus à la vue, et présente des nuances d'autant plus vives, qu'une humeur visqueuse enduit sa peau et lui sert de vernis.

Lorsque les grenouilles communes sont hors de l'eau, bien loin d'avoir la face contre terre, et d'être bassement accroupies dans la fange comme les crapauds, elles ne vont que par sauts très-élevés; leurs pattes de derrière, en se pliant et en se débandant ensuite, leur servent de ressort, et elles y ont assez de force pour s'élancer souvent jusqu'à la hauteur de quelques pieds.

On dirait qu'elles cherchent l'élément de l'air comme le plus pur; et lorsqu'elles se reposent à terre, c'est toujours la tête haute, leur corps relevé sur les pattes de devant et appuyé sur les pattes de derrière; ce qui donne bien plutôt l'attitude droite d'un animal dont l'instinct a une certaine noblesse, que la position basse et horizontale d'un vil reptile.

La grenouille commune est si élastique et si sensible dans tous ses points, qu'on ne peut la toucher, et surtout la prendre par ses pattes de derrière, sans que tout de suite son dos se courbe avec vitesse, et que toute sa surface montre, pour ainsi dire, les mouvements prompts d'un animal agile qui cherche à s'échapper.

Son museau se termine en pointe; les yeux sont gros, brillants et entourés d'un cercle couleur d'or; les oreilles, placées derrière les yeux, et recouvertes par une membrane; les narines vers le sommet du museau; et la bouche est grande et sans dents; le corps, rétréci par derrière, présente sur le dos des tubercules et des aspérités. Ces tubercules, que nous avons remarqués si souvent sur les quadrupèdes ovipares, se trouvent donc non-seulement sur les crocodiles et les très-grands lézards, dont ils consolident les dures écailles, mais encore sur des quadrupèdes faibles, bien plus petits, qui ne présentent qu'une peau tendre, et n'ont pour défense que l'élément qu'ils habitent, et l'asile où ils vont se réfugier.

Le dessus du corps de la grenouille commune est d'un vert plus ou moins foncé; le dessous est blanc. Ces deux couleurs, qui s'accordent très-bien et forment un assortiment élégant, sont relevées par trois raies jaunes qui s'étendent le long du dos; les deux des côtés forment une saillie, et celle du milieu présente au contraire une espèce de sillon. A ces couleurs jaune, verte et blanche, se mêlent des taches noires sur la partie inférieure du ventre ; et à mesure que l'animal grandit, ces taches s'étendent sur tout le dessous du corps, et même sur sa partie supérieure. Qu'est-ce qui pourrait donc faire regarder avec peine un être dont la taille est légère, le mouvement preste, l'attitude gracieuse? Ne nous interdisons par un plaisir de plus, et lorsque nous errons dans nos belles campagnes, ne soyons pas fâchés de voir les rives des ruisseaux embellies par les couleurs de ces animaux innocents, et animées par leurs sauts vifs et légers ; contemplons leurs petites manœuvres ; suivons-les des yeux au milieu des étangs paisibles, dont ils diminuent si souvent la solitude sans en troubler le calme ; voyons-les montrer sous les nappes d'eau les couleurs les plus agréables, fendre en nageant ces eaux tranquilles, souvent même sans en rider la surface, et présenter les douces teintes que donne la transparence des eaux.

Les grenouilles communes ont quatre doigts aux pieds de devant, comme la plupart des salamandres ; les doigts des pieds de derrière sont au nombre de cinq, et réunis par une membrane : dans les quatre pieds, le doigt intérieur est écarté des autres, et le plus gros de tous.

Elles varient par la grandeur, suivant les pays qu'elles habitent, la nourriture qu'elles trouvent, la chaleur qu'elles éprouvent, etc. Dans les zones tempérées, la longueur ordinaire de ces animaux est de deux à trois pouces, depuis le museau jusqu'à l'anus. Les pattes de derrière ont quatre pouces de longueur quand elles sont étendues, et celles de devant environ un pouce et demi.

Il n'y a qu'un ventricule dans le cœur de la grenouille commune, ainsi que dans celui des autres quadrupèdes ovipares. Lorsque ce viscère a été arraché du corps de la grenouille, il conserve son battement pendant sept ou huit minutes, et même pendant plusieurs heures, suivant M. de Haller. Le mouvement du sang est inégal dans les grenouilles ; il est poussé goutte à goutte à de fréquentes reprises ; et lorsque ces animaux sont jeunes, ils ouvrent et ferment la bouche et les yeux à chaque fois que leur cœur bat. Les deux lobes des poumons sont composés d'un grand nombre de cellules membraneuses destinées à recevoir l'air, et faites à peu près comme les alvéoles des rayons de miel : l'animal peut les tendre pendant un temps assez long, et se rendre par là plus léger.

Sa vivacité, et la supériorité de son naturel sur celui des animaux qui lui ressemblent le plus, ne doivent-elles pas venir de ce que, malgré sa petite taille, elle est un des quadrupèdes ovipares les mieux partagés pour les sens extérieurs? Ses yeux sont en effet gros et saillants, ainsi que nous l'avons dit; sa peau molle, qui n'est recouverte ni d'écailles, ni d'enveloppes osseuses, est sans cesse abreuvée et maintenue dans sa souplesse par une humeur visqueuse qui suinte au travers de ses pores : elle doit donc avoir la vue très-bonne et le toucher un peu délicat; et si ses oreilles sont recouvertes par une membrane, elle n'en a pas moins l'ouïe fine, puisque ces organes renferment dans leurs cavités une corde élastique que l'animal peut tendre à volonté, et qui doit lui communiquer avec assez de précision les vibrations de l'air agité par les corps sonores.

Cette supériorité dans la sensibilité des grenouilles les rend plus difficiles sur la nature de leur nourriture; elles rejettent tout ce qui pourrait présenter un commencement de décomposition. Si elles se nourrissent de vers, de sangsues, de petits limaçons, de scarabées et d'autres insectes tant ailés que non ailés, elles n'en prennent aucun qu'elles ne l'aient vu remuer, comme si elles voulaient s'assurer qu'il vit encore : elles demeurent immobiles jusqu'à ce que l'insecte soit assez près d'elles; elles fondent alors sur lui avec vivacité, s'élancent vers cette proie, quelquefois à la hauteur d'un ou deux pieds, et avancent, pour l'attraper, une langue enduite d'une mucosité si gluante, que les insectes qui y touchent y sont aisément empêtrés. Elles avalent aussi de très-petits limaçons tout entiers : leur œsophage a une grande capacité; leur estomac peut d'ailleurs recevoir, en se dilatant, un grand volume de nourriture; et tout cela, joint à l'activité de leurs sens, qui doit donner plus de vivacité à leurs appétits, montre la cause de leur espèce de voracité : car non-seulement elles se nourrissent de très-petits animaux dont nous venons de parler, mais encore elles avalent souvent des animaux plus considérables, tels que de jeunes souris, de petits oiseaux, et même de petits canards nouvellement éclos, lorsqu'elles peuvent les surprendre sur le bord des étangs qu'elles habitent.

La grenouille commune sort souvent de l'eau, non-seulement pour chercher sa nourriture, mais encore pour s'imprégner des rayons du soleil. Bien loin d'être presque muette, comme plusieurs quadrupèdes ovipares, et particulièrement comme la salamandre terrestre, avec laquelle elle a plusieurs rapports, on l'entend de très-loin, dès que la belle saison est arrivée, et qu'elle est pénétrée de la chaleur du printemps, jeter un cri qu'elle répète pendant assez longtemps, surtout lorsqu'il est nuit. On dirait qu'il y a quelque rapport de plaisir ou de peine entre la grenouille et l'humidité du serein ou de la rosée, et que c'est à cette cause que l'on doit attribuer ses longues clameurs. Ce rapport pourrait montrer pourquoi les cris des grenouilles sont, ainsi qu'on l'a prétendu, d'autant plus forts que le temps est plus disposé à la pluie, et pourquoi ils peuvent par conséquent annoncer ce météore.

Le coassement des grenouilles, qui n'est composé que de sons rauques, de tons discordants et peu distincts les uns des autres, serait très-désagréable par lui-même, et quand on n'entendrait qu'une seule grenouille à la fois : mais c'est toujours en grand nombre qu'elles coassent; et c'est toujours de trop près qu'on entend ces sons confus, dont la monotonie fatigante est réunie à une rudesse propre à blesser l'oreille la moins délicate. Si les grenouilles doivent tenir un rang distingué parmi les quadrupèdes ovipares, ce n'est donc pas par leur voix : autant elles peuvent plaire par l'agilité de leurs mouvements et la beauté de leurs couleurs, autant elles importunent par leurs aigres coassements. Les mâles sont surtout ceux qui font le plus de bruit; les femelles n'ont qu'un grognement assez sourd, qu'elles font entendre en enflant leur gorge : mais lorsque les mâles coassent, ils gonflent de chaque côté du cou deux vessies qui, en se remplissant d'air, et en devenant pour eux comme deux instruments retentissants, augmentent le volume de leur voix. La nature, qui n'a pas voulu en faire les musiciens de nos campagnes, n'a donné à ces instruments que de la force, et les sons que forment les grenouilles mâles, sans être plus agréables, sont seulement entendus de plus loin que ceux de leurs femelles.

Ils sont seulement plus propres à troubler ce calme des belles nuits de l'été, ce silence enchanteur qui règne dans une verte prairie, sur le bord d'un ruisseau tranquille, lorsque la lune éclaire de sa lumière paisible cet asile champêtre, où tout goûterait les charmes de la fraîcheur, du repos, des parfums des fleurs, et où tous les sens seraient tenus dans une douce extase, si celui de l'ouïe n'était désagréablement ébranlé par des cris aussi aigres que forts, et de rudes coassements sans cesse renouvelés.

Ce n'est pas seulement lorsque ces grenouilles mâles coassent que leurs vessies paraissent à l'extérieur; on peut, en pressant leur corps, comprimer l'air qu'il renferme, et qui, se portant alors dans ces vessies, en étend le volume et les rend saillantes. J'ai aussi vu gonfler ces mêmes vessies, lorsque j'ai mis des grenouilles mâles sous le récipient d'une machine pneumatique, et que j'ai commencé d'en pomper l'air.

Quoique les grenouilles communes se plaisent à des latitudes très-élevées, la chaleur leur est assez nécessaire pour qu'elles perdent leurs mouvements, que leur sensibilité soit très-affaiblie et qu'elles s'engourdissent dès que les froids de l'hiver sont venus. C'est communément dans quelque asile caché très-avant sous les eaux, dans les marais et dans les lacs, qu'elles tombent dans la torpeur à laquelle elles sont sujettes. Quelques-unes cependant passent la saison du froid dans des trous sous terre, soit que des circonstances locales les y déterminent, ou qu'elles soient surprises dans ces trous par le degré de froid qui les engourdit. Elles sont alimentées, pendant le temps de leur sommeil, par une matière graisseuse renfermée dans le tronc de la veine-porte. Cette graisse répare jusqu'à un certain point la substance du sang et l'entretient de manière qu'il puisse nourrir toutes les parties du corps qu'il arrose. Mais quelque sensibles que soient les grenouilles au froid, celles qui habitent près des zones torrides doivent être exemptes de la torpeur de l'hiver, de même que les crocodiles et les lézards qui y sont sujets à des latitudes un peu élevées, ne s'engourdissent pas dans les climats très-chauds.

On tire les grenouilles de leur état d'engourdissement en les portant dans quelque endroit échauffé, et en les exposant à une température artificielle, à peu près semblable à celle du printemps. On peut successivement, et avec assez de promptitude, les replonger dans cet état de torpeur, ou les rappeler à la vie, par les divers degrés de froid ou de chaud qu'on leür fait subir. A la vérité, il paraît que l'activité qu'on leur donne avant le temps où elles sont accoutumées à la recevoir de la Nature, devient pour ces animaux un grand effort qui les fait bientôt périr. Mais il est à présumer que, si l'on réveillait ainsi des grenouilles apportées de climats très-chauds où elles ne s'engourdissent jamais, bien loin de contrarier les habitudes de ces animaux, on ne ferait que les ramener à leur état naturel; et ils n'auraient rien à craindre de l'activité qu'on leur rendrait.

Les grenouilles sont sujettes à quitter leur peau de même que les autres quadrupèdes ovipares : mais cette peau est plus souple, plus constamment abreuvée par un aliment qui la ramollit, plus sujette à être altérée par les causes extérieures. D'ailleurs les grenouilles, plus voraces, et mieux conformées dans les organes relatifs à la nutrition, prennent une nourriture plus abondante, plus substantielle, et qui, fournissant une plus grande quantité de nouveaux sucs, forment plus aisément une nouvelle peau au-dessous de l'ancienne. Il n'est donc pas surprenant que les grenouilles se dépouillent très-souvent de leur peau pendant la saison où elles ne sont pas engourdies, et qu'alors elles en produisent une nouvelle presque tous les huit jours. Lorsque l'ancienne est séparée du corps de l'animal, elle ressemble à une mucosité délayée.

Dans les différentes observations que nous avons faites sur les œufs des grenouilles, et sur les changements qu'elles subissent avant de devenir adultes, nous avons vu, dans les œufs nouvellement pondus, un petit globule, noir d'un côté et blanchâtre de l'autre, placé au centre d'un autre globule, dont la substance glutineuse et transparente doit servir de nourriture à l'embryon, et est contenue dans deux enveloppes membraneuses et concentriques : ce sont ces membranes qui représentent la coque de l'œuf.

Après un temps plus ou moins long, suivant la température, le globule noir d'un côté et blanchâtre de l'autre se développe et prend le nom de *têtard :* cet embryon déchire alors les enveloppes dans lesquelles il était renfermé, et nage dans la liqueur glaireuse qui l'environne, et qui s'étend et se délaye dans l'eau, où elle flotte sous l'apparence d'une matière nuageuse. Il sort de temps en temps de la matière gluante, comme pour essayer ses forces, mais il rentre souvent dans cette petite masse flottante qui peut le soutenir ; il y revient non-seulement pour se reposer, mais encore pour prendre de la nourriture. Cependant il grossit toujours ; on distingue bientôt sa tête, sa poitrine, son ventre, et sa queue dont il se sert pour se mouvoir.

La bouche des têtards n'est point placée, comme dans la grenouille adulte, au devant de la tête, mais en quelque sorte sur la poitrine : aussi, lorsqu'ils veulent saisir quelque objet qui flotte à la surface de l'eau, ou chasser l'air renfermé dans leurs poumons, ils se renversent sur le dos, comme les poissons dont la bouche est située au-dessous du corps ; et ils exécutent ce mouvement avec tant de vitesse, que l'œil a de la peine à le suivre.

Au bout de quinze jours, les yeux paraissent quelquefois encore fermés ; mais on découvre les premiers linéaments des pattes de derrière. A mesure qu'elles croissent, la peau qui les revêt s'étend en proportion. Les endroits où seront les doigts sont marqués par de petits boutons ; et, quoiqu'il n'y ait encore aucun os, la forme du pied est très-reconnaissable. Les pattes de devant restent encore entièrement cachées sous l'enveloppe : plusieurs fois les pattes de devant sont au contraire les premières qui paraissent.

C'est ordinairement deux mois après qu'ils ont commencé de se développer que les têtards quittent leur enveloppe pour prendre la vraie forme de grenouille. D'abord la peau extérieure se fend sur le dos, près de la véritable tête, qui passe par la fente qui vient de se faire. Nous avons vu alors la membrane qui servait de bouche aux têtards se retirer en arrière et faire partie de la dépouille. Les pattes de devant commencent à sortir et à se déployer; et la dépouille, toujours repoussée en arrière, laisse enfin à découvert le corps, les pattes de derrière, et la queue qui, diminuant toujours de volume, finit par s'oblitérer et disparaître entièrement[1].

Cette manière de se développer est commune, à très-peu près, à tous les quadrupèdes ovipares sans queue. Quelque éloignée qu'elle paraisse, au premier coup d'œil, de celle des autres ovipares, on reconnaîtra aisément, si on l'examine avec attention, que ce qu'elle a de particulier se réduit à deux points.

Premièrement, l'embryon renfermé dans l'œuf en sort beaucoup plus tôt que dans la plupart des autres ovipares, avant même que toutes ses parties soient développées, et que ses os et ses cartilages soient formés.

Secondement, cet embryon à demi-développé est renfermé dans une membrane, et, pour ainsi dire, dans un second œuf très-souple et très-transparent, auquel il y a une ouverture qui peut donner passage à la nourriture. Mais de ces deux faits le premier ne doit être considéré que comme un très-léger changement, et, pour ainsi dire, une simple abréviation dans la durée des premières opérations nécessaires au développement des animaux qui viennent d'un œuf : cette manière particulière peut avoir lieu sans que le fœtus en souffre, parce que le têtard n'a presque pas besoin de force ni de membres pour les divers mouvements qu'il exécute dans l'eau qui le soutient, et autour de la substance transparente et glaireuse où il trouve à sa portée une nourriture analogue à la faiblesse de ses organes.

A l'égard de cette espèce de sac dans lequel la grenouille ainsi que la raine et le crapaud sont renfermés pendant les premiers temps de leur vie sous la forme de têtard, et qui présente une ouverture pour que la nourriture puisse parvenir au jeune animal, on doit, ce me semble, le considérer

[1] Pline, Rondelet, et plusieurs autres naturalistes, ont prétendu que la queue de la jeune grenouille se fendait en deux pour former les pattes de derrière. Cette opinion est contraire à l'observation la plus constante.

comme une espèce de second œuf, ou, pour mieux dire de seconde enveloppe dont l'animal ne se dégage qu'au moment qui lui a été véritablement fixé pour éclore : ce n'est que lorsque la grenouille ou le crapaud font usage de tous leurs membres que l'on doit les regarder comme véritablement éclos. Ils sont toujours dans un œuf tant qu'ils sont sous la forme de têtard : mais cet œuf est percé, parce qu'il ne renferme point la nourriture nécessaire au fœtus, et parce que ce dernier est obligé d'aller chercher sa subsistance, soit dans l'eau, soit dans la substance glaireuse qui flotte avec l'apparence d'une matière nuageuse.

Le têtard, à le bien considérer, n'est donc qu'un œuf souple et mobile qui peut se prêter à tous les mouvements de l'embryon. Il en serait de même de tous les œufs, et même de ceux de nos poules, si, au lieu d'être solides et formés d'une substance crétacée et dure, ils étaient composés d'une membrane très-molle, très-flexible et transparente. Le poulet qui y serait contenu pourrait exécuter quelques mouvements, quoique renfermé dans cette enveloppe, qui se prêterait à son action ; il le pourrait surtout si ces mouvements n'étaient pas contrariés par les aspérités des surfaces et les inégalités du terrain, et si, au contraire, ils avaient lieu au milieu de l'eau, qui soutiendrait l'œuf et le fœtus, et ne leur opposerait qu'une faible résistance. Ces mouvements seraient comme ceux d'un petit animal qu'on renfermerait dans un sac d'une matière souple.

Que se passe-t-il donc réellement dans le développement des grenouilles, ainsi que des autres quadrupèdes ovipares sans queue? Leurs œufs ont plusieurs enveloppes : les plus extérieures, qui environnent le globule noir et blanchâtre, ne subsistent que quelques jours ; la plus intérieure, qui est très-molle et très-souple, peut se prêter à tous les mouvements d'un animal qui à chaque instant acquiert de nouvelles forces ; elle s'étend à mesure qu'il grandit : elle est percée d'une ouverture, que l'on n'aurait pas dû appeler bouche ; car ce n'est pas précisément un organe particulier, mais un passage pour la nourriture nécessaire à la jeune grenouille, au jeune crapaud, ou à la jeune raine ; et comme les œufs des grenouilles, des raines et des crapauds sont communément pondus dans l'eau, qui, pendant le printemps et l'été, est moins chaude que la terre et l'air de l'atmosphère, ils éprouvent une chaleur moins considérable que ceux des lézards et des tortues, qui sont déposés sur les rivages, de manière à être échauffés par les rayons du soleil : il n'est donc pas surprenant que, par exemple, les petites grenouilles soient renfermées dans leurs enveloppes pendant deux mois ou environ, et que ce ne soit qu'au bout de ce temps qu'elles éclosent véritablement en quittant la forme de têtard, tandis que les lézards et les tortues sortent de leurs œufs après un assez petit nombre de jours.

A l'égard de la queue qui s'oblitère dans les grenouilles, dans les crapauds et dans les raines, ne doivent-ils pas perdre facilement une portion de leur corps qui n'est soutenue par aucune partie osseuse, et qui d'ailleurs, toutes les fois qu'ils nagent, oppose à l'eau le plus d'action et de résistance? Au reste, cette sorte de tendance de la Nature à donner une queue aux grenouilles, aux crapauds et aux raines, ainsi qu'aux lézards et aux tortues, est une nouvelle preuve des rapports qui les lient, et, en quelque sorte, de l'unité du modèle sur lequel les quadrupèdes ovipares ont été formés.

Lorsqu'on ne blesse les grenouilles que dans une seule de leurs parties, il est très-rare que toute leur organisation s'en ressente, et que l'ensemble de leur mécanisme soit dérangé au point de les faire périr. Bien plus, lorsqu'on leur ouvre le corps, et qu'on en arrache le cœur et les entrailles elles ne conservent pas moins, pendant quelques moments, leurs mouvements accoutumés; elles les conservent aussi pendant quelque temps lorsqu'elles ont perdu presque tout leur sang; et si, dans cet état, elles sont exposées à l'action engourdissante du froid, leur sensibilité s'éteint, mais se ranime quand le froid se dissipe très-promptement, et elles sortent de leur torpeur, comme si elles n'avaient éprouvé aucun accident. Aussi, malgré le grand nombre de dangers auxquels elles sont exposées, doivent-elles communément vivre pendant un temps assez long relativement à leur volume.

Les grenouilles étant accoutumées à demeurer un peu de

temps sous l'eau sans respirer, et leur cœur étant conformé de manière à pouvoir battre sans être mis en jeu par leurs poumons comme celui des animaux mieux organisés, il n'est pas surprenant qu'elles vivent aussi pendant un peu de temps dans un vase dont on a pompé l'air, ainsi que l'ont éprouvé plusieurs physiciens, et que je l'ai éprouvé souvent moi-même. On peut même croire que l'espèce de malaise ou de douleur qu'elles ressentent lorsqu'on commence à ôter l'air du récipient, tient plutôt à la dilatation subite et forcée de leurs vaisseaux, produite par la raréfaction de l'air renfermé dans leur corps, qu'au défaut d'un nouvel air extérieur. Il n'est pas surprenant, d'après cela, qu'elles vivent plus longtemps que beaucoup d'autres animaux, ainsi que les crapauds et les salamandres aquatiques, dans des vases dont l'air ne peut pas se renouveler.

Les grenouilles sont dévorées par les serpents d'eau, les anguilles, les brochets, les taupes, les putois, les loups, les oiseaux d'eau et de rivage, etc. Comme elles fournissent un aliment utile, et que même certaines parties de leur corps forment un mets très-agréable, on les recherche avec raison. On a plusieurs manières de les pêcher : on les prend avec des filets à la clarté des flambeaux, qui les effraient et les rendent souvent comme immobiles ; ou bien on les pêche à la ligne avec des hameçons qu'on garnit de vers, d'insectes, ou simplement d'un morceau d'étoffe rouge ou couleur de chair : car, ainsi que nous l'avons dit, les grenouilles sont goulues; elles saisissent avidement et retiennent avec obstination tout ce qu'on leur présente. M. Bourgeois rapporte qu'en Suisse on les prend d'une manière plus prompte par le moyen de grands râteaux dont les dents sont longues et serrées : on enfonce le râteau dans l'eau, et on ramène les grenouilles à terre, en le retirant avec précipitation.

On a employé avec succès en médecine les différentes portions du corps de la grenouille, ainsi que son frai, auquel on fait subir différentes préparations, tant pour conserver sa vertu pendant longtemps, que pour ajouter à l'efficacité de ce remède.

La grenouille commune habite presque tous les pays. On la

trouve très-avant vers le Nord, et même dans la Laponie suédoise; elle vit dans la Caroline et dans la Virginie, où elle est si agile, au rapport de plusieurs voyageurs, qu'elle peut, en sautant, franchir un intervalle de quinze à dix-huit pieds.

Nous allons maintenant présenter rapidement les détails relatifs aux grenouilles différentes de la grenouille commune, et que l'on rencontre dans nos contrées ou dans les pays étrangers; nous allons les considérer comme des espèces distinctes : peut-être des observations plus étendues nous obligeront-elles dans la suite à en regarder quelques-unes comme de simples variétés dépendantes du climat, ou tout au plus comme des races constantes; nous nous contenterons de rapporter les différences qui les séparent de la grenouille commune, tant dans leur conformation que dans leurs habitudes.

La Rousse.

Il est aisé de distinguer cette grenouille d'avec les autres, par une tache noire qu'elle a entre les yeux et les pattes de devant. Elle paraît, au premier coup d'œil, n'être qu'une variété de la grenouille commune; mais, comme elle habite dans le même pays, comme elle vit, pour ainsi dire, dans les mêmes étangs, et qu'elle en diffère cependant constamment par quelques-unes de ses habitudes et par ses couleurs, on ne peut pas rapporter ses caractères distinctifs à la différence du climat ou de la température, et l'on doit la considérer comme une espèce particulière. Elle a le dessus du corps d'un roux obscur, moins foncé quand elle a renouvelé sa peau, et qui devient comme marbré vers le milieu de l'été; le ventre est blanc et tacheté de noir à mesure qu'elle vieillit; les cuisses sont rayées de brun.

Elle a au bout de la langue une petite échancrure dont les deux pointes lui servent à saisir les insectes, qu'elle retient en même temps par l'espèce de glu dont sa langue est enduite, et sur lesquels elle s'élance comme un trait, dès qu'elle les voit à sa portée. On l'a appelée *la muette*, par comparaison avec la grenouille commune, dont les cris désagréables et souvent répétés se font entendre de très-loin. Cependant, lorsqu'on la tourmente, elle pousse un cri sourd, semblable à une sorte de grondement, et qui est plus fréquent et moins faible dans le mâle.

Les grenouilles rousses passent une grande partie de la belle saison à terre. Ce n'est que vers la fin de l'automne qu'elles regagnent les endroits marécageux; et lorsque le froid devient plus vif, elles s'enfoncent dans le limon du fond des étangs, où elles demeurent engourdies jusqu'au retour du printemps. Mais, lorsque la chaleur est revenue, elles sont rendues à la vie et au mouvement : les jeunes regagnent alors la terre pour y chercher leur nourriture.

Les grenouilles rousses éprouvent, avant d'être adultes, les mêmes changements que les grenouilles communes; mais il paraît qu'il leur faut plus de temps pour les subir, et que ce n'est qu'à peu près au bout de trois mois qu'elles ont la forme qu'elles doivent conserver pendant toute leur vie.

Vers la fin de juillet, lorsque les petites grenouilles sont entièrement écloses et ont quitté leur état de têtard, elles vont rejoindre les autres grenouilles rousses dans les bois et dans les campagnes. Elles partent le soir, voyagent toute la nuit, et évitent d'être la proie des oiseaux voraces en passant le jour sous les pierres et sous les différents abris qu'elles rencontrent, et en ne se remettant en chemin que lorsque les ténèbres leur rendent la sûreté. Cependant, malgré cette espèce de prudence, pour peu qu'il vienne à pleuvoir, elles sortent de leurs retraites pour s'imbiber de l'eau qui tombe.

Comme elles sont très-fécondes et qu'elles pondent ordinairement depuis six cents jusqu'à onze cents œufs, il n'est pas surprenant qu'elles se montrent quelquefois en si grand nombre, surtout dans les bois et les terrains humides, que la terre en paraît toute couverte.

La multitude des grenouilles rousses qu'on voit sortir de leurs trous lorsqu'il pleut, a donné lieu à deux fables : l'on a dit, non-seulement qu'il pleuvait quelquefois des grenouilles, mais encore que le mélange de la pluie avec des grains de poussière pouvait les engendrer tout d'un coup; l'on ajoutait que ces grenouilles ainsi tombées des nues, ou produites d'une manière si rapide par un mélange si bizarre, s'en allaient aussi promptement qu'elles étaient venues, et qu'elles disparaissaient aux premiers rayons du soleil.

Pour peu qu'on eût voulu découvrir la vérité, on les aurait trouvées, avant la pluie, sous des tas de pierres et d'autres abris, où on les aurait vues cachées de nouveau après la pluie, pour se dérober à une lumière trop vive : mais on aurait eu deux fables de moins à raconter; et combien de gens dont tout le mérite disparaît avec les faits merveilleux!

On a prétendu que les grenouilles rousses étaient venimeuses : on les mange cependant dans quelques contrées d'Allemagne; et M. Laurenti ayant fait mordre par une de ces grenouilles de petits lézards gris, sur lesquels le moindre venin agit avec force, ils n'en furent point incommodés. Elles sont en très-grand nombre dans l'île de Sardaigne, ainsi que dans presque toute l'Europe; il paraît qu'on les trouve dans l'Amérique septentrionale, et qu'il faut leur rapporter les grenouilles appelées *grenouilles de terre* par Catesby, et qui habitent la Virginie et la Caroline. Ces dernières paraissent préférer pour leur nourriture les insectes qui ont la propriété de luire dans les ténèbres, soit que cet aliment leur convienne mieux, ou qu'elles puissent l'apercevoir et le saisir plus facilement lorsqu'elles cherchent leur pâture pendant la nuit. Catesby rapporte en effet qu'étant dans la Caroline, hors de sa maison, au commencement d'une nuit très-chaude, quelqu'un qui l'accompagnait laissa tomber de sa pipe un peu de tabac brûlant qui fut saisi et avalé par une grenouille de terre, tapie auprès d'eux, et dont l'humeur visqueuse dut amortir l'ardeur du tabac. Catesby essaya de lui présenter un petit charbon de bois allumé, qui fut avalé et éteint de même. Il éprouva constamment que les grenouilles terrestres saisissaient tous les petits corps enflammés qui étaient à leur portée, et il conjectura, d'après cela, qu'elles devaient rechercher les vers ou les insectes luisants qui brillent en grand nombre pendant les nuits d'été, dans la Caroline et dans la Virginie.

La Pluviale.

Cette grenouille est couverte de verrues; ce qui sert à la distinguer d'avec les autres. La partie postérieure du corps est obtuse et parsemée en dessous de petits points. Elle a quatre doigts aux pieds de devant, et cinq doigts un peu séparés les uns des autres aux pieds de derrière. On la trouve dans plusieurs contrées de l'Europe. Elle s'y montre souvent en grand nombre après les pluies du printemps ou de l'été, ainsi que la grenouille rousse ; et c'est de là qu'est tiré le nom de *pluviale*, que M. Daubenton lui a donné, et que nous lui conservons. On fait sur son apparition les mêmes contes ridicules que sur celle de la grenouille rousse.

La Sonnante.

On trouve en Allemagne une grenouille qui, par sa forme, ressemble un peu plus que les autres au crapaud commun, mais qui est beaucoup plus petite que ce dernier. Un de ces caractères distinctifs est un pli transversal qu'elle a sous le cou. Le fond de sa couleur est noir ; le dessus de son corps est couvert de points saillants, le dessous marbré de blanc et de noir. Les pieds de devant ont quatre doigts divisés, et ceux de derrière en ont cinq réunis par une membrane. On conserve au Cabinet du Roi plusieurs individus de cette espèce. On la nomme *la sonnante*, à cause d'une ressemblance vague qu'on a trouvée entre son coassement et le son des cloches qu'on entendait de loin. Sa forme et son habitation l'ont fait appeler quelquefois *crapaud des marais*.

La Bordée.

Il est aisé de reconnaître cette grenouille, qui se trouve aux Indes, à la bordure que présentent ses côtés. Son corps est allongé; les pieds de derrière ont cinq doigts divisés. Le dos est brun et lisse[1], le dessous du corps est d'une couleur pâle, et couvert d'un grand nombre de très-petites verrues qui se touchent.

La Réticulaire.

On trouve encore dans les Indes une grenouille dont le caractère distinctif est d'avoir le dessus du corps veiné et tacheté de manière à présenter l'apparence d'un réseau. Elle a les doigts divisés.

La Patte-d'oie.

C'est une grande et belle grenouille, dont le corps est veiné et panaché de différentes couleurs; le sommet du dos présente des taches placées obliquement; des bandes colorées, rapprochées par paires, règnent sur les pieds et les doigts. Ce qui la caractérise et ce qui lui a fait donner par M. Daubenton le nom de *patte-d'oie* que nous lui conservons, c'est que les doigts des pieds de devant, ainsi que des pieds de derrière, sont réunis par des membranes : cette réunion suppose dans cette grenouille un séjour assez constant dans l'eau, et un rapport d'habitude avec la grenouille commune. On la rencontre en Virginie, ainsi que la réticulaire, avec laquelle elle a beaucoup de rapports, mais dont elle diffère en ce que ses doigts sont réunis, tandis qu'ils sont divisés dans la réticulaire.

[1] Suivant M. Laurenti, le dessus du corps est couvert d'aspérités; mais nous avons cru devoir suivre la description que M. Linné a faite de cette grenouille, d'après un individu conservé dans le muséum du prince Adolphe.

L'Épaule-armée.

On trouve en Amérique cette grenouille remarquable par sa grandeur : elle a quelquefois huit pouces de longueur, depuis le bout du museau jusqu'à l'anus. On voit de chaque côté sur les épaules une espèce de bouclier charnu, d'un cendré clair pointillé de noir, qui lui a fait donner par M. Daubenton le nom qu'elle porte. Sa tête est rayée de roussâtre; les yeux sont grands et brillants ; la langue est large ; tout le reste du corps est cendré, parsemé de taches de différentes grandeurs, d'un gris clair ou d'une couleur jaunâtre. Le dos est très-anguleux; à la partie postérieure du corps sont quatre excroissances charnues, en forme de gros boutons. Les pieds de devant sont fendus en quatre doigts garnis d'ongles larges et plats. Les pieds de derrière diffèrent de ceux de devant en ce qu'ils ont un cinquième doigt, et que tous les doigts en sont réunis par une petite membrane près de leur origine. Cette espèce, qui paraît habiter sur terre et dans l'eau, pourrait se rapprocher par ses habitudes de la grenouille rousse. L'épithète de *marine*, qui lui a été donnée par Seba, et conservée par Linné et Laurenti, paraît indiquer qu'elle vit près des rivages, dans les eaux de la mer; mais nous avons de la peine à le croire, les quadrupèdes ovipares sans queue ne recherchant communément que les eaux douces.

La Mugissante.

On rencontre en Virginie une grande grenouille dont les yeux ovales sont gros, saillants et brillants ; l'iris est rouge, bordé de jaune; tout le dessus du corps est d'un brun foncé, tacheté d'un brun plus obscur, avec des teintes d'un vert jaunâtre, particulièrement sur le devant de la tête; les taches des côtés sont rondes, et font paraître la peau œillée; le ventre est d'un blanc sale, nuancé de jaune, et légèrement tacheté. Les pieds de devant et de derrière ont communément cinq doigts, avec un tubercule sous chaque phalange.

Cette espèce est moins nombreuse que les autres espèces de grenouilles. La mugissante vit auprès des fontaines qui se trouvent très-fréquemment sur les collines de la Virginie. Ces sources forment de petits étangs, dont chacun est ordinairement habité par deux grenouilles mugissantes : elles se tiennent à l'entrée du trou par lequel coule la source; et lorsqu'elles sont surprises, elles s'élancent et se cachent au fond de l'eau. Mais elles n'ont pas besoin de beaucoup de précautions; le peuple de la Virginie imagine qu'elles purifient les eaux et entretiennent la propreté des fontaines : il les épargne d'après cette opinion, qui pourrait être fondée sur la destruction qu'elles font des insectes, des vers, etc., mais qui se change en superstition, comme tant d'autres opinions du peuple; car non-seulement il ne les tue jamais, mais même il croirait avoir quelque malheur à redouter s'il les inquiétait. Cependant la crainte cède souvent à l'intérêt; et comme la mugissante est très-vorace et très-friande des jeunes oisons ou des petits canards, qu'elle avale d'autant plus facilement qu'elle est très-grande et que sa gueule est très-fendue, ceux qui élèvent ces oiseaux aquatiques la font quelquefois périr.

Sa grandeur et sa conformation modifient son coassement et l'augmentent, de manière que, lorsqu'il est réfléchi par les cavités voisines des lieux qu'elle fréquente, il a quelque ressemblance avec le mugissement d'un taureau qui serait très-éloigné, et, dit Catesby, à un quart de mille. Son cri, suivant M. Smith, est rude, éclatant et brusque; il semble que l'animal forme quelquefois des sons articulés. Un voyageur est bien étonné, continue M. Smith, quand il entend le mugissement retentissant de la grenouille dont nous parlons, et que cependant il ne peut découvrir d'où part ce bruit extraordinaire; car les mugissantes ont tout le corps caché dans l'eau, et ne tiennent leur gueule élevée au-dessus de la surface que pour faire entendre le coassement très-fort qui leur a fait donner le nom de *grenouilles-taureaux*.

L'espèce de la grenouille mugissante que M. Laurenti appelle *la cinq-doigts* (*rana pentadactyla*), renferme, suivant ce naturaliste, une variété aisée à distinguer par sa couleur brune, par la petitesse du cinquième doigt des pieds de devant, et par la naissance d'un sixième doigt aux pieds de derrière. Il y a au Cabinet du Roi une grande grenouille mugissante, qui paraît se rapprocher de cette variété indiquée par M. Laurenti : elle a des taches sur le corps; le cinquième doigt des pieds de devant, et le sixième des pieds de derrière, sont à peine sensibles; tous les doigts sont séparés; elle a des tubercules sous les phalanges; son museau est arrondi; ses yeux sont gros et proéminents; les ouvertures des oreilles, assez grandes; la langue est large, plate et attachée par le bout au devant de la mâchoire inférieure. Cet individu a six pouces trois lignes, depuis le museau jusqu'à l'anus; les pattes de derrière ont dix pouces; celles de devant, quatre pouces; et le contour de la gueule a trois pouces sept lignes.

La Perlée.

On trouve au Brésil une grenouille dont le corps est parsemé de petits grains d'un rouge clair, et semblables à des perles. La tête est anguleuse, triangulaire, et conformée comme celle du caméléon; le dos est d'un rouge brun; les côtés sont mouchetés de jaune; le ventre blanchâtre est chargé de petites verrues ou petits grains d'un bleu clair; les pieds sont velus, et ceux de devant n'ont que quatre doigts.

Une variété de cette espèce, si richement colorée par la Nature, a cinq doigts aux pieds de devant, et la couleur de son corps est d'un jaune clair.

L'on voit que, dans le continent de l'Amérique méridionale, la Nature n'a pas moins départi la variété des couleurs aux quadrupèdes ovipares, qu'elle paraît, au premier coup d'œil, avoir dédaignés, qu'à ces nombreuses troupes d'oiseaux de différentes espèces, sur le plumage desquels elle s'est plu à répandre les nuances les plus vives, et qui embellissent les rivages de ces contrées chaudes et fécondes.

La Jackie.

Cette grenouille se trouve en grand nombre à Surinam. Elle est d'une couleur jaune verdâtre, qui devient quelquefois sombre. Le dos et les côtés sont mouchetés ; le ventre est d'une couleur pâle et nuageuse ; les cuisses sont, par derrière, striées obliquement. Les pieds de derrière sont palmés ; ceux de devant ont quatre doigts. Mademoiselle Mérian a rendu cette grenouille fameuse, en lui attribuant une métamorphose opposée à celle des grenouilles communes. Elle a prétendu qu'au lieu de passer par l'état de têtard pour devenir adulte, la jackie perdait insensiblement ses pattes au bout d'un certain temps, acquérait une queue, et devenait un véritable poisson. Cette métamorphose est plus qu'invraisemblable ; nous n'en parlons ici que pour désigner l'espèce particulière de grenouille à laquelle mademoiselle Mérian l'a attribuée. L'on conserve au Cabinet du Roi, et l'on trouve dans presque toutes les collections de l'Europe, plusieurs individus de cette grenouille, qui présentent les différents degrés de son développement et de son passage par l'état de têtard, au lieu de montrer, comme on l'a cru faussement, les diverses nuances de son changement prétendu en poisson. La forme du têtard de la jackie, qui est assez grand, et qui ressemble plus ou moins à un poisson, comme tous les autres têtards, a pu donner lieu à cette erreur, dont on n'a parlé que trop souvent. D'ailleurs il paraît qu'il y a une espèce particulière de poisson dont la forme extérieure est assez semblable à celle du têtard de la jackie, et que l'on a pu prendre pour le dernier état de cette grenouille d'Amérique.

La Galonnée.

On trouve en Amérique cette grenouille, dont M. Linné a parlé le premier. Son dos présente quatre lignes relevées et longitudinales ; il est d'ailleurs semé de points saillants et de taches noires. Les pieds de devant ont quatre doigts séparés ;

ceux de derrière en ont cinq réunis par une membrane ; le second est plus long que les autres, et dépourvu de l'espèce d'ongle arrondi qu'ont plusieurs grenouilles.

Nous regardons comme une variété de cette espèce, jusqu'à ce qu'on ait recueilli de nouveaux faits, celle que M. Laurenti a appelée *grenouille de Virginie.* Le corps de ce dernier animal, qu'on trouve en effet en Virginie, est d'une couleur cendrée, tachetée de rouge; le dos est relevé par cinq arêtes longitudinales, dont les intervalles sont d'une couleur pâle; le ventre et les pieds sont jaunes.

La Grenouille écailleuse.

On doit à M. Wallbaum la description de cette espèce de grenouille. Il est d'autant plus intéressant de la connaître, qu'elle est un exemple de ces conformations remarquables qui lient de très-près les divers genres d'animaux. Nous avons vu, en effet, dans l'Histoire naturelle des quadrupèdes ovipares, que presque toutes les espèces de lézards étaient couvertes d'écailles plus ou moins sensibles, et nous n'avons trouvé dans les grenouilles, les crapauds, ni les raines, aucune espèce qui présentât quelque apparence de ces mêmes écailles; nous n'avons vu que des verrues ou des tubercules sur la peau des quadrupèdes ovipares sans queue. Voici maintenant une espèce de grenouille dont une partie du corps est revêtue d'écailles, ainsi que celui des lézards; et pendant que d'un côté, la plupart des salamandres, qui toutes ont une queue comme ces mêmes lézards, et appartiennent au même genre que ces animaux, se rapprochent des quadrupèdes ovipares sans queue, non-seulement par leur conformation intérieure et par leurs habitudes, mais encore par leur peau dénuée d'écailles sensibles, nous voyons, d'un autre côté, la grenouille décrite par M. Wallbaum établir un grand rapport entre son genre et celui des lézards par les écailles qu'elle a sur le dos. M. Wallbaum n'a vu qu'un individu de cette espèce singulière, qu'il a trouvé dans un cabinet d'histoire naturelle, et qui y était conservé dans de l'esprit-de-vin. Il n'a pas su d'où il avait été apporté. Il serait intéressant qu'on pût observer encore des individus de cette espèce, comparer ses habitudes avec celles des lézards et des grenouilles, et voir la liaison qui se trouve entre sa manière de vivre et sa conformation particulière.

La grenouille écailleuse est à peu près de la grosseur et de la forme de la grenouille commune, sa peau est comme plissée sur les côtés et sous la gorge; les pieds de devant ont quatre doigts à demi réunis par une membrane, et les pieds de derrière cinq doigts entièrement palmés; les ongles sont aplatis. Mais ce qu'il faut surtout remarquer, c'est une bande écailleuse qui, partant de l'endroit des reins et s'étendant obliquement de chaque côté au-dessus des épaules, entoure par devant le dos de l'animal : cette bande est composée de très-petites écailles à demi transparentes, présentant chacune un petit sillon longitudinal, placées sur quatre rangs, et se recouvrant les unes les autres, comme les ardoises des toits. Il est évident, par cette forme et cette position, que ces pièces sont de véritables écailles semblables à celles des lézards, et qu'elles ne peuvent pas être confondues avec les verrues ou tubercules que l'on a observés sur le dos des quadrupèdes ovipares sans queue. M. Wallbaum a vu aussi sur la patte gauche de derrière quelques portions garnies de petites écailles dont la forme était d'un carré long; et ce naturaliste conjecture avec raison qu'il en aurait trouvé également sur la patte droite, si l'animal n'avait pas été altéré par l'esprit-de-vin. Le dessous du ventre était garni de petites verrues très-rapprochées. L'individu décrit par M. Wallbaum avait deux pouces neuf lignes de longueur depuis le bout du museau jusqu'à l'anus. Sa couleur était grise, marbrée, tachetée et pointillée en divers endroits de brun et de marron plus ou moins foncé; les taches étaient disposées en lignes tortueuses sur certaines places, comme, par exemple, sur le dos.

DEUXIÈME GENRE.

Quadrupèdes ovipares qui n'ont point de queue, et qui ont sous chaque doigt une petite pelote visqueuse.

RAINES.

La Raine verte ou commune.

Il est aisé de distinguer des grenouilles la raine verte, ainsi que toutes les autres raines, par des espèces de petites plaques visqueuses qu'elle a sous ses doigts, et qui lui servent à s'attacher aux branches et aux feuilles des arbres. Tout ce que nous avons dit de l'instinct, de la souplesse, de l'agilité de la grenouille commune, appartient encore davantage à la raine verte; et comme sa taille est toujours beaucoup plus petite que celle de la grenouille commune, elle joint plus de gentillesse à toutes les qualités de cette dernière. La couleur du dessus de son corps est d'un beau vert; le dessous, où l'on voit de petits tubercules, est blanc. Une raie jaune, légèrement bordée de violet, s'étend de chaque côté de la tête et du dos, depuis le museau jusqu'aux pieds de derrière; et une raie semblable règne depuis la mâchoire supérieure jusqu'aux pieds de devant. La tête est courte, aussi large que le corps, mais un peu rétrécie par devant; les mâchoires sont arrondies, les yeux élevés. Le corps est court, presque triangulaire, très-élargi vers la tête, convexe par dessus, et plat par dessous. Les pieds de devant, qui n'ont que quatre doigts, sont assez courts et épais, ceux de derrière, qui en ont cinq, sont au contraire déliés et très-longs : les ongles sont plats et arrondis.

La raine verte saute avec plus d'agilité que les grenouilles, parce qu'elle a les pattes de derrière plus longues en proportion de la grandeur du corps. C'est au milieu des bois, c'est sur les branches des arbres qu'elle passe presque toute la belle saison. Sa peau est si gluante, et ses pelotes visqueuses se collent avec tant de facilité à tous les corps, quelque polis qu'ils soient, que la raine n'a qu'à se poser sur la branche la plus unie, même sur la surface inférieure des feuilles, pour s'y attacher de manière à ne pas tomber. Catesby dit qu'elle a la faculté de rendre ces pelotes concaves, et de former par là un petit vide qui l'attache plus fortement à la surface qu'elle touche. Ce même auteur ajoute qu'elle franchit quelquefois un intervalle de douze pieds. Ce fait est peut-être exagéré ; mais, quoi qu'il en soit, les raines sont aussi agiles dans leurs mouvements que déliées dans leur forme.

Lorsque les beaux jours sont venus, on les voit s'élancer sur les insectes qui sont à leur portée ; elles les saisissent et les retiennent avec leur langue, ainsi que les grenouilles ; et sautant avec vitesse de rameau en rameau, elles y représentent jusqu'à un certain point les jeux et les petits vols des oiseaux, ces légers habitants des arbres élevés. Toutes les fois même qu'aucun préjugé défavorable n'existera contre elles, qu'on examinera leurs couleurs vives qui se marient avec le vert des feuillages et l'émail des fleurs ; qu'on remarquera leurs ruses et leurs embuscades ; qu'on les suivra des yeux dans leurs petites chasses ; qu'on les verra s'élancer à plusieurs pieds de distance, se tenir avec facilité sur les feuilles dans la situation la plus renversée, et s'y placer d'une manière qui paraîtrait merveilleuse, si l'on ne connaissait pas l'organe qui leur a été donné pour s'attacher aux corps les plus unis, n'aura-t-on pas presque autant de plaisir à les observer qu'à considérer le plumage, les manœuvres et le vol de plusieurs espèces d'oiseaux ?

L'habitation des raines au sommet de nos arbres est une preuve de plus de cette analogie et de cette ressemblance d'habitudes que l'on trouve même entre les classes d'animaux qui paraissent les plus différentes les unes des autres. La dragonne, l'iguane, le basilic, le caméléon, et d'autres lézards très-grands, habitent au milieu des bois, et même sur les arbres ; le lézard ailé s'y élance comme l'écureuil, avec une facilité et à des distances qui ont fait prendre ses sauts pour une espèce de vol. Nous retrouvons encore sur ces mêmes arbres les raines, qui cependant sont pour le moins aussi aquatiques que terrestres, et qui paraissent si fort se rapprocher des poissons; et tandis que ces raines, ces habitants si naturels de l'eau, vivent sur les rameaux de nos forêts, l'on voit, d'un autre côté, de grandes légions d'oiseaux presque entièrement dépouvus d'ailes n'avoir que la mer pour patrie, et, attachés, pour ainsi dire, à la surface de l'onde, passer leur vie à la sillonner ou à se plonger dans les flots.

Il en est des raines comme des grenouilles : leur entier développement ne s'effectue qu'avec lenteur.

Les raines ne vivent dans les bois que pendant le temps de leurs chasses; car c'est aussi au fond des eaux et dans le limon des lieux marécageux qu'elles se cachent pour passer le temps de l'hiver et de leur engourdissement.

On les trouve donc dans les étangs dès la fin du mois d'avril, ou au commencement de mai : mais, comme si elles ne pouvaient pas renoncer, même pour un temps très-court, aux branches qu'elles ont habitées, peut-être parce qu'elles ont besoin d'y aller chercher l'aliment qui leur convient le plus lorsqu'elles sont entièrement développées, elles choisissent les endroits marécageux entourés d'arbres : c'est là que les mâles gonflant leur gorge, qui devient brune quand ils sont adultes, poussent leurs cris rauques et souvent répétés, avec encore plus de force que la grenouille commune. A peine l'un d'eux fait-il entendre son coassement retentissant, que tous les autres mêlent leurs sons discordants à sa voix; et leurs clameurs sont si bruyantes, qu'on les prendrait de loin pour une meute de chiens qui aboient, et que, dans les nuits tranquilles, leurs coassements réunis sont quelquefois parvenus jusqu'à plus d'une lieue, surtout lorsque la pluie était prête à tomber.

Quelquefois les femelles sont délivrées en peu d'heures de tous les œufs qu'elles doivent pondre; d'autres fois elles ne s'en débarrassent que dans quarante-huit heures, et même quelquefois plus de temps. Ce n'est ordinairement qu'après deux mois que les jeunes raines ont la forme qu'elles doivent conserver toute leur vie : mais dès qu'elles ont atteint leur développement, et qu'elles peuvent sauter et bondir avec facilité, elles quittent les eaux et gagnent les bois.

On fait vivre aisément la raine verte dans les maisons, en lui fournissant une température et une nourriture convenables. Comme sa couleur varie très-souvent, suivant l'âge, la saison et le climat, et comme, lorsque l'animal est mort, le vert du dessus de son corps se change souvent en bleu, nous présumons que l'on doit regarder comme une variété de cette raine celle que M. Boddaert a décrite sous le nom de *grenouille à deux couleurs*.

Cette dernière raine faisait partie de la collection de M. Schlosser, et avait été apportée de Guinée. Ses pieds n'étaient pas palmés; ses doigts étaient garnis de pelotes visqueuses : elle en avait quatre aux pieds de devant, et cinq aux pieds de derrière. La couleur du dessus de son corps était bleue, et le jaune régnait sur tout le dessous. Le museau était un peu avancé ; la tête plus large que le corps, et la lèvre supérieure un peu fendue.

On rencontre la raine verte en Europe, en Afrique, et en Amérique. Mais, indépendamment de cette espèce, les pays étrangers offrent d'autres quadrupèdes ovipares sans queue, et avec des plaques visqueuses sous les doigts. Nous allons présenter les caractères particuliers de ces diverses raines.

La Bossue.

On trouve dans l'île de Lemnos une raine qu'il est aisé de distinguer d'avec les autres, parce que sur son corps arrondi et plane s'élève une bosse bien sensible. Ses yeux sont saillants; et les doigts de ses pieds, garnis de pelotes gluantes comme celles de la raine commune, sont en même temps réunis par une membrane. Elle est la proie des serpents. Il paraît que cette espèce, qui appartient à l'ancien continent, se rencontre aussi à Surinam; mais elle y a subi l'influence du climat, et y forme une variété distinguée par les taches que le dessus de son corps présente.

La Brune.

Cette raine, que M. Laurenti a le premier décrite, sans indiquer son pays natal, mais qui nous paraît devoir appartenir à l'Europe, est distinguée d'avec les autres par sa couleur brune, et par des tubercules en quelque sorte déchiquetés qu'elle a sous les pieds.

La raine ou grenouille d'arbre dont parle Sloane sous le nom de *rana arborea maxima*, et qui habite la Jamaïque, pourrait bien être une variété de la brune; sa couleur est foncée comme celle de la brune. A la vérité, elle est tachetée de vert, et elle a de chaque côté du cou une espèce de sac ou de vessie conique; mais les différences de cette raine qui vit en Amérique, avec la brune qui paraît habiter l'Europe, pourraient être rapportées à l'influence du climat.

La Couleur de lait.

Elle habite en Amérique : sa couleur est d'un blanc de neige, avec des taches d'un blanc moins éclatant; le bas-ventre présente des bandes d'une couleur cendrée pâle, l'ouverture de la gueule est très-grande. Une variété de cette espèce, au lieu d'avoir le dessus du corps d'un blanc de neige, l'a d'une couleur bleuâtre un peu plombée.

La Flûteuse.

Cette espèce a le corps d'un blanc de neige suivant M. Laurenti, de couleur jaune suivant Seba, et tacheté de rouge. Les pieds de derrière sont palmés, et le mâle, en coassant, fait enfler deux vessies qu'il a des deux côtés du cou, et que l'on a comparées à des flûtes. Suivant Seba, elle coasse *mélodieusement*; mais je crois qu'il ne faut pas avoir l'oreille très-délicate pour se plaire à la mélodie de la flûteuse. Cette raine se tait pendant les jours froids et pluvieux, et son cri annonce le beau temps; elle est opposée en cela à la grenouille commune, dont le coassement est au contraire un indice de pluie. Mais la sécheresse ne doit pas agir également sur les animaux dans deux climats aussi différents que ceux de l'Europe et de l'Amérique méridionale. Le mâle de la raine couleur de lait ne pourrait-il pas avoir aussi deux vessies, et dès lors la flûteuse ne devrait-elle pas être regardée comme une variété de la couleur de lait?

L'orangée.

Le corps de cette raine est jaune, avec une teinte légère de roux, et son dos est comme circonscrit par une file de points roux plus ou moins foncés. Seba dit qu'elle ne diffère de la flûteuse que par le défaut des vessies de la gorge. Elle vit à Surinam.

On rencontre au Brésil une raine dont le corps est d'un jaune tirant sur la couleur de l'or. Son dos est, à la vérité, panaché de rouge, et on l'a vue d'une maigreur si grande, qu'on en a tiré le nom de *raine squelette* qu'on lui a donné : mais les raines, ainsi que les grenouilles, sont sujettes à varier beaucoup, par l'abondance ou le défaut de graisse, même dans un très-court espace de temps. Nous pensons donc que la raine squelette, vue dans d'autres moments que ceux où elle a été observée, n'aurait peut-être pas paru assez maigre pour former une espèce différente de l'orangée, mais simplement une variété dépendante du climat, ou d'autres circonstances.

La Rouge.

On la trouve en Amérique; elle a la tête grosse, l'ouverture de la gueule grande, et sa couleur est rouge.

M. le comte de Buffon a fait mention dans l'histoire des perroquets appelés *cricks*, d'un petit quadrupède ovipare sans queue de l'Amérique méridionale, dont se servent les Indiens pour donner aux plumes des perroquets une belle couleur rouge ou jaune; ce qu'ils appellent *tapirer*. Ils arrachent pour cela les plumes des jeunes cricks qu'ils ont enlevés dans leur nid; ils en frottent la place avec le sang de ce quadrupède ovipare; les plumes qui renaissent après cette opération, au lieu d'être vertes, comme auparavant, sont jaunes ou rouges. Ce quadrupède ovipare sans queue vit communément dans les bois. Il y a au Cabinet du Roi plusieurs individus de cette espèce, conservés dans l'esprit-de-vin, d'après lesquels il est aisé de voir qu'il est du genre des raines, puisqu'il a des plaques visqueuses au bout des doigts; ce qui s'accorde fort bien avec l'habitude qu'il a de demeurer au milieu des arbres. Il paraît que la couleur de cette raine tire sur le rouge; elle présente sur le dos deux bandes longitudinales, irrégulières, d'un blanc jaunâtre, ou même couleur d'or. Il me semble qu'on doit regarder cette jolie et petite raine comme une variété de la rouge, ou peut-être de l'orangée. Combien les grenouilles, les crapauds et les raines ne varient-ils pas, suivant l'âge, le sexe, la saison et l'abondance ou la disette qu'ils éprouvent! La raine à tapirer a, comme la rouge, la tête grosse en proportion du corps, et l'ouverture de la gueule est grande.

Au reste, il est bon de remarquer que nous retrouverons sur les raines de l'Amérique méridionale les belles couleurs que la Nature y a accordées aux grenouilles, et qu'elle y a prodiguées aussi avec tant de magnificence aux oiseaux, aux insectes et aux papillons.

TROISIÈME GENRE.

Quadrupèdes ovipares sans queue, qui ont le corps ramassé et arrondi.

CRAPAUDS.

Le Crapaud commun[1].

Depuis longtemps l'opinion a flétri cet animal dégoûtant, dont l'approche révolte tous les sens. L'espèce d'horreur avec laquelle on le découvre est produite même par l'image que le souvenir en retrace : beaucoup de gens ne se le représentent qu'en éprouvant une sorte de frémissement, et les personnes qui ont le tempérament faible et les nerfs délicats, ne peuvent en fixer l'idée sans croire sentir dans leurs veines le froid glacial que l'on a dit accompagner l'attouchement du crapaud : tout en est vilain, jusqu'à son nom, qui est devenu le signe d'une basse difformité. On s'étonne toujours lorsqu'on le voit constituer une espèce constante, d'autant plus répandue que presque toutes les températures lui conviennent, et en quelque sorte d'autant plus durable que plusieurs espèces voisines se réunissent pour former avec lui une famille nombreuse. On est tenté de prendre cet animal informe pour un produit fortuit de l'humidité et de la pourriture, pour un de ces jeux bizarres qui échappent à la Nature ; et on n'imagine pas comment cette mère commune, qui a réuni si souvent tant de belles proportions à tant de couleurs agréables, et qui même a donné aux grenouilles et aux raines une sorte de grâce, de gentillesse et de parure, a pu imprimer au crapaud une forme si hideuse. Et que l'on ne croie pas que ce soit d'après les con-

[1] *Bufo*, en latin; *toad*, en anglais.

ventions arbitraires qu'on le regarde comme un des êtres les plus défavorablement traités : il paraît vicié dans toutes ses parties. S'il a des pattes, elles n'élèvent pas son corps disproportionné au-dessus de la fange qu'il habite. S'il a des yeux, ce n'est point, en quelque sorte, pour recevoir une lumière qu'il fuit. Mangeant des herbes puantes ou vénéneuses, caché dans la vase, tapi sous un tas de pierres, retiré dans des trous de rocher, sale dans son habitation, dégoûtant par ses habitudes, difforme dans son corps, obscur dans ses couleurs, infect par son haleine, ne se soulevant qu'avec peine, ouvrant, lorsqu'on l'attaque, une gueule hideuse, n'ayant pour toute puissance qu'une grande résistance aux coups qui le frappent, que l'inertie de la matière, que l'opiniâtreté d'un être stupide, n'employant d'autre arme qu'une liqueur fétide qu'il lance, que paraît-il avoir de bon, si ce n'est de chercher, pour ainsi dire, à se dérober à tous les yeux, en fuyant la lumière du jour?

Cet être ignoble occupe cependant une assez grande place dans le plan de la Nature; elle l'a répandu avec bien plus de profusion que beaucoup d'objets chéris de sa complaisance maternelle. Il semble qu'au physique, comme au moral, ce qui est le plus mauvais est le plus facile à produire; et, d'un autre côté, on dirait que la Nature a voulu, par ce frappant contraste, relever la beauté de ses autres ouvrages. Donnons donc dans cette Histoire une place assez étendue à ces êtres sur lesquels nous sommes forcé d'arrêter un moment l'attention : ne cherchons même pas à ménager la délicatesse; ne craignons pas de blesser les regards, et tâchons de montrer le crapaud tel qu'il est.

Son corps, arrondi et ramassé, a plutôt l'air d'un amas informe et pétri au hasard, que d'un corps organisé, arrangé avec ordre, et fait sur un modèle. Sa couleur est ordinairement d'un gris livide, tacheté de brun et de jaunâtre; quelquefois, au commencement du printemps, elle est d'un roux sale, qui devient ensuite, tantôt presque noir, tantôt olivâtre, et tantôt roussâtre. Il est encore enlaidi par un grand nombre de verrues ou plutôt de pustules d'un vert noirâtre, ou d'un rouge clair. Une éminence très-allongée, faite en forme de rein, molle et percée de plusieurs pores très-visibles, est placée au-dessus de chaque oreille. Le conduit auditif est fermé par une lame membraneuse. Une peau épaisse, dure, et très-difficile à percer, couvre son dos aplati; son large ventre paraît toujours enflé; ses pieds de devant sont très-peu allongés et divisés en quatre doigts, tandis que ceux de derrière ont chacun six doigts réunis par une membrane[1]. Au lieu de se servir de cette large patte pour sauter avec agilité, il ne l'emploie qu'à comprimer la vase humide sur laquelle il repose; et au devant de cette masse, qu'est-ce qu'on distingue? une tête un peu plus grosse que le reste du corps, comme s'il manquait quelque chose à sa difformité; une grande gueule garnie de mâchoires raboteuses mais sans dents : des paupières gonflées, et des yeux assez gros, saillants, et qui révoltent par la colère qui paraît souvent les animer. On est tout étonné qu'un animal qui ne semble pétri que d'une vile et froide boue puisse sentir l'ardeur de la colère, comme si la Nature avait permis ici aux extrêmes de se mêler, afin de réunir dans un seul être tout ce qui peut repousser l'intérêt. Il s'irrite avec force pour peu qu'on le touche; il se gonfle, et tâche d'employer ainsi sa vaine puissance : il résiste longtemps aux poids avec lesquels on cherche à l'écraser, et il faut que toutes ses parties et ses vaisseaux soient bien liés entre eux, puisqu'on a vu des crapauds qui, percés d'outre en outre avec un pieu, ont cependant vécu plusieurs jours, étant fichés contre terre.

Tout se ressent de la grossièreté de l'atmosphère ordinairement répandue autour du crapaud, et de la disproportion de ses membres; non-seulement il ne peut point marcher, mais il ne saute qu'à une très-petite hauteur : lorsqu'il se sent pressé, il lance contre ceux qui le poursuivent, les sucs fétides dont il est imbu; il fait jaillir une liqueur limpide que l'on dit être son urine, et qui, dans certaines circonstances, est plus ou moins nuisible. Il transpire de tout son corps une humeur laiteuse, et il découle de sa bouche une bave qui peut infecter les herbes et les fruits sur lesquels il passe, de manière à in-

[1] Le doigt intérieur est gros, mais très-court et peu sensible dans le squelette.

commoder ceux qui en mangent sans les laver. Cette bave et cette humeur laiteuse peuvent être un venin plus ou moins actif, ou un corrosif plus ou moins fort, suivant la température, la saison, et la nourriture des crapauds, l'espèce de l'animal sur lequel il agit, et la nature de la partie qu'il attaque. La trace du crapaud peut donc être, dans certaines circonstances, aussi funeste que son aspect est dégoûtant. Pourquoi donc laisser subsister un animal qui souille et la terre et les eaux, et même le regard? Mais comment anéantir une espèce aussi féconde et répandue dans presque toutes les contrées?

Le crapaud habite pour l'ordinaire dans les fossés, surtout dans ceux où une eau fétide croupit depuis longtemps; on le trouve dans les fumiers, dans les caves, dans les antres profonds, dans les forêts où il peut se dérober aisément à la clarté qui le blesse en choisissant de préférence les endroits ombragés, sombres, solitaires, en s'enfonçant sous les décombres et sous les tas de pierres : et combien de fois n'a-t-on pas été saisi d'une espèce d'horreur, lorsque, soulevant quelque gros caillou dans des bois humides, on a découvert un crapaud accroupi contre terre, animant ses gros yeux, et gonflant sa masse pustuleuse?

C'est dans ces divers asiles obscurs qu'il se tient renfermé pendant tout le jour, à moins que la pluie ne l'oblige à en sortir.

Il y a des pays où les crapauds sont si fort répandus, comme auprès de Carthagène et de Porto-Bello en Amérique, que non-seulement lorsqu'il pleut ils y couvrent les terres humides et marécageuses, mais encore les rues, les jardins et les cours, et que les habitants de ces provinces de Carthagène et de Porto-Bello ont cru que chaque goutte de pluie était changée en crapaud. Ces animaux présentent même, dans ces contrées du Nouveau Monde, un volume considérable; les moins grands ont six pouces de longueur. Si c'est pendant la nuit que la pluie tombe, ils abandonnent presque tous leur retraite, et alors ils paraissent se toucher sur la surface de la terre, qu'on dirait qu'ils ont entièrement envahie. On ne peut sortir sans les fouler aux pieds, et on prétend même qu'ils y font des morsures d'autant plus dangereuses, que, indépendamment de leur grosseur, ils sont, dit-on, tres-venimeux. Il se pourrait en effet que l'ardeur de ces contrées, et la nourriture qu'ils y prennent, viciassent encore davantage la nature de leurs humeurs.

Pendant l'hiver, les crapauds se réunissent plusieurs ensemble, dans les pays où la température, devenant trop froide pour eux, les force à s'engourdir : ils se ramassent dans le même trou, apparemment pour augmenter et prolonger le peu de chaleur qui leur reste encore. C'est dans ce temps qu'on pourrait plus facilement les trouver, qu'ils ne pourraient fuir, et qu'il faudrait chercher à diminuer leur nombre.

Lorsque les crapauds sont réveillés de leur long assoupissement, ils choisissent la nuit pour errer et chercher leur nourriture : ils vivent, comme les grenouilles, d'insectes, de vers, de scarabées, de limaçons ; mais on dit qu'ils mangent aussi de la sauge, dont ils aiment l'ombre, et qu'ils sont surtout avides de ciguë, que l'on a quelquefois appelée *le persil du crapaud.*

Les œufs des crapauds abandonnés à terre ne doivent pas éclore, à moins qu'ils ne tombent dans quelques endroits assez obscurs, assez couverts de vase, et assez pénétrés d'humidité, pour que les petits crapauds puissent s'y nourrir et s'y développer[1].

Les cordons augmentent de volume en même temps et en même proportion que les œufs, qui, au bout de dix ou douze jours, ont le double de grosseur que lors de la ponte ; les globules renfermés dans ces œufs, et qui d'abord sont noirs d'un côté et blanchâtres de l'autre, se couvrent peu à peu de linéaments ; au dix-septième ou dix-huitième jour on aperçoit le petit têtard ; deux ou trois jours après il se dégage de la matière visqueuse qui enveloppait les œufs ; il s'efforce alors de gagner la surface de l'eau, mais il retombe bientôt au fond ; au bout de quelques jours il a de chaque côté du cou un organe qui a quelques rapports avec les ouïes des poissons, qui est divisé en cinq ou six appendices frangés, et qui disparaît

[1] Les œufs des crapauds se développent, quoique la température de l'atmosphère ne soit qu'à six degrés au-dessus de zéro du thermomètre de Réaumur.

tout à fait le vingt-troisième ou le vingt-quatrième jour. Il semble d'abord ne vivre que de la vase et des ordures qui nagent dans l'eau, mais, à mesure qu'il devient plus gros, il se nourrit de plantes aquatiques. Son développement se fait de la même manière que celui des jeunes grenouilles; et lorsqu'il est entièrement formé, il sort de l'eau, et va à terre chercher les endroits humides.

Il en est des crapauds communs comme des autres quadrupèdes ovipares : ils sont beaucoup plus grands et beaucoup plus venimeux à mesure qu'ils habitent des pays plus chauds et plus convenables à leur nature. Parmi les individus de cette espèce qui sont conservés au Cabinet du Roi, il y en a un qui a quatre pouces et demi de longueur, depuis le museau jusqu'à l'anus. On en trouve sur la côte d'Or, d'une grosseur si prodigieuse, que lorsqu'ils sont en repos, on les prendrait pour des tortues de terre : ils y sont ennemis mortels des serpents; Bosman a été souvent le témoin des combats que se livrent ces animaux. Il doit être curieux de voir le contraste de la lourde masse du crapaud, qui se gonfle et s'agite pesamment, avec les mouvements prestes et rapides des serpents, lorsque, irrités tous les deux, et leurs yeux en feu, l'un résiste par sa force et son inertie aux efforts que son ennemi fait pour l'étouffer au milieu des replis de son corps tortueux, et que tous deux cherchent à se donner la mort par leurs morsures et leur venin fétide, ou leurs liqueurs corrosives.

On a prétendu que la vie ordinaire du crapaud n'était que de quinze ou seize ans : mais sur quoi l'a-t-on fondé? avait-on suivi avec soin le même crapaud dans ses retraites écartées? avait-on recueilli un assez grand nombre d'observations pour reconnaître la durée ordinaire de la vie des crapauds, indépendamment de tout accident et du défaut de nourriture?

Nous avons au contraire un fait bien constaté, par lequel il est prouvé qu'un crapaud a vécu plus de trente-six ans : mais la manière dont il a passé sa longue vie va bien étonner; elle prouve jusqu'à quel point la domesticité peut influer sur quelque animal que ce soit, et surtout sur les êtres dont la nature est plus susceptible d'altération, et dans lesquels des ressorts moins compliqués peuvent plus aisément, sans se rompre ou se désunir, être pliés dans de nouveaux sens. Ce crapaud a vécu presque toujours dans une maison où il a été, pour ainsi dire, élevé et apprivoisé.

Il n'y avait pas acquis, sans doute, cette sorte d'affection que l'on remarque dans quelques espèces d'animaux domestiques, et qui était trop incompatible avec son organisation et ses mœurs; mais il y était devenu familier. La lumière des bougies avait été pendant longtemps pour lui le signal du moment où il allait recevoir sa nourriture : aussi non-seulement il la voyait sans crainte, mais même il la recherchait. Il était déjà très-gros, lorsqu'il fut remarqué pour la première fois; il habitait sous un escalier qui était devant la porte de la maison; il paraissait tous les soirs au moment où il apercevait de la lumière, et levait les yeux comme s'il eût attendu qu'on le prît et qu'on le portât sur une table, où il trouvait des insectes, des cloportes, et surtout de petits vers qu'il préférait peut-être à cause de leur agitation continuelle; il fixait les yeux sur sa proie; tout d'un coup il lançait sa langue avec rapidité, et les insectes ou les vers y demeuraient attachés, à cause de l'humeur visqueuse dont l'extrémité de cette langue était enduite.

Comme on ne lui avait jamais fait de mal, il ne s'irritait point lorsqu'on le touchait; il devint l'objet d'une curiosité générale, et les dames mêmes demandèrent à voir le crapaud familier.

Il vécut plus de trente-six ans dans cette espèce de domesticité; et il aurait vécu plus de temps peut-être, si un corbeau apprivoisé comme lui ne l'eût attaqué à l'entrée de son trou, et ne lui eût crevé un œil, malgré tous les efforts qu'on fit pour le sauver. Il ne put attraper sa proie avec la même facilité, parce qu'il ne pouvait juger avec la même justesse de sa véritable place : aussi périt-il de langueur au bout d'un an.

Les différents faits observés relativement à ce crapaud, pendant sa domesticité, prouvent peut-être qu'on a exagéré la sorte de méchanceté et les goûts sales de son espèce. On pourrait dire cependant que ce crapaud habitait l'Angleterre, et par conséquent à une latitude assez élevée pour que toutes ses mauvaises habitudes fussent tempérées par le froid. D'ailleurs trente-six ans de domesticité, de sûreté et d'abondance, peuvent bien changer les inclinations d'un animal tel que le crapaud, le naturel des quadrupèdes ovipares paraissant, pour ainsi dire, plus flexible que celui des animaux mieux organisés. Que l'on croie tout au plus qu'avec moins de danger à courir, et une nourriture d'une qualité particulière, l'espèce du crapaud pourrait être perfectionnée comme tant d'autres espèces. Mais ne faudra-t-il pas toujours reconnaître dans les individus dont la Nature seule aura pris soin, les vices de conformation et d'habitudes qu'on leur a attribués?

Comme l'art de l'homme peut rendre presque tout utile, puisqu'il change quelquefois en médicaments salutaires les poisons les plus funestes, on s'est servi des crapauds en médecine ; on les y a employés de plusieurs manières et contre plusieurs maux.

On trouve plusieurs observations, d'après lesquelles il paraîtrait, au premier coup d'œil, qu'un crapaud a pu se développer et vivre pendant un nombre prodigieux d'années dans le creux d'un arbre ou d'un bloc de pierre, sans aucune communication avec l'air extérieur. Mais on ne l'a pensé ainsi que parce qu'on n'avait pas bien examiné l'arbre ou la pierre avant de trouver le crapaud dans leurs cavités. Cette opinion ne peut pas être admise; mais cependant on doit regarder comme très-sûr qu'un crapaud peut vivre très-longtemps, et même jusqu'à dix-huit mois, sans prendre aucune nourriture, en quelque sorte sans respirer, et toujours renfermé dans des boîtes scellées exactement. Les expériences de M. Hérissant le mettent hors de doute; et ceci est une nouvelle confirmation de ce que nous avons dit dans notre premier Discours touchant la nature des quadrupèdes ovipares.

Voyons maintenant les caractères qui distinguent les crapauds différents du crapaud commun, tant en Europe que dans les pays étrangers : il n'est presque aucune latitude où la Nature n'ait prodigué ces êtres hideux, dont il semble qu'elle n'a diversifié les espèces que par de nouvelles difformités, comme si elle avait voulu qu'il ne manquât aucun trait de laideur à ce genre disgracié.

Le Vert.

On trouve auprès de Vienne, dans les cavités des rochers ou dans les fentes obscures des murailles, un crapaud d'un blanc livide, dont le dessus du corps est marqué de taches vertes légèrement ponctuées, entourées d'une ligne noire, et, le plus souvent, réunies plusieurs ensemble. Tout son corps est parsemé de verrues, excepté le devant de la gueule et les extrémités des pieds; elles sont livides sur le ventre, vertes sur les taches vertes, et rouges sur les intervalles qui séparent ces taches.

Il paraît que les liqueurs corrosives que répand ce crapaud peuvent être plus nuisibles que celles du crapaud commun : sa respiration est accompagnée d'un gonflement de la gueule. Dans la colère, ses yeux étincellent; et son corps, enduit d'une humeur visqueuse, répand une odeur fétide, semblable à celle de la morelle des boutiques (*solanum nigrum*), mais beaucoup plus forte. Il tourne toujours en dedans ses deux pieds de devant. Comme il habite le même pays que le crapaud commun, on ne peut décider que d'après plusieurs observations si les différences qu'il présente, quant à ses couleurs, à la disposition de ses verrues, etc., doivent établir entre cet animal et le crapaud commun une diversité d'espèce ou une simple variété plus ou moins constante. Suivant M. Pallas, le crapaud vert, qu'il nomme *rana sitibunda*, se trouve en assez grand nombre aux environs de la mer Caspienne.

Le Rayon-Vert.

Nous plaçons à la suite du vert ce crapaud, qui pourrait bien n'en être qu'une variété. Il est couleur de chair; son caractère distinctif est de présenter des lignes vertes, disposées en rayons. Il a été trouvé en Saxe.

Nous invitons les naturalistes qui habitent l'Allemagne à rechercher si l'on ne doit pas rapporter au rayon-vert, comme une variété plus ou moins distincte, le crapaud trouvé en

Saxe, parmi des pierres, par M. Schreber, et que M. Pallas a fait connaître sous le nom de *grenouille changeante.*

Ce crapaud est de la grandeur de la grenouille commune; sa tête est arrondie; sa bouche sans dents; sa langue épaisse et charnue; les paupières supérieures sont à peine sensibles, le dessus du corps est parsemé de verrues. Les pieds de devant ont quatre doigts; ceux de derrière en ont cinq, réunis par une membrane. M. Edler, de Lubeck, a découvert que ce crapaud change souvent de couleur, ainsi que le caméléon et quelques autres lézards; ce qui établit un nouveau rapport entre les divers genres des quadrupèdes ovipares. Lorsque ce crapaud est en mouvement, sa couleur est blanche, parsemée de taches d'un beau vert, et ses verrues paraissent jaunes. Lorsqu'il est en repos, la couleur verte des taches se change en un cendré plus ou moins foncé. Le fond blanc de sa couleur devient aussi cendré lorsqu'on le touche et qu'on l'inquiète. Si on l'expose aux rayons du soleil dont il fuit la lumière, la beauté de ses couleurs disparaît, et il ne présente plus qu'une teinte uniforme et cendrée. Un crapaud de la même espèce, trouvé engourdi par M. Schreber, présentait entre les taches vertes une couleur de chair semblable à celle du rayon-vert.

Le Brun.

Ce crapaud a la peau lisse, sans aucune verrue, et marquetée de grandes taches brunes qui se touchent : les plus larges et les plus foncées sont sur le dos, au milieu et le long duquel s'étend une petite bande plus claire. Les yeux sont remarquables en ce que la fente que laisse la paupière en se contractant est située verticalement au lieu de l'être transversalement. Sous la plante des pieds de derrière qui sont palmés, on remarque un faux ongle qui a la dureté de la corne. La femelle est distinguée du mâle par les taches qu'elle a sous le ventre.

Ce crapaud se trouve plus fréquemment dans les marais qu'au milieu des terres. Lorsqu'il est en colère, il exhale une odeur fétide semblable à celle de l'ail, ou de la poudre à canon qui brûle; et cette odeur est assez forte pour faire pleurer.

Rœsel soupçonne qu'il est venimeux ; et Actius et Gesner assurent même qu'il peut donner la mort soit par son souffle empoisonné lorsqu'on l'approche de trop près, soit lorsqu'on mange des herbes imprégnées de son venin. Sans doute l'assertion de Gesner et d'Actius peut être exagérée : mais il restera toujours aux crapauds, et surtout au crapaud brun, assez de qualités malfaisantes pour justifier l'aversion qu'ils inspirent.

Il paraît que c'est le crapaud brun que M. Pallas a nommé *rana ridibunda* (grenouille rieuse), qui se trouve en grand nombre aux environs de la mer Caspienne, et dont le coassement, entendu de loin, imite un peu le bruit que l'on fait en riant.

Le Calamite.

C'est encore un crapaud d'Europe qui a beaucoup de ressemblance avec le crapaud brun, mais qui en diffère cependant assez pour constituer une espèce distincte. Il a le corps un peu étroit. Ses couleurs sont très-diversifiées : son dos, qui est olivâtre, présente trois raies longitudinales, dont celle du milieu est couleur de soufre, et les deux des côtés, ondulées et dentelées, sont d'un rouge clair, mêlé d'un jaune plus fôncé vers les parties inférieures; les côtés du ventre, les quatre pattes et le tour de la gueule, sont marquetés de plusieurs taches inégales et olivâtres.

Voilà la disposition générale des couleurs de la peau, sur laquelle s'élèvent des pustules brunes sur le dos, rouges vers les côtés, d'un rouge pâle près des oreilles, et d'une couleur de chair éclatante vers les angles de la bouche, où elles sont groupées.

L'extrémité des doigts est noirâtre, et garnie d'une peau dure comme de la corne, qui tient lieu d'ongle à l'animal. Au-dessous de la plante des pieds de devant se trouvent deux espèces d'os ou de faux ongles, dont le calamite peut se servir pour s'accrocher : les doigts de derrière sont séparés.

Le calamite se tient, pendant le jour, dans les fentes de la terre et dans les cavités des murailles. Au lieu d'être réduit à ne se mouvoir que par sauts, comme les autres quadrupèdes ovipares sans queue, il grimpe, quoique avec peine, et en s'arrêtant souvent. A l'aide de ses faux ongles et de ses doigts séparés, il monte quelquefois le long des murs, jusqu'à la hauteur de quelques pieds, pour gagner sa retraite.

On ne trouve pas ordinairement les calamites seuls dans leurs trous; ils y sont rassemblés et ramassés au nombre de dix ou douze. C'est la nuit qu'ils sortent de leur asile, et qu'ils vont chercher leur nourriture. Pour éloigner leurs ennemis, ils font suinter au travers de leur peau une liqueur dont l'odeur, semblable à celle de la poudre enflammée, est encore plus forte.

On pourrait penser que les habitudes particulières de ces crapauds influent sur la nature de leurs humeurs, et empêchent qu'ils ne soient venimeux ; cependant Rœsel a présumé le contraire, parce que, suivant lui, les cigognes, qui sont fort avides de grenouilles, n'attaquent point les calamites.

Le Couleur de feu[1].

M. Laurenti a découvert ce crapaud sur les bords du Danube. C'est un des plus petits. Son dos, d'une couleur olivâtre très-foncée, est tacheté d'un noir sale; mais le ventre, la gueule, les pattes et la plante des pieds, sont d'un blanc bleuâtre, tacheté d'un beau vermillon, et c'est de là que lui vient son nom. Toute la surface de son corps est parsemée de petites verrues. Quand il est exposé au soleil, sa prunelle prend une figure parfaitement triangulaire, dont le contour est doré. Cette espèce est très-nombreuse dans les marais du Danube. Une variété de ce crapaud a le ventre noir, tacheté et ponctué de blanc.

On trouve le couleur de feu à terre pendant l'automne. Lorsqu'on l'approche et qu'il est près de l'eau, il s'y élance avec légèreté, ainsi que les grenouilles; mais s'il ne voit aucun moyen d'échapper, il s'affaisse contre terre comme pour se

[1] *Fouer krote*, en allemand.

cacher. Dès qu'on le touche, sa tête se contracte et se jette en arrière; si on le tourmente, il exhale une odeur fétide, et répand par l'anus une sorte d'écume. Son coassement, qu'il fait entendre sans enfler sa gorge, est une sorte de grognement sourd et entrecoupé, qui quelquefois se prolonge et ressemble un peu, suivant M. Laurenti, à la voix d'une personne qui rit.

Les œufs, hors du corps de la femelle, sont disposés par pelotons, ainsi que ceux des grenouilles, au lieu d'être rangés par files, comme les œufs du crapaud commun. Et ce qu'il y a de remarquable dans les habitudes de ce petit animal, qui semble faire, à certains égards, la nuance entre les crapauds et les grenouilles, c'est qu'au lieu de craindre la lumière, il se plaît, sur le bord de l'eau, à s'imbiber des rayons du soleil. Il ne paraît pas, d'après les expériences de M. Laurenti, que les humeurs du couleur de feu aient d'autre propriété nuisible que celle d'assoupir certains petits animaux, tels que les lézards gris, qui sont très-sensibles à toute sorte de venin, ainsi que nous l'avons dit.

Le Pustuleux.

On trouve dans les Indés ce crapaud, remarquable par ses doigts garnis de tubercules semblables à des épines, et par les vésicules ou pustules qui le couvrent. Sa couleur est d'un roux cendré; elle est plus claire sur les côtés et sur le ventre, où elle est tachetée de roux. Il a quatre doigts séparés aux pieds de devant, et cinq doigts palmés aux pieds de derrière.

Le Goitreux.

Son corps arrondi est d'une couleur rousse. Son dos est sillonné par trois rides longitudinales; son bas-ventre paraît enflé; et cet animal est surtout distingué par un gonflement considérable à la gorge. Les deux doigts extérieurs de ses pieds de devant sont réunis. Il habite dans les Indes.

Le Bossu.

La tête de ce crapaud est très-petite, obtuse et enfoncée dans la poitrine. Son corps ridé, mais sans verrues, est très-convexe. Sa couleur est nébuleuse; son dos présente une bande longitudinale un peu pâle et dentelée. Tous ses doigts sont séparés les uns des autres : il en a quatre aux pieds de devant, et six aux pieds de derrière. On le trouve dans les Indes orientales, ainsi qu'en Afrique. L'individu que nous avons décrit a été apporté du Sénégal au Cabinet du Roi.

Le Pipa[1].

De tous les crapauds de l'Amérique méridionale, l'un des plus remarquables est le pipa. Le mâle et la femelle sont assez différents l'un de l'autre, tant par la grandeur que par la conformation, pour qu'on les regarde, au premier coup d'œil, comme deux espèces très-distinctes. Aussi, au lieu de décrire l'espèce en général, croyons-nous devoir parler séparément du mâle et de la femelle.

Le mâle a quatre doigts séparés aux pieds de devant, et cinq doigts palmés aux pieds de derrière. Chaque doigt des pieds de devant est fendu à l'extrémité en quatre petites parties. On a peine à distinguer le corps d'avec la tête. L'ouverture de la gueule est très-grande; les yeux, placés au-dessus de la tête, sont très-petits et assez distants l'un de l'autre. La tête et le corps sont très-aplatis. La couleur générale en est olivâtre, plus ou moins claire, et semée de très-petites taches rousses ou rougeâtres.

La femelle diffère du mâle, en ce qu'elle est beaucoup plus grande. Elle a également la tête et le corps aplatis; mais la tête est triangulaire, et plus large à la base que la partie antérieure du corps. Les yeux sont très-petits et très-distants l'un de l'autre, ainsi que dans le mâle. Elle a de même cinq doigts

[1] *Cururu*, dans l'Amérique méridionale.

palmés aux pieds de derrière, et quatre doigts divisés aux pieds de devant; mais chacun de ces quatre doigts est fendu à l'extrémité en quatre petites parties plus sensibles que dans le mâle. Son corps est communément hérissé partout de très-petites verrues. L'individu femelle qui est conservé au Cabinet du Roi a cinq pouces quatre lignes de longueur, depuis le bout du museau jusqu'à l'anus.

Les œufs du pipa, une fois pondus, sont étendus sur son dos. Ils y grossissent, et doivent éprouver, par la chaleur du corps de la mère, un développement plus rapide en proportion que dans les autres espèces de crapauds. Les petits éclosent, et sortent ensuite de leurs cellules, après avoir passé en quelque sorte par l'état de têtards; car ils ont, dans les premiers temps de leur développement, une queue qu'ils n'ont plus quand ils sont prêts à quitter leurs cellules.

Lorsqu'ils ont abandonné le dos de leur mère, celle-ci, en se frottant contre des pierres ou des végétaux, se dépouille des portions de cellules qui restent encore, et de sa propre peau, qui tombe alors en partie pour se renouveler.

Mais la Nature n'a jamais présenté de phénomènes isolés; l'expression d'*extraordinaire* ou de *singulier* n'est point absolue, mais seulement relative à nos connaissances, et elle ne désigne en général qu'un degré plus ou moins grand dans une propriété déjà existante ailleurs : aussi la manière dont les petits du pipa se développent n'est point, à la rigueur, particulière à cette espèce; on en remarque une assez semblable, même parmi les quadrupèdes vivipares, puisque les petits du sarigue ou opossum ne prennent, pendant quelque temps, leur accroissement que dans une espèce de poche que la femelle a sous le ventre.

Au reste, il paraît que la chair de ce crapaud n'est pas malfaisante; et, suivant le rapport de mademoiselle de Mérian, les nègres en mangent avec plaisir.

Le Cornu.

Ce crapaud, que l'on trouve en Amérique, est l'un des plus hideux : sa tête est presque aussi grande que la moitié de son corps; l'ouverture de sa gueule est énorme, sa langue épaisse et large, ses paupières ont la forme d'un cône aigu, ce qui le fait paraître armé de cornes dans lesquelles ses yeux seraient placés. Lorsqu'il est adulte, son aspect est affreux; il a le dos et les cuisses hérissés d'épines. Le fond de sa couleur est jaunâtre; des raies brunes sont placées en long sur le dos, et en travers sur les pattes et sur les doigts. Une large bande blanchâtre s'étend depuis la tête jusqu'à l'anus. A l'origine de cette bande, on voit de chaque côté une petite tache ronde et noire. Ce vilain animal a quatre doigts séparés aux pieds de devant, et cinq doigts réunis par une membrane aux pieds de derrière. Suivant Seba, la femelle diffère du mâle, en ce que ses doigts sont tous séparés les uns des autres. Le premier doigt des quatre pieds, étant d'ailleurs écarté des autres dans la femelle, donne à ces pieds une ressemblance imparfaite avec une véritable main, réveille une idée de monstruosité, et ajoute à l'horreur avec laquelle on doit voir cette hideuse femelle. Rien en effet ne révolte plus que de rencontrer au milieu de la difformité quelques traits des objets que l'on regarde comme les plus parfaits.

L'Agua.

Ce grand crapaud, que l'on appelle au Brésil *aguaquaquan*, et dont le dessus du corps est couvert de petites éminences, est d'un gris cendré semé de taches roussâtres, presque couleur de feu. Il a quatre doigts séparés aux pieds de devant, et cinq doigts palmés aux pieds de derrière. L'on conserve au Cabinet du Roi un individu de cette espèce, qui a sept pouces quatre lignes de longueur, depuis le bout du museau jusqu'à l'anus.

Le Marbré.

Cet animal ressemble un peu à l'agua. Il a, comme ce dernier, quatre doigts divisés aux pieds de devant, et cinq doigts palmés aux pieds de derrière; mais il paraît être communément beaucoup plus petit. D'ailleurs le dessus du corps est marbré de rouge et d'un jaune cendré, et le ventre est jaune, moucheté de noir.

Le Criard.

Le criard, que l'on trouve à Surinam, est un des plus gros crapauds. Sa peau est mouchetée de livide et de brun, et parsemée de verrues. Les épaules couvertes de points saillants, de même que le ventre, sont relevées en bosse, et percées d'une multitude de petits trous. Il est aisé de le distinguer du marbré et du pipa que l'on trouve aussi à Surinam, parce qu'il a cinq doigts à chaque pied; les doigts des pieds de devant sont séparés, et ceux des pieds de derrière à demi palmés. Il habite les eaux douces, où il ne cesse de faire entendre son coassement désagréable; c'est ce qui l'a fait appeler *le musicien* par M. Linné : mais le nom de *criard*, que lui a donné M. Daubenton, convient bien mieux à un animal dont la voix rauque et discordante ne peut que troubler les concerts harmonieux ou le silence paisible de la Nature, et qui ne peut faire entendre qu'un coassement aussi désagréable pour l'oreille que son aspect l'est pour les yeux.

REPTILES BIPÈDES.

Nous avons vu le seps et le chalcide se rapprocher de l'ordre des serpents par l'allongement de leur corps et la brièveté de leurs pattes : nous allons maintenant jeter les yeux sur un genre de reptiles qui réunit encore de plus près les serpents et les lézards. Nous ne le comprenons pas parmi les quadrupèdes ovipares, puisque le caractère distinctif de ce genre est de n'avoir que deux pieds : mais nous le plaçons entre ces quadrupèdes et les serpents. Les reptiles qui le composent diffèrent des premiers, en ce qu'ils n'ont que deux pattes au lieu d'en avoir quatre ; et ils sont distingués des seconds par ces deux pieds qui manquent à tous les serpents. Il serait d'ailleurs fort aisé de les confondre avec ces derniers, auxquels ils ressemblent par l'allongement du corps, les proportions de la tête et la forme des écailles.

L'on a douté pendant longtemps de l'existence de ces animaux ; et en effet tous ceux que l'on a voulu jusqu'à présent regarder comme des reptiles bipèdes étaient des seps ou des chalcides qui avaient perdu, par quelque accident, leurs pattes de devant ou celles de derrière : la cicatrice était sensible ; et ils présentaient d'ailleurs tous les caractères des seps ou des chalcides.

On doit encore rapporter les prétendus reptiles bipèdes

dont on a fait mention jusqu'à présent, à des larves plus ou moins développées de grenouilles, de raines, de crapauds et même de salamandres, tous ces quadrupèdes ovipares ne présentant souvent que deux pattes dans les premiers temps de leur accroissement. Tel est, par exemple, l'animal que M. Linné a cru devoir placer non-seulement dans un genre, mais même dans un ordre particulier, et qu'il a appelé *sirène lacertine.* Il avait été envoyé de Charles-Town, par M. le docteur Garden, à M. Ellis : il avait été pris à la Caroline, où on doit le trouver assez fréquemment puisque les habitants du pays lui ont donné un nom ; ils l'appellent *mud inguana.* On le trouve communément sur le bord des étangs, et dans des endroits marécageux, parmi les arbres tombés de vétusté, etc. Nous avons examiné avec soin la figure et la description que M. Ellis en a données dans les *Transactions philosophiques;* et nous n'avons pas douté un seul moment que cet animal, bien loin de constituer un ordre nouveau, ne fût une larve ; il a les caractères généraux d'un animal imparfait, et d'ailleurs il a les caractères particuliers que nous avons trouvés dans les salamandres à queue plate. A la vérité, cette larve avait trente et un pouces de longueur ; elle était par conséquent beaucoup plus grande qu'aucune larve connue ; et c'est ce qui a empêché M. Linné de la regarder comme un animal non encore développé. Mais ne doit-on pas présumer que nous ne connaissons pas tous les quadrupèdes ovipares de l'Amérique septentrionale, et qu'on n'a pas encore découvert l'espèce à laquelle appartient cette grande larve ? Peut-être l'animal dans lequel elle se métamorphose vit-il dans l'eau de manière à n'être aperçu que très-difficilement. Cette larve, envoyée à M. Ellis, manquait de pieds de derrière ; ceux de devant n'avaient que quatre doigts, ainsi que dans nos salamandres aquatiques ; les ongles étaient très-petits ; les os des mâchoires crénelés et sans dents ; il y avait des espèces de bandes au-dessus et au-dessous de la queue ; et de chaque côté du cou étaient trois protubérances frangées, assez semblables à celles qui partent également des deux côtés du cou, dans les salamandres à queue plate.

Mais si jusqu'à présent les divers animaux que l'on a considérés comme de vrais reptiles bipèdes doivent être rapportés à des espèces de quadrupèdes ovipares ou de serpents, nous allons donner, dans l'article suivant, la description d'un animal qui n'a que deux pieds, que l'on doit regarder cependant comme entièrement développé, et qu'il ne faut compter, par conséquent, ni parmi les serpents, ni parmi les quadrupèdes ovipares. Nous traiterons ensuite d'un autre bipède qui doit être compris dans le même genre, et que M. Pallas a fait connaître.

PREMIÈRE DIVISION.

BIPÈDES

qui manquent de pattes de derrière.

Le Cannelé.

Nous nommons ainsi un bipède qui n'a encore été décrit par aucun naturaliste, et dont aucun voyageur n'a fait mention. Il a été trouvé au Mexique par M. Vélasquès, savant Espagnol, qui l'a remis, pour nous l'envoyer, à M. Polony, habile médecin de Saint-Domingue : et c'est madame la vicomtesse de Fontanges, commandante de cette île, qui a bien voulu l'apporter elle-même en France.

Ce bipède est entièrement privé de pattes de derrière. Avec quelque soin que nous l'ayons examiné, nous n'avons aperçu dans tout son corps aucune cicatrice, aucune marque qui pût faire soupçonner que l'animal eût éprouvé quelque accident, et perdu quelqu'un de ses membres. Il a beaucoup de rapports, par sa conformation générale, avec le lézard que nous avons nommé *chalcide;* les écailles dont il est revêtu sont également disposées en anneaux : mais il diffère du chalcide, non-seulement en ce qu'il n'a que deux pattes, mais encore en ce qu'il a la queue très-courte, au lieu que ce dernier lézard l'a très-longue, en proportion du corps. Il est tout couvert d'écailles, presque carrées, et disposées en demi-anneaux sur le dos, ainsi que sur le ventre; ces demi-anneaux se correspondent de manière que les extrémités des demi-anneaux supérieurs aboutissent à la ligne qui sépare les demi-anneaux inférieurs. C'est par cette disposition qu'il diffère encore des chalcides, dont les écailles forment des anneaux entiers autour du corps. La ligne où se réunissent les demi-anneaux supérieurs et les demi-anneaux inférieurs, présente, de chaque côté et le long du corps, une espèce de sillon qui s'étend depuis la tête jusqu'à l'anus. La queue, au lieu d'être couverte de demi-anneaux, ainsi que le corps, est garnie d'anneaux entiers, composés de petites écailles de même forme et de même grandeur que celles des demi-anneaux. L'assemblage de ces écailles forme un grand nombre de stries longitudinales ; la réunion des anneaux produit aussi un très-grand nombre de cannelures transversales, et c'est de là que nous avons tiré le nom de *cannelé* que nous donnons au bipède du Mexique. Nous avons compté cent cinquante demi-anneaux sur le ventre de cet animal, et trente et un anneaux sur sa queue, qui est grosse et arrondie à l'extrémité. La longueur totale de cet individu est de huit pouces six lignes; celle de la queue, d'un pouce; et son diamètre, dans sa plus grande grosseur, est de quatre lignes. La tête a trois lignes de longueur; elle est arrondie par devant, et on a peine à la distinguer du corps. Le dessus en est couvert d'une grande écaille ; le museau est garni de trois écailles plus grandes que celles des anneaux, et dont les deux extérieures présentent chacune un très-petit trou, qui est l'ouverture des narines. La mâchoire inférieure est aussi bordée d'écailles un peu plus grandes que celles des anneaux; les dents sont très-petites; les yeux à peine visibles et sans paupières : je n'ai pu remarquer aucune apparence de trous auditifs. Les pattes, qui ont quatre lignes de longueur, sont recouvertes de petites écailles, semblables à celles du corps, et disposées en anneaux; il y a, à chaque pied, quatre doigts bien séparés, garnis d'ongles longs et crochus; et à côté du doigt extérieur de chaque pied, on aperçoit comme le commencement d'un cinquième doigt. Nous n'avons pu remarquer aucun indice de pattes de derrière, ainsi que nous l'avons dit, aucun anneau du corps ni de la queue n'est interrompu, et rien n'indique que l'animal ait éprouvé quelque accident, ou reçu la plus légère blessure. L'ouverture de l'anus s'étend transversalement; et sur son bord supérieur, nous avons compté six tubercules percés à leur extrémité, et entièrement semblables à ceux que nous avons vus sur la face intérieure des cuisses de l'*iguane*, du *lézard vert*, du *gecko*, etc.

La queue du bipède cannelé étant aussi grosse à son extrémité que la tête de cet animal, il a beaucoup de rapports, par sa conformation générale, avec les serpents que M. Linné a nommés *amphisbènes*, dont les écailles sont également disposées en anneaux; les yeux très-peu visibles, la tête et le bout de la queue de la même grosseur, et qui manquent aussi de trous auditifs. C'est parmi ce genre d'amphisbènes qu'il faudrait placer le cannelé s'il n'avait point deux pattes; et c'est particulièrement avec ce genre qu'il lie l'ordre des quadrupèdes ovipares. Comme cet animal a été envoyé au Cabinet du Roi dans du tafia, nous n'avons pu juger de sa couleur naturelle, mais nous avons présumé qu'elle est ordinairement verdâtre, et plus claire sur le ventre que sur le dos. Nous ignorons si on le trouve en très-grand nombre au Mexique, et quelles sont ses habitudes; mais nous pensons, d'après sa conformation, assez semblable à celle des seps et des chalcides, que son allure et sa manière de vivre doivent ressembler beaucoup à celles de ces derniers lézards.

SECONDE DIVISION.

BIPÈDES

qui manquent de pattes de devant.

Le Sheltopusik.

Nous donnons ici une notice d'un reptile à deux pattes, dont M. Pallas a parlé le premier. Nous lui conservons le nom de *sheltopusik* que lui donnent les habitants des contrées qu'il habite, quoiqu'ils appliquent aussi ce nom à une véritable espèce de serpent, parce qu'il ne peut y avoir aucune équivoque relativement à deux animaux d'ordres ou du moins de genres différents. On le trouve auprès du Wolga, dans le désert sablonneux de *Naryn*, ainsi qu'aux environs de *Terequm*, près du Kuman. Il demeure de préférence dans les vallées ombragées, et où l'herbe croît en abondance. Il se cache parmi les arbrisseaux, et fuit dès qu'on l'approche. Il fait la guerre aux petits lézards, et particulièrement aux lézards gris. Sa tête est grande, plus épaisse que le corps; le museau est obtus; les bords de la gueule sont revêtus d'écailles un peu plus grandes que celles qui les touchent; les mâchoires garnies de petites dents, et les narines bien ouvertes. Le sheltopusik a deux paupières mobiles et des ouvertures pour les oreilles, semblables à celles des lézards. Le dessus de la tête est couvert des grandes écailles; celles qui garnissent le corps et la queue, tant dessus que dessous, sont un peu festonnées et placées les unes au-dessus des autres, comme les tuiles sur les toits. De chaque côté du corps s'étend une espèce de ride ou de sillon longitudinal; à l'extrémité de chacun de ces sillons et auprès de l'anus, on voit un très-petit pied, couvert de quatre écailles, et dont le bout se partage en deux sortes de doigts un peu aigus. La queue est beaucoup plus longue que le corps. La longueur totale du sheltopusik est ordinairement de plus de trois pieds, et sa couleur, qui est assez uniforme sur tout le corps, est d'un jaune pâle.

FIN DES QUADRUPÈDES OVIPARES.

TABLE DES MATIERES.

PREMIÈRE CLASSE.

Quadrupèdes ovipares qui ont une queue.

Seconde division.

LÉZARDS qui ont la queue ronde, cinq doigts à chaque pied, et des écailles élevées sur le dos en forme de crête.

Troisième division.

LÉZARDS dont la queue est ronde, qui ont cinq doigts aux pieds de devant, et des bandes écailleuses sous le ventre.

Quatrième division.

LÉZARDS qui ont cinq doigts aux pieds de devant, sans bandes transversales sous le corps.

Cinquième division.

LÉZARDS dont les doigts sont garnis par-dessous de grandes écailles, qui se recouvrent comme les ardoises des toits.

Sixième division.

LÉZARDS qui n'ont que trois doigts aux pieds de devant et aux pieds de derrière.

Septième division.

LÉZARDS qui ont des membranes en forme d'ailes.

Huitième division.

LÉZARDS qui ont trois ou quatre doigts aux pieds de devant, et quatre ou cinq aux pieds de derrière.

SECONDE CLASSE.

QUADRUPÈDES OVIPARES QUI N'ONT POINT DE QUEUE.

Premier genre.

Quadrupèdes ovipares sans queue, dont la tête et le corps sont allongés et l'un ou l'autre anguleux.

Grenouilles.

Deuxième genre.

Quadrupèdes ovipares qui n'ont point de queue, et qui ont sous chaque doigt une petite pelote visqueuse.

Raines.

Troisième genre.

Quadrupèdes ovipares sans queue, qui ont le corps ramassé et arrondi.

Crapauds.

FIN DE LA TABLE DES MATIÈRES.

BAR-LE-DUC, IMPRIMERIE CONTANT-LAGUERRE.

BIBLIOTHÈQUE DES CHEFS-D'ŒUVRE

Formats in-8° et grand in-12.

Bernardin de Saint-Pierre. ŒUVRES CHOISIES, 2 vol.

Boileau. ŒUVRES CHOISIES, 1 vol.

Bossuet. DISCOURS SUR L'HISTOIRE UNIVERSELLE, 2 vol.*

Buffon. LA TERRE ET L'HOMME, 1 vol.

— LES ANIMAUX DOMESTIQUES, 1 vol.*

— LES QUADRUPÈDES, 1 vol.

— LES OISEAUX, 2 vol.

Châteaubriand. DESCRIPTIONS ET VOYAGES, 2 vol.

— GÉNIE DU CHRISTIANISME, nouvelle édition, avec une Notice préliminaire et des notes, 2 vol.*

— ITINÉRAIRE DE PARIS A JÉRUSALEM, nouvelle édition revue et annotée, 2 vol.*

Corneille. ŒUVRES CHOISIES, 1 vol.*

Fénelon. EXISTENCE DE DIEU; VÉRITÉS DE LA RELIGION, 1 vol.*

— FABLES; DIALOGUE DES MORTS, 1 vol.

— ŒUVRES LITTÉRAIRES, 1 vol.

— AVENTURES DE TÉLÉMAQUE, précédées d'un Avant-Propos, 1 vol.*

La Bruyère. ŒUVRES, comprenant : les Caractères de Théophraste; — les Caractères, ou les Mœurs du siècle; — le Discours prononcé dans l'Académie Française le lundi 15 juin 1693, précédé d'une d'une Préface, 1 vol.*

Lacépède. QUADRUPÈDES OVIPARES, précédés d'une Notice, 1 vol.*

La Fontaine. FABLES, 1 vol.

Lamennais. ŒUVRES CATHOLIQUES, 4 vol.

Michaud. HISTOIRE DES CROISADES, 4 vol.

Molière. ŒUVRES CHOISIES, comprenant : une Notice; — le Misanthrope (fragments); — le Médecin malgré lui; l'Avare (fragments); — Monsieur de Pourceaugnac; — le Bourgeois gentilhomme; — les Femmes savantes; — le Malade imaginaire, 1 vol.*

Montesquieu. GRANDEUR ET DÉCADENCE DES ROMAINS, 1 vol.

Pascal. PENSÉES, 1 vol.

Plutarque. HISTOIRE DES GRANDS HOMMES, 1 vol.

Racine (Jean). ŒUVRES CHOISIES, comprenant : Andromaque (fragments); — les Plaideurs; — Britannicus; — Mithridate; — Iphigénie; — la mort d'Hippolyte (extrait de *Phèdre*); — Esther; — Athalie, 1 vol.*

Regnard. ŒUVRES CHOISIES, 2 vol.

Rousseau (J.-B.). ŒUVRES, 1 vol.

Saint-Simon. CHOIX DE MÉMOIRES, 4 vol.

Sévigné (Mme de). LETTRES A MADAME DE GRIGNAN, précédées d'une Notice, 2 vol.*

Un grand nombre d'autres ouvrages sont en préparation.

BAR-LE-DUC, IMPRIMERIE CONTANT-LAGUERRE.

BIBLIOTHÈQUE DES CHEFS-D'ŒUVRE

Formats in-8° et grand in-12.

Bernardin de Saint-Pierre. ŒUVRES CHOISIES, 2 vol.
Boileau. ŒUVRES CHOISIES, 1 vol.
Bossuet. DISCOURS SUR L'HISTOIRE UNIVERSELLE, 2 vol.*
Buffon. LA TERRE ET L'HOMME, 1 vol.
— LES ANIMAUX DOMESTIQUES, 1 vol.*
— LES QUADRUPÈDES, 1 vol.
— LES OISEAUX, 2 vol.
Châteaubriand. DESCRIPTIONS ET VOYAGES, 2 vol.
— GÉNIE DU CHRISTIANISME, nouvelle édition, avec une Notice préliminaire et des notes, 2 vol.*
— ITINÉRAIRE DE PARIS A JÉRUSALEM, nouvelle édition revue et annotée, 2 vol.*
Corneille. ŒUVRES CHOISIES, 1 vol.*
Fénelon. EXISTENCE DE DIEU; VÉRITÉS DE LA RELIGION, 1 vol.*
— FABLES; DIALOGUE DES MORTS, 1 vol.
— ŒUVRES LITTÉRAIRES, 1 vol.
— AVENTURES DE TÉLÉMAQUE, précédées d'un Avant-Propos, 1 vol.*
La Bruyère. ŒUVRES, comprenant : les Caractères de Théophraste; — les Caractères, ou les Mœurs du siècle; — le Discours prononcé dans l'Académie Française le lundi 15 juin 1693, précédé d'une d'une Préface, 1 vol.*
Lacépède. QUADRUPÈDES OVIPARES, précédés d'une Notice, 1 vol.*
La Fontaine. FABLES, 1 vol.
Lamennais. ŒUVRES CATHOLIQUES, 4 vol.
Michaud. HISTOIRE DES CROISADES, 4 vol.
Molière. ŒUVRES CHOISIES, comprenant : une Notice; — le Misanthrope (fragments); — le Médecin malgré lui; l'Avare (fragments); — Monsieur de Pourceaugnac; — le Bourgeois gentilhomme; — les Femmes savantes; — le Malade imaginaire, 1 vol.*
Montesquieu. GRANDEUR ET DÉCADENCE DES ROMAINS, 1 vol.
Pascal. PENSÉES, 1 vol.
Plutarque. HISTOIRE DES GRANDS HOMMES, 1 vol.
Racine (Jean). ŒUVRES CHOISIES, comprenant : Andromaque (fragments); — les Plaideurs; — Britannicus; — Mithridate; — Iphigénie; — la mort d'Hippolyte (extrait de *Phèdre*); — Esther; — Athalie, 1 vol.*
Regnard. ŒUVRES CHOISIES, 2 vol.
Rousseau (J.-B.). ŒUVRES, 1 vol.
Saint-Simon. CHOIX DE MÉMOIRES, 4 vol.
Sévigné (Mme de). LETTRES A MADAME DE GRIGNAN, précédées d'une Notice, 2 vol.*

Un grand nombre d'autres ouvrages sont en préparation.

BAR-LE-DUC, IMPRIMERIE CONTANT-LAGUERRE.

www.ingramcontent.com/pod-product-compliance
Lightning Source LLC
LaVergne TN
LVHW020540230826
846091LV00002B/338

9782019129699